5

Lernstufen
Mathematik

Mittelschule
Bayern

Erarbeitet von
Andrea Deeg, Sonthofen
Heike Escher, Babenhausen
Corina Engelstätter, Augsburg
Jochen Geiling, Passau
Christian Geus, Schwabmünchen
Christian Koenig, Ortenburg
Markus Schubert, Pfronten
Beate Schulze, Babenhausen

Beraten von
Andrea Kempinger, Augsburg
Sven Wößner, Wendelstein

Cornelsen

Teile dieses Unterrichtswerkes basieren auf Inhalten bereits erschienener Lehrwerke.
Diese wurden herausgegeben von Reinhold Koullen †, Udo Wennekers und Prof. Dr. Manfred Leppig
sowie erarbeitet von:
Helga Berkemeier, Walter Braunmiller, Reinhard Fischer †, Max Friedl, Ilona Gabriel, Wolfgang Hecht,
Barbara Hoppert, Ines Knospe, Reinhold Koullen †, Jeannine Kreuz, Thomas Müller, Doris Ostrow,
Manfred Paczulla, Hans-Helmut Paffen, Günther Reufsteck, Jutta Schaefer, Gabriele Schenk,
Hermann Schneider, Willi Schmitz, Ingeborg Schönthaler, Christine Sprehe, Wolfgang Stindl,
Herbert Strohmayer, Karl-Heinz Thöne, Martina Verhoeven, Heidrun Weber, Udo Wennekers,
Ralf Wimmers, Helmut Wöckel, Rainer Zillgens

Redaktion: Sabrina Bühl, Inga Knoff

Illustration: Roland Beier

Grafik: Christian Böhning

Umschlaggestaltung und Layoutkonzept:
Syberg | Kirstin Eichenberg und Torsten Symank

Layout und technische Umsetzung:
CMS – Cross Media Solutions GmbH

Begleitmaterialien zum Lehrwerk	
Lösungsheft	978-3-464-54043-5
Kopiervorlagen	978-3-464-54042-8
Arbeitsheft	978-3-464-54041-1
Begleitmaterial auf USB-Stick	978-3-06-001256-5

www.cornelsen.de

Druck: Livonia Print, Riga

1. Auflage, 2. Druck 2025
ISBN 978-3-464-54040-4   (Schülerbuch)
ISBN 978-3-464-54119-7   (E-Book)

PEFC zertifiziert
Dieses Produkt stammt aus nachhaltig
bewirtschafteten Wäldern und kontrollierten
Quellen.
www.pefc.de
PEFC/12-31-006

Inhalt

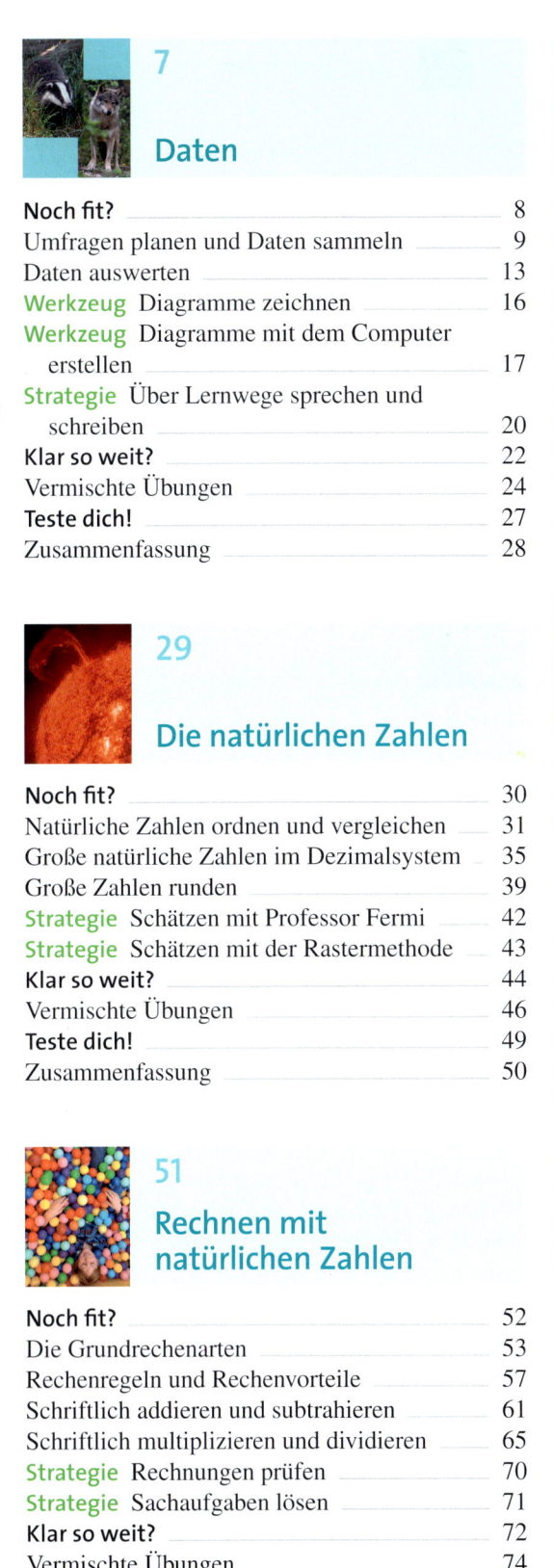

Diese Strategien und Werkzeuge lernst du in diesem Buch kennen:

Rallye durch dein Mathe-Buch

Auf diesen zwei Seiten findest du einige Hinweise zu deinem neuen Mathematikbuch.
Löse die Rätsel (ä, ö und ü sind erlaubt).
Das Lösungswort verrät dir, was das Bild auf dem Umschlag zeigt.

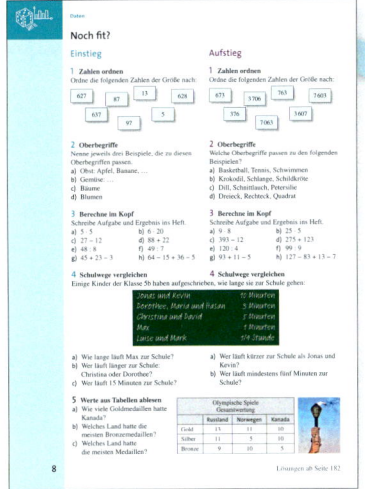

■ Noch fit?
Mit dem Einstiegstest kannst du
dein bisher erworbenes Wissen
testen.
Deine Ergebnisse kannst du mit den
Lösungen im Anhang vergleichen.
Rätsel zum Noch fit? im Kapitel
Daten:
Welches Land hatte elf Gold-
medaillen?

☐ ☐ 6 ☐ ☐ ☐ ☐

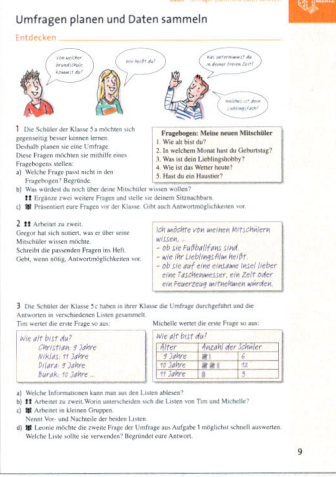

■ Entdecken
Jede Lerneinheit beginnt mit
einführenden Aufgaben, die
zum Ausprobieren und
Entdecken anregen.
Rätsel zum Entdecken zum Thema
Die natürlichen Zahlen – Natürliche
Zahlen ordnen und vergleichen:
In welcher Stadt wohnt Peter Kramer
aus Aufgabe 1?

☐ ☐ ☐ – ☐ 2

■ Verstehen
Der neue Unterrichtsstoff wird anhand von
Merksätzen und Beispielen erklärt.
Rätsel zum Verstehen zum Thema
Größen – Masse (Gewicht):
Welches Tier hat Lisa?

☐ ☐ ☐ ☐ 9

■ Üben und anwenden
Die Aufgaben trainieren den neu
gelernten Unterrichtsstoff.
Rätsel zum Üben und
anwenden zum Thema
Rechnen mit natürlichen
Zahlen –
Schriftlich addieren und
subtrahieren:
Was bestellt Herr Ast aus
Aufgabe 4?

3 ☐ ☐ ☐

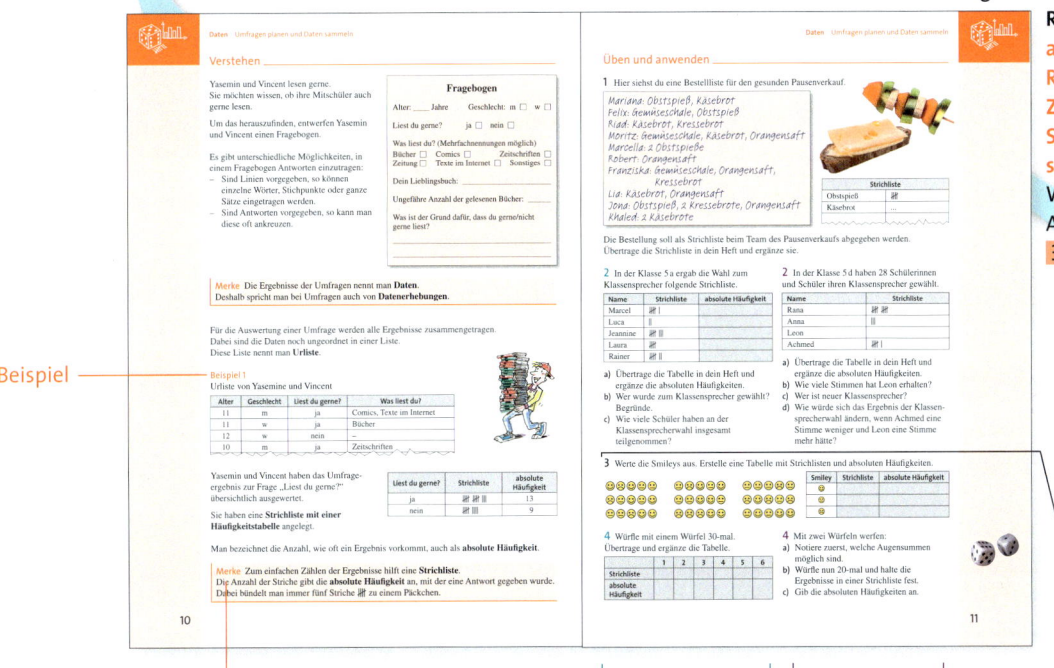

Beispiel

Wichtiger Merkstoff

Die linke Spalte
enthält leichtere
Aufgaben.

Die rechte Spalte
enthält schwierigere
Aufgaben.

Mittelschwere
Aufgaben haben
eine schwarze
Aufgabennummer.

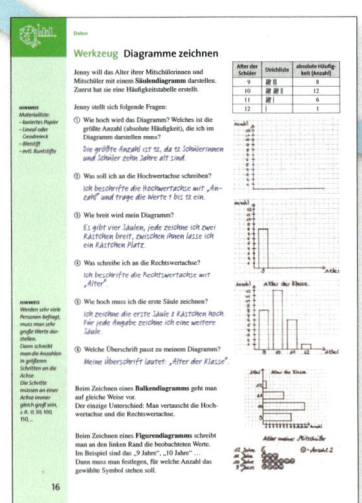

Die Symbole in den oberen Ecken stehen für bestimmte Bereiche in der Mathematik:

Zahlen und Operationen

Größen und Messen
Raum und Form

funktionaler Zusammenhang

Daten und Zufall

■ Strategie und Werkzeug

Auf den Strategie- und Werkzeugseiten werden die wichtigsten mathematischen Strategien und Werkzeuge vorgestellt und geübt.

Rätsel zur Strategie: Begründen in der Mathematik:

Ein Beispiel, mit dem man zeigt, dass eine Behauptung falsch ist, heißt

☐☐☐ 1 ☐☐☐☐☐☐☐☐☐.

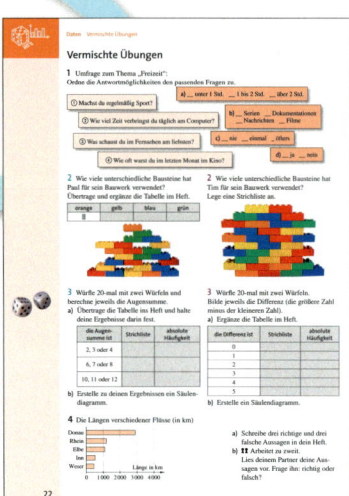

■ Klar so weit?

Mit dem Zwischentest kannst du überprüfen, ob du den neuen Unterrichtsstoff verstanden hast. Deine Ergebnisse kannst du mit den Lösungen im Anhang vergleichen.

Rätsel zum Klar so weit? im Kapitel Grundbegriffe der Geometrie:

Was zeigt das Bild zur Aufgabe 10?

4 ☐☐☐☐☐☐☐

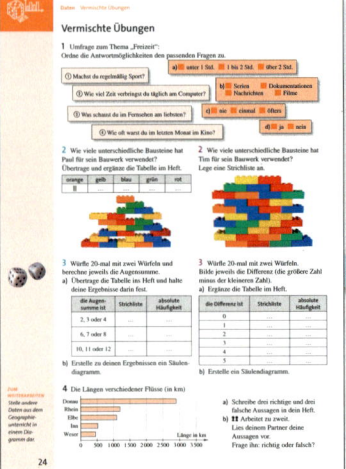

■ Vermischte Übungen

Die Seiten enthalten Aufgaben zu allen Lerneinheiten eines Kapitels.

Rätsel zu den Vermischten Übungen im Kapitel Gleichungen und Formeln:

Wie heißt das Mädchen in Aufgabe 12?

☐ 5 ☐☐☐☐

■ Teste dich!

Überprüfe zur Vorbereitung auf die Schulaufgabe dein Können. Die Lösungen zum Abschlusstest findest du im Anhang.

Rätsel zum Teste dich! im Kapitel Ganze Zahlen:

Auf welchen Gipfel wandert Sam mit seinem Vater in Aufgabe 5?

8 ☐☐ ☐☐☐☐☐

■ Zusammenfassung

Die Zusammenfassung am Ende eines Kapitels enthält die wichtigsten Merksätze zum Nachschlagen.

Rätsel zu der Zusammenfassung im Kapitel Die natürlichen Zahlen:

Beim ☐ 7 ☐☐☐☐☐ mit der Rastermethode versucht man, durch Anhaltspunkte und Überlegungen dem genauen Ergebnis möglichst nahe zu kommen.

Wie lautet das Lösungswort?
1 2 3 4 5 6 7 8 9

Daten

Beim Trumpf-Spiel werden die Karten gemischt und gleichmäßig an alle Mitspieler verteilt.

Ein Spieler beginnt:
Er deckt seine erste Karte auf und liest eine Angabe vor:
z. B. das Höchstalter.
Die anderen Mitspieler lesen dann das Höchstalter auf ihrer Karte vor.
Wer den höchsten Wert hat, gewinnt die Karten der anderen.

Welche Angabe würdest du vorlesen,
wenn du die Karte mit dem Wolf hast?
Welche Angabe auf der Karte mit dem Dachs?
Welche Karte ist besser?

Wolf

Höchstalter: 13 Jahre
Körperlänge: 120 cm
Gewicht: 35 kg
Anzahl der Jungtiere: 5

Dachs

Höchstalter: 15 Jahre
Körperlänge: 90 cm
Gewicht: 20 kg
Anzahl der Jungtiere: 5

Noch fit?

Einstieg	Aufstieg

Einstieg

1 Zahlen ordnen
Ordne die folgenden Zahlen der Größe nach:

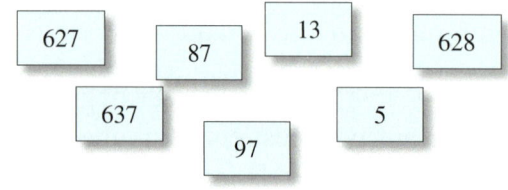

627 87 13 628 637 5 97

2 Oberbegriffe
Nenne jeweils drei Beispiele, die zu diesen Oberbegriffen passen.
a) Obst: Apfel, Banane, …
b) Gemüse: …
c) Bäume
d) Blumen

3 Berechne im Kopf
Schreibe Aufgabe und Ergebnis ins Heft.
a) $5 \cdot 5$
b) $6 \cdot 20$
c) $27 - 12$
d) $88 + 22$
e) $48 : 8$
f) $49 : 7$
g) $45 + 23 - 3$
h) $64 - 15 + 36 - 5$

4 Schulwege vergleichen

So lange laufen wir zur Schule:

Jonas und Kevin	10 Minuten
Dorothee, Maria und Hasan	3 Minuten
Christina und David	5 Minuten
Max	1 Minute
Luise und Mark	$\frac{1}{4}$ Stunde

a) Wie lange läuft Max zur Schule?
b) Wer läuft länger zur Schule: Christina oder Dorothee?
c) Wer läuft 15 Minuten zur Schule?

5 Werte aus Tabellen ablesen
a) Wie viele Goldmedaillen hatte Kanada?
b) Welches Land hatte die meisten Bronzemedaillen?
c) Welches Land hatte die meisten Medaillen?

Olympische Spiele Gesamtwertung			
	Russland	Norwegen	Kanada
Gold	13	11	10
Silber	11	5	10
Bronze	9	10	5

Aufstieg

1 Zahlen ordnen
Ordne die folgenden Zahlen der Größe nach:

673 3 706 763 7 603 376 3 607 7 063

2 Oberbegriffe
Welche Oberbegriffe passen zu den folgenden Beispielen?
a) Basketball, Tennis, Schwimmen
b) Krokodil, Schlange, Schildkröte
c) Dill, Schnittlauch, Petersilie
d) Dreieck, Rechteck, Quadrat

3 Berechne im Kopf
Schreibe Aufgabe und Ergebnis ins Heft.
a) $9 \cdot 8$
b) $25 \cdot 5$
c) $393 - 12$
d) $275 + 123$
e) $120 : 4$
f) $99 : 9$
g) $93 + 11 - 5$
h) $127 - 83 + 13 - 7$

4 Schulwege vergleichen

a) Wer läuft kürzer zur Schule als Jonas und Kevin?
b) Wer läuft mindestens fünf Minuten zur Schule?

Lösungen ab Seite 190

Umfragen planen und Daten sammeln

Entdecken

1 Die Schüler der Klasse 5a möchten sich gegenseitig besser kennen lernen.
Deshalb planen sie eine Umfrage.
Diese Fragen möchten sie mithilfe eines Fragebogens stellen:

a) ♟ Welche Frage passt nicht in den Fragebogen? Begründe.

b) Was würdest du noch über deine Mitschüler wissen wollen?
♟♟ Ergänze zwei weitere Fragen und stelle sie deinem Sitznachbarn.

c) ♟♟ Präsentiert eure Fragen vor der Klasse. Gibt auch Antwortmöglichkeiten vor.

> **Fragebogen: Meine neuen Mitschüler**
> 1. Wie alt bist du?
> 2. In welchem Monat hast du Geburtstag?
> 3. Was ist dein Lieblingshobby?
> 4. Wie ist das Wetter heute?
> 5. Hast du ein Haustier?

HINWEIS:
♟ ♟♟ ♟♟
Hier arbeitest du mit der ICH-DU-WIR-Methode. Mehr zu dieser Methode erfährst du auf S. 21.

2 ♟♟ Arbeitet zu zweit.
Gregor hat sich notiert, was er über seine Mitschüler wissen möchte.
Schreibt die passenden Fragen ins Heft.
Gebt, wenn nötig, Antwortmöglichkeiten vor.

> Ich möchte von meinen Mitschülern wissen, ...
> – ob sie Fußballfans sind.
> – wie ihr Lieblingsfilm heißt.
> – ob sie auf eine einsame Insel lieber eine Taschenmesser, ein Zelt oder ein Feuerzeug mitnehmen würden.

3 Die Schüler der Klasse 5c haben in ihrer Klasse die Umfrage durchgeführt und die Antworten in verschiedenen Listen gesammelt.
Tim wertet die erste Frage so aus:

> Wie alt bist du?
> Christian: 9 Jahre
> Niklas: 11 Jahre
> Dilara: 9 Jahre
> Burak: 10 Jahre ...

Michelle wertet die erste Frage so aus:

> Wie alt bist du?
>
> | Alter | Anzahl der Schüler | |
> |---|---|---|
> | 9 Jahre | ЖЖ I | 6 |
> | 10 Jahre | ЖЖ ЖЖ II | 12 |
> | 11 Jahre | III | 3 |

a) ♟ Welche Informationen kann man aus den Listen ablesen?

b) ♟♟ Arbeitet zu zweit. Worin unterscheiden sich die Listen von Tim und Michelle?

c) ♟♟ Arbeitet in kleinen Gruppen.
Schreibt Vor- und Nachteile der beiden Listen auf.

d) ♟♟ Leonie möchte die zweite Frage der Umfrage aus Aufgabe **1** möglichst schnell auswerten.
Welche Liste sollte sie verwenden? Begründet eure Antwort schriftlich.

Verstehen

Yasemin und Vincent lesen gerne.
Sie möchten wissen, ob ihre Mitschüler auch gerne lesen.

Um das herauszufinden, entwerfen Yasemin und Vincent einen Fragebogen.

Es gibt unterschiedliche Möglichkeiten, in einem Fragebogen Antworten einzutragen:
– Sind Linien vorgegeben, so können einzelne Wörter, Stichpunkte oder ganze Sätze eingetragen werden.
– Sind Antworten vorgegeben, so kann man diese oft ankreuzen.

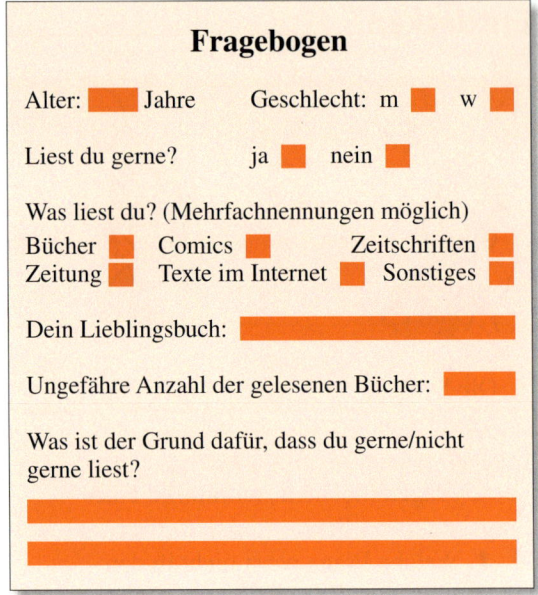

Fragebogen

Alter: ▮ Jahre   Geschlecht: m ▮   w ▮

Liest du gerne?   ja ▮   nein ▮

Was liest du? (Mehrfachnennungen möglich)
Bücher ▮   Comics ▮   Zeitschriften ▮
Zeitung ▮   Texte im Internet ▮   Sonstiges ▮

Dein Lieblingsbuch: ▮▮▮▮▮▮▮▮▮▮

Ungefähre Anzahl der gelesenen Bücher: ▮▮

Was ist der Grund dafür, dass du gerne/nicht gerne liest?

▮▮▮▮▮▮▮▮▮▮▮▮▮▮▮▮

▮▮▮▮▮▮▮▮▮▮▮▮▮▮▮▮

> **Merke** Die Ergebnisse der Umfragen nennt man **Daten**.
> Deshalb spricht man bei Umfragen auch von **Datenerhebungen**.

Für die Auswertung einer Umfrage werden alle Ergebnisse zusammengetragen.
Dabei sind die Daten noch ungeordnet in einer Liste.
Diese Liste nennt man **Urliste**.

Beispiel 1

Urliste von Yasemin und Vincent

Alter	Geschlecht	Liest du gerne?	Was liest du?
11	m	ja	Comics, Texte im Internet
11	w	ja	Bücher
12	w	nein	–
10	m	ja	Zeitschriften

Yasemin und Vincent haben das Umfrageergebnis zur Frage „Liest du gerne?" übersichtlich ausgewertet.

Sie haben eine **Strichliste mit einer Häufigkeitstabelle** angelegt.

Liest du gerne?	Strichliste	absolute Häufigkeit
ja	卌 卌 |||	13
nein	卌 ||||	9

Man bezeichnet die Anzahl, wie oft ein Ergebnis vorkommt, auch als **absolute Häufigkeit**.

> **Merke** Zum einfachen Zählen der Ergebnisse hilft eine **Strichliste**.
> Die Anzahl der Striche gibt die **absolute Häufigkeit** an, mit der eine Antwort gegeben wurde.
> Dabei bündelt man immer fünf Striche 卌 zu einem Päckchen.

Üben und anwenden

1 Hier siehst du eine Bestellliste für den gesunden Pausenverkauf.

Mariana: Obstspieß, Käsebrot
Felix: Gemüseschale, Obstspieß
Riad: Käsebrot, Kressebrot
Moritz: Gemüseschale, Käsebrot, Orangensaft
Marcella: 2 Obstspieße
Robert: Orangensaft
Franziska: Gemüseschale, Orangensaft,
              Kressebrot
Lia: Käsebrot, Orangensaft
Jona: Obstspieß, 2 Kressebrote, Orangensaft
Khaled: 2 Käsebrote

Strichliste	
Obstspieß	ⅢⅡ
Käsebrot	...

Die Bestellung soll als Strichliste beim Team des Pausenverkaufs abgegeben werden.
Übertrage die Strichliste in dein Heft und ergänze sie.

2 In der Klasse 5a ergab die Wahl zum Klassensprecher folgende Strichliste.

Name	Strichliste	absolute Häufigkeit
Marcel	ⅢⅠ	...
Luca	‖	...
Jeannine	ⅢⅢ	...
Laura	Ⅲ	...
Rainer	ⅢⅡ	...

a) Übertrage die Tabelle in dein Heft und ergänze die absoluten Häufigkeiten.
b) Wer wurde zum Klassensprecher gewählt? Begründe.
c) Wie viele Schüler haben an der Klassensprecherwahl insgesamt teilgenommen?

2 In der Klasse 5d haben 28 Schülerinnen und Schüler ihren Klassensprecher gewählt.

Name	Strichliste
Rana	Ⅲ Ⅲ
Anna	‖‖
Leon	...
Achmed	ⅢⅠ

a) Übertrage die Tabelle in dein Heft und ergänze die absoluten Häufigkeiten.
b) Wie viele Stimmen hat Leon erhalten?
c) Wer ist neuer Klassensprecher?
d) Wie würde sich das Ergebnis der Klassensprecherwahl ändern, wenn Achmed eine Stimme weniger und Leon eine Stimme mehr hätte?

ZUM WEITERARBEITEN
Aus welchem Unterrichtsfach kennst du noch Abstimmungen und Wahlen? Erkläre.

3 Werte die Smileys aus. Erstelle eine Tabelle mit Strichlisten und absoluten Häufigkeiten.

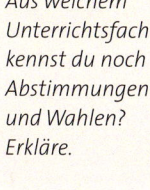

Smiley	Strichliste	absolute Häufigkeit
🙂	...	...
😐	...	...
🙁	...	...

4 Würfle mit einem Würfel 30-mal. Übertrage und ergänze die Tabelle.

	1	2	3	4	5	6
Strichliste	...	...	...	...	...	...
absolute Häufigkeit	...	...	...	...	...	...

4 Mit zwei Würfeln werfen:
a) Notiere zuerst, welche Augensummen möglich sind.
b) Würfle nun 20-mal und halte die Ergebnisse in einer Strichliste fest.
c) Gib die absoluten Häufigkeiten an.

5 Die Kinder der 5a wurden nach ihrem Alter und ihrem Hobby gefragt.

a) Ergänze die Häufigkeitstabelle im Heft.

Geschlecht	Strich-liste	absolute Häufigkeit
Mädchen	…	…
Jungen	…	…

b) Erstelle auch zu den Eigenschaften *Alter*, *Hobby* und *Haarfarbe* jeweils eine Häufigkeitstabelle.

c) ⚏ Erstellt jeweils eine Häufigkeitstabelle zu den *Hobbys der Mädchen* und zu den *Hobbys der Elfjährigen*.

d) ⚏ Was könntet ihr noch auswerten? Erstellt eine Häufigkeitstabelle.

6 Die AG Schülerzeitung hat einen Fragebogen zum Thema „Taschengeld" entworfen:

6 Die AG Schülerzeitung hat einen Fragebogen zum Thema „Taschengeld" entworfen:

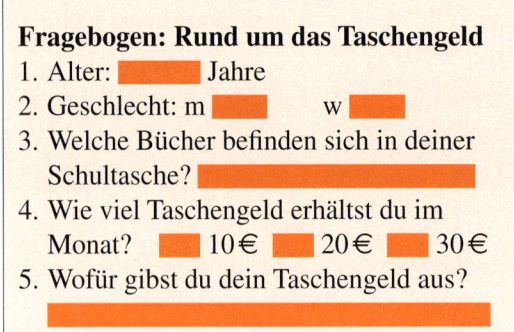

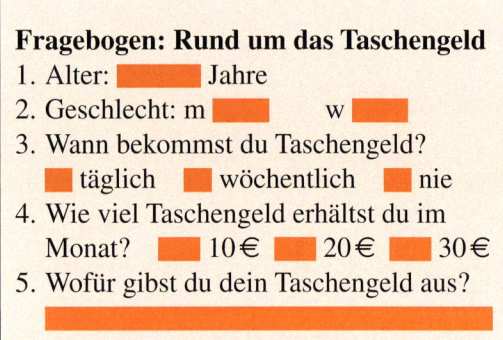

a) Welche Frage ist nicht sinnvoll? Begründe.
b) Warum ist die Frage 4 nicht richtig gestellt? Begründe in deinem Heft.

Beurteile den Fragebogen:
Was ist gut am Fragebogen? Was ist falsch? Verbessere ihn in deinem Heft.

NACHGEDACHT
Manchmal ist es sinnvoll, einzelne Daten zu einem Bereich zusammenzufassen. Welche Daten könnte man noch zusammenfassen? Welche nicht?

7 Karsten hat nach der Länge der Schulwege gefragt.
Finde die zwei Fehler.
Erkläre die Fehler in deinem Heft.

Schulweg in m	Strichliste	absolute Häufigkeit
0–50	IIII I	6
50–200	IIII III	7
200–500	IIII	4
0–1000	IIII	5

7 Lea hat 27 Kinder zu ihrer Größe befragt.
a) Finde die zwei Fehler, die sie gemacht hat.
b) Kannst du erklären, wie die beiden Fehler zusammenhängen?

Größe in cm	Strichliste	absolute Häufigkeit
140–143	IIII II	7
144–147	IIII II	7
146–151	IIII IIII II	12
152–155	III	3

8 ⚏ Arbeitet in kleinen Gruppen.
Plant eine Umfrage zum Thema „Eisessen" und führt sie durch.

8 ⚏ Arbeitet in kleinen Gruppen.
Plant eine Umfrage zum Thema „Schulweg" und führt sie durch.

Daten auswerten

Entdecken

1 Heimische Waldtiere

a) 🚶 Welche Informationen kannst du aus dem Schaubild ablesen?

b) 🚶🚶 Wie ist das Schaubild aufgebaut? Beschreibt es euch gegenseitig mit eigenen Worten.

c) 🚶🚶 Warum werden Daten in Schaubildern dargestellt? Sammelt verschiedene Gründe.

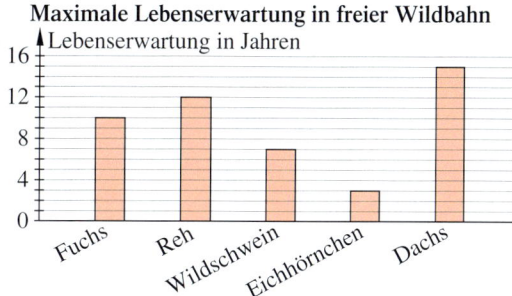

Maximale Lebenserwartung in freier Wildbahn

Lebenserwartung in Jahren

Fuchs, Reh, Wildschwein, Eichhörnchen, Dachs

HINWEIS
Maximale Lebenserwartung bedeutet das höchste Alter, das ein Tier erreichen kann.

2 Nachkommen von Waldtieren

a) Bei diesem Schaubild fehlt ein Teil der Beschriftung. Lies die Werte der einzelnen Säulen ab und ordne richtig zu.

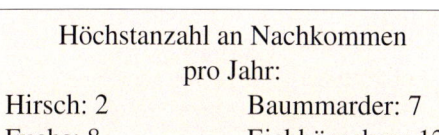

Höchstanzahl an Nachkommen pro Jahr:
Hirsch: 2   Baummarder: 7
Fuchs: 8   Eichhörnchen: 12

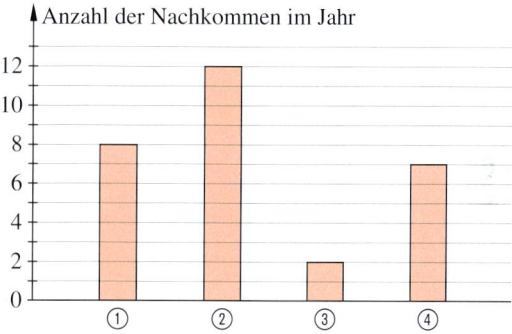

Anzahl der Nachkommen im Jahr

① ② ③ ④

b) Welches dieser Tiere bekommt mehrmals im Jahr Nachwuchs? Vermute zunächst, forsche nach (z. B. im Lexikon oder Internet) und berichte in der Klasse.

3 Körperlängen von Waldtieren

a) 🚶 Lies die Körperlängen der einzelnen Tiere im Schaubild ab und notiere sie.

b) 🚶🚶 Arbeitet zu zweit. Welches Tier hat die größte Körperlänge? Begründet eure Antwort.

c) 🚶🚶 Arbeitet in kleinen Gruppen. Notiert Gemeinsamkeiten und Unterschiede zum Schaubild aus Aufgabe 1.

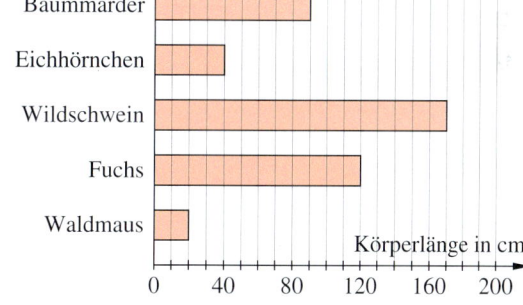

Baummarder, Eichhörnchen, Wildschwein, Fuchs, Waldmaus

Körperlänge in cm

0   40   80   120   160   200

4 Gewicht von Waldtieren

a) Richtig oder falsch? Begründe deine Antwort.
① Der Dachs kann bis zu 14 kg wiegen.
② Der Baummarder wiegt doppelt so viel wie das Eichhörnchen.
③ Der Fuchs wiegt 5,5 kg.

b) 🚶 Erfinde eigene Aussagen zu diesem Schaubild.
🚶🚶 Lies sie deinem Partner vor. Er entscheidet: richtig oder falsch?

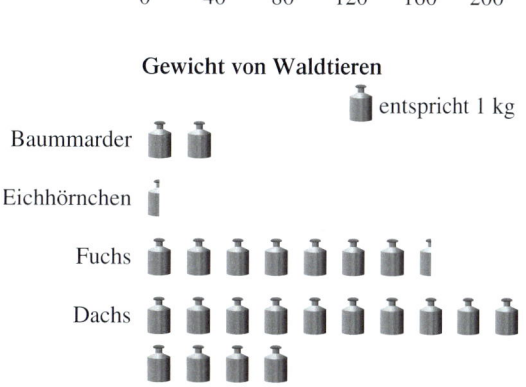

Gewicht von Waldtieren

⬛ entspricht 1 kg

Baummarder, Eichhörnchen, Fuchs, Dachs

ZUM WEITERARBEITEN
Suche Darstellungen zum Thema Tiere, z. B. in deinem Natur und Technik Buch oder im Internet. Vergleiche die Darstellungen mit dieser hier.

Verstehen

Leon, Niklas und Vanessa möchten gerne ihre Umfrageergebnisse aus der Tabelle zum Thema „Fußball" vorstellen.
Um ihre Ergebnisse anschaulicher zu gestalten, stellen sie ihre Umfrageergebnisse in Diagrammen dar.

Fußball finde ich ...	Strichliste	absolute Häufigkeit
„toll"	卌 卌 |||	13
„ganz okay"	卌 |||	8
„langweilig"	||||	4

Im **Säulendiagramm** stehen an der unteren (waagerechten) Achse die möglichen Antworten.
An der nach oben gezeichneten (senkrechten) Achse sind für die Anzahl der Antworten mögliche absolute Häufigkeiten eingetragen.
An der Höhe der Säulen kann man die Anzahl (absolute Häufigkeit) der einzelnen Antworten ablesen.

Beispiel 1

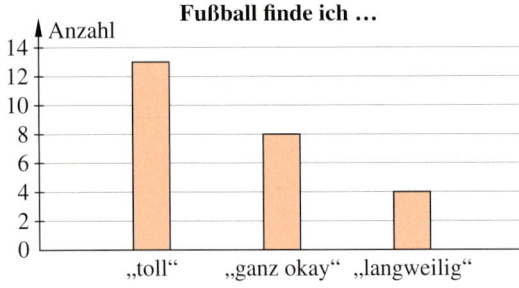

Ein **Balkendiagramm** sieht wie ein quer gelegtes Säulendiagramm aus.
Auch hier kann die Anzahl der Antworten an der Länge des Balkens abgelesen werden.

Beispiel 2

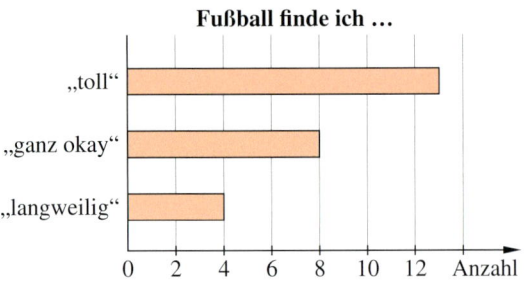

HINWEIS
Figurendiagramme nennt man auch
Piktogramme.

Mit einem **Figurendiagramm** lassen sich Zahlenangaben interessant darstellen.
Es werden passende kleine Symbole hintereinander gezeichnet.
Jedes Symbol steht für eine festgelegte Anzahl oder Größe.

Beispiel 3

Fußball finde ich ...   ⚽ = 2 Antworten

„toll" ⚽ ⚽ ⚽ ⚽ ⚽ ⚽ ⚽

„ganz okay" ⚽ ⚽ ⚽ ⚽

„langweilig" ⚽ ⚽

Merke Wichtige Arten von Diagrammen sind **Säulendiagramm**, **Balkendiagramm** und **Figurendiagramm**. Bei diesen Diagrammen kann man die Werte mit der größten und der kleinsten absoluten Häufigkeit sofort erkennen.

HINWEIS
Bei dem Diagramm kann man die Werte nicht exakt ablesen. Es reichen ungefähre Angaben, z.B.: „egal": ca. 550.

Bei Umfragen werden oft mehr als tausend Menschen befragt.
Damit das Diagramm nicht zu groß wird, werden die Häufigkeiten dann in größeren Schritten an die Achse geschrieben.
Das Säulendiagramm zu einer großen Umfrage zum Thema „Fußball" könnte so aussehen.

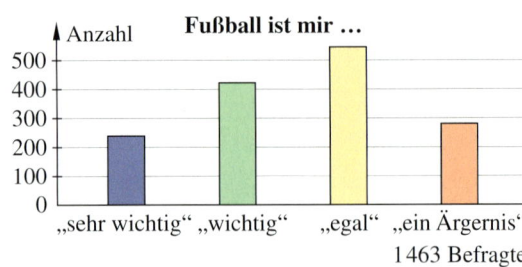

Üben und anwenden

1 Eine Gruppe von Kindern wurde zum Thema „Meine Lieblingssportart" befragt.

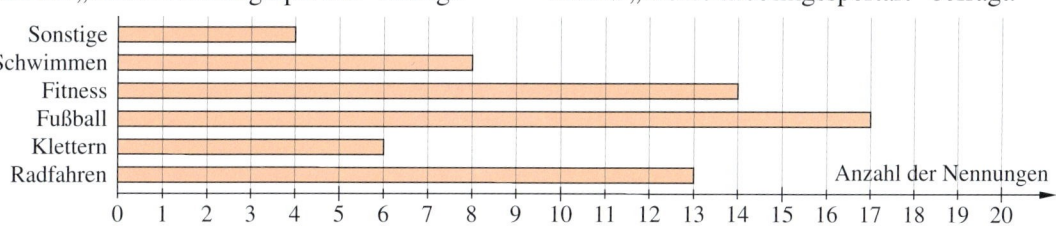

a) Welche Sportart ist am beliebtesten?
b) Wie viele Kinder klettern sehr gerne?
c) Welche Sportarten könnten unter „Sonstige" genannt worden sein? Notiere drei Beispiele.

1 Eine Gruppe von Kindern wurde zum Thema „Meine Lieblingssportart" befragt.

a) Sortiere die Lieblingssportarten nach ihrer Beliebtheit.
b) Wie viele Kinder wurden befragt?
c) Wie nennt man dieses Diagramm? Nenne Merkmale dafür.

ZUM WEITERARBEITEN
Mit Diagrammen werden nicht nur die Ergebnisse von Umfragen veranschaulicht. Was kann man noch mit Diagrammen darstellen? Wo findest du Diagramme in deinem Alltag? Gestalte dazu ein Plakat.

2 Kira und Luca haben eine Stunde lang Fahrzeuge gezählt und ein Figurendiagramm gezeichnet.
Jedes Symbol steht für 20 gezählte Fahrzeuge.

a) Bestimme für jede Fahrzeugart, wie viele Fahrzeuge sie ungefähr gezählt haben.
b) Wie viele Fahrzeuge waren es insgesamt?

2 Die im letzten Jahr meist angebauten Forstpflanzen in Deutschlands Baumschulen waren:

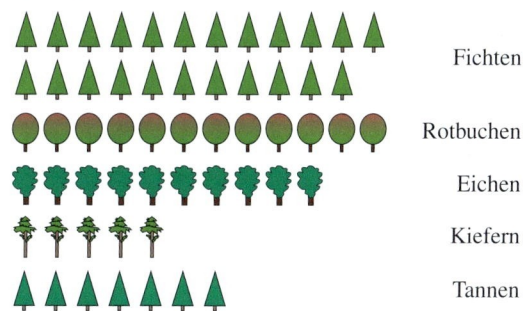

Ein Baum bedeutet 10 Millionen Bäume.

Bestimme für jede Baumart, wie viele Bäume ungefähr angepflanzt wurden.

3 Wasserverbrauch von Frau Seifert an einem Sommertag:

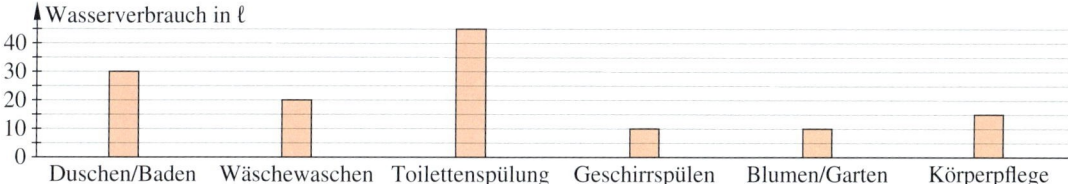

a) Beschreibe das Diagramm.
b) Wofür benötigt Frau Seifert am meisten Wasser und wie viel?
c) Wie viel Liter Wasser verbraucht Frau Seifert allein an einem Tag?
d) Frau Seifert bekommt an einem Wochenende Besuch von Frau Meier. Schätze den Wasserverbrauch an diesem Wochenende.

3 Wasserverbrauch von Frau Seifert an einem Sommertag:

a) Lies die jeweiligen Literangaben ab. Schreibe sie in eine Tabelle.
b) Frau Seifert will ab sofort ihre Blumen mit Regenwasser gießen. Wie viel Trinkwasser kann sie so in einer Woche einsparen?
c) Wie viel Wasser wird Frau Seifert an einem Wintertag verbrauchen? Begründe deine Schätzungen.

15

Werkzeug Diagramme zeichnen

Jenny will das Alter ihrer Mitschülerinnen und Mitschüler mit einem **Säulendiagramm** darstellen. Zuerst hat sie eine Häufigkeitstabelle erstellt.

Alter der Schüler	Strichliste	absolute Häufigkeit (Anzahl)
9	卌 ⅠⅠⅠ	8
10	卌 卌 ⅠⅠ	12
11	卌 Ⅰ	6
12	Ⅰ	1

Jenny stellt sich folgende Fragen:

① Wie hoch wird das Diagramm?
Welches ist die größte Anzahl (absolute Häufigkeit), die ich im Diagramm darstellen muss?

Die größte Anzahl ist 12, da 12 Schülerinnen und Schüler zehn Jahre alt sind.

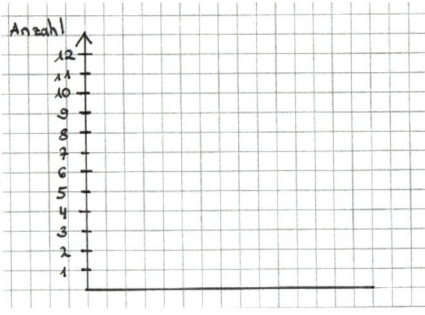

② Was soll ich an die Hochwertachse schreiben?

Ich beschrifte die Hochwertachse mit „Anzahl" und trage die Werte 1 bis 12 ein.

③ Wie breit wird mein Diagramm?

Es gibt vier Säulen, jede zeichne ich zwei Kästchen breit, zwischen ihnen lasse ich ein Kästchen Platz.

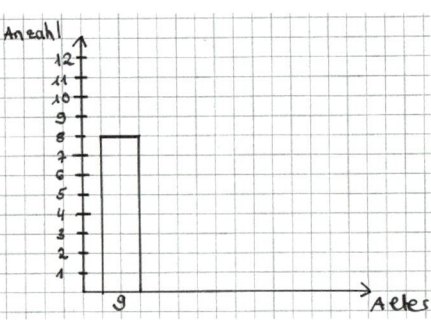

④ Was schreibe ich an die Rechtswertachse?

Ich beschrifte die Rechtswertachse mit „Alter".

⑤ Wie hoch muss ich die erste Säule zeichnen?

Ich zeichne die erste Säule 8 Kästchen hoch. Für jede Angabe zeichne ich eine weitere Säule.

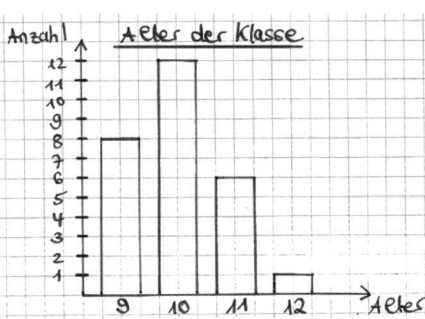

⑥ Welche Überschrift passt zu meinem Diagramm?

Meine Überschrift lautet: „Alter der Klasse".

Beim Zeichnen eines **Balkendiagramms** geht man auf gleiche Weise vor.
Der einzige Unterschied: Man vertauscht die Hochwertachse und die Rechtswertachse.

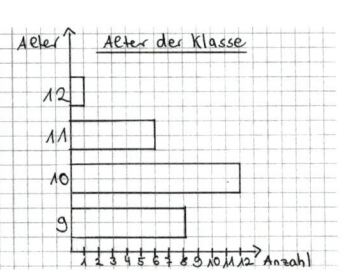

Beim Zeichnen eines **Figurendiagramms** schreibt man an den linken Rand die beobachteten Werte. Im Beispiel sind das „9 Jahre", „10 Jahre" …
Dann muss man festlegen, für welche Anzahl das gewählte Symbol stehen soll.

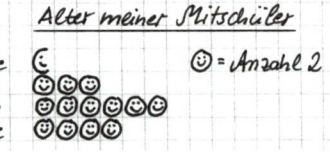

HINWEIS
Materialliste:
– kariertes Papier
– Lineal oder Geodreieck
– Bleistift
– evtl. Buntstifte

HINWEIS
Werden sehr viele Personen befragt, muss man sehr große Werte darstellen.
Dann schreibt man die Anzahlen in größeren Schritten an die Achse.
Die Schritte müssen an einer Achse immer gleich groß sein, z.B.: 0, 50, 100, 150, …

Werkzeug Diagramme mit dem Computer erstellen

Diagramme lassen sich auch mit dem Computer erstellen.
Dazu wird ein Tabellenkalkulationsprogramm benötigt.

① Zuerst müssen die Ausgangsdaten in eine Tabelle übertragen werden.

Ausgangstabelle:

Gebäude	Höhe in m
Berliner Fernsehturm	368
Eiffelturm	325
Taipei 101	508
Empire State Building	443

Tabelle Computerprogramm:

	A	B
1	Gebäude	Höhe in m
2	Berliner Fernsehturm	368
3	Eiffelturm	325
4	Taipei 101	508
5	Empire State Building	443

② Markiere alle Daten in der Tabelle: Halte die linke Maustaste gedrückt und ziehe den Mauszeiger von A1 bis B5; die Tabelle wird dabei bläulich.
Nun klicke oben in der Menüleiste auf „**Einfügen**".
Dann wähle den Diagrammtyp, z. B. **Säulendiagramm** oder **Balkendiagramm**.

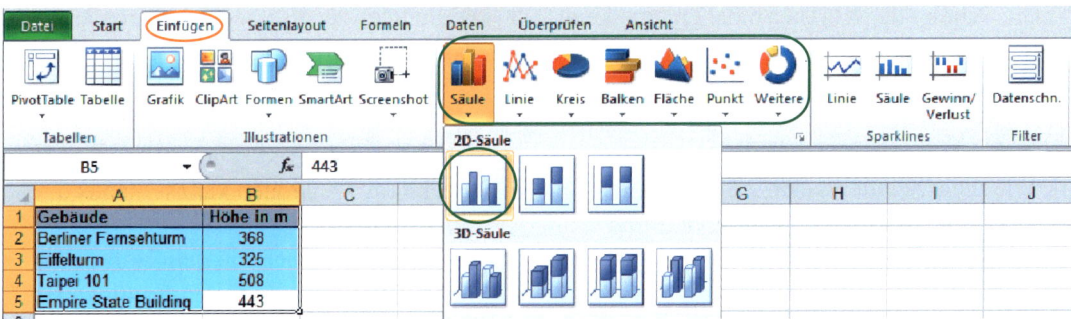

③ Sobald du einen Diagrammtyp ausgewählt hast, wird das Diagramm angezeigt.

Klicke auf den Diagrammtitel und schreibe eine passende Überschrift hinein.

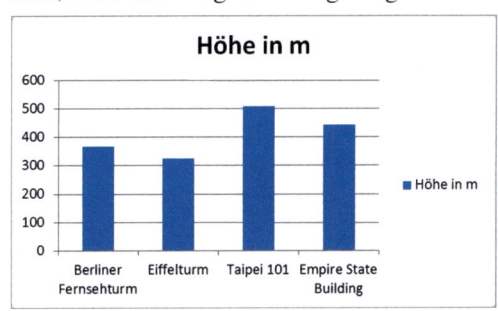

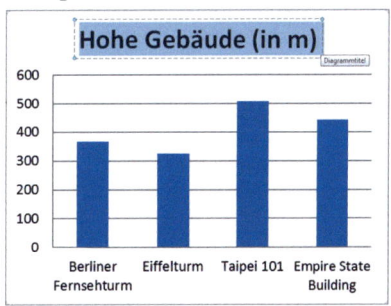

④ Du kannst das Diagramm weiter bearbeiten.
Du kannst z. B. ein **verfeinertes Diagrammlayout mit Achsenbeschriftung** auswählen.
Probiere weitere Gestaltungsmöglichkeiten über die **drei Menübänder von „Diagrammtools"**.

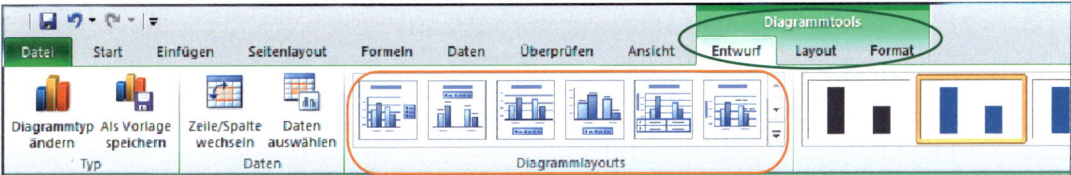

4 In der Klasse 5a wurde eine Umfrage zum Thema „Lieblingsessen" durchgeführt.

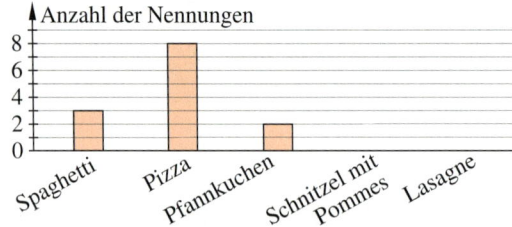

a) Wie viele Schüler essen gerne Pizza (Spaghetti, Pfannkuchen)?

b) 5 Schüler haben als Lieblingsgericht Schnitzel mit Pommes angegeben und 2 Kinder mögen gerne Lasagne. Zeichne das Säulendiagramm ab und ergänze dann die fehlenden Säulen. 1 cm entspricht einer Nennung.

5 Die Schüler der Klasse 5b haben eine Umfrage durchgeführt.

Anzahl der Geschwister	keine Geschwister	1	2	3	mehr als 3
Anzahl der Schüler	ЖЖ I	ЖЖ III	ЖЖ	II	I

a) Wie viele Schüler haben 2 Geschwister?

b) Übertrage die Tabelle in dein Heft und ergänze jeweils die absoluten Häufigkeiten.

c) Stelle das Ergebnis der Umfrage als Säulendiagramm dar. (1 Schüler entspricht 1 cm.)

d) Max behauptet: „Die meisten Mitschüler haben keine Schwester oder Bruder."

4 In der Klasse 5a wurde eine Umfrage zum Thema „Lieblingsessen" durchgeführt.

Lieblingsessen	Anzahl der Schüler
Spaghetti	ЖЖ
Pizza	ЖЖ II
Pfannkuchen	III
Schnitzel mit Pommes	IIII
Lasagne	I

a) Zeichne das entsprechende Säulendiagramm.

b) Wie viele Schüler wurden befragt, wenn jeder nur ein Lieblingsgericht genannt hat?

c) Lukas behauptet: „Die Hälfte der Klasse mag Pizza oder Pfannkuchen am liebsten." Hat er recht? Begründe deine Antwort.

5 Die Schüler der Klasse 5b haben eine Umfrage durchgeführt.

a) Welche Informationen kannst du aus der Tabelle ablesen?

b) Übertrage die Tabelle in dein Heft und ergänze jeweils die absoluten Häufigkeiten.

c) Stelle das Ergebnis der Umfrage als Säulendiagramm dar.

d) Nathalie behauptet: „Die Hälfte der Schüler dieser Klasse hat ein oder zwei Geschwister."

6 Bei diesen Diagrammen wurden Fehler gemacht. Beschreibe und erkläre sie im Heft.

a)

b)

c)

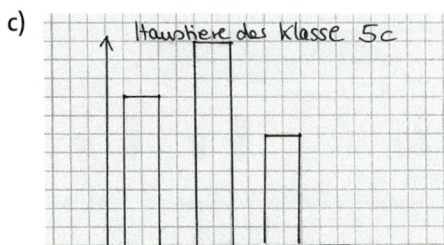

d) Teilnehmer an einem Mathe-Wettbewerb

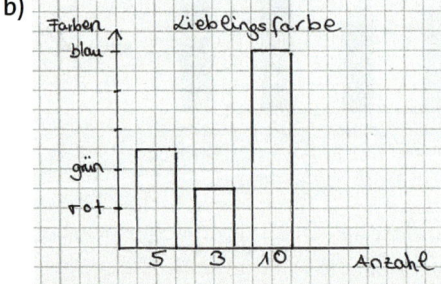

7 Im Wald von Förster Willi stehen 50 Eichen, 70 Kiefern und 20 Fichten.
Außerdem gibt es noch Buchen.

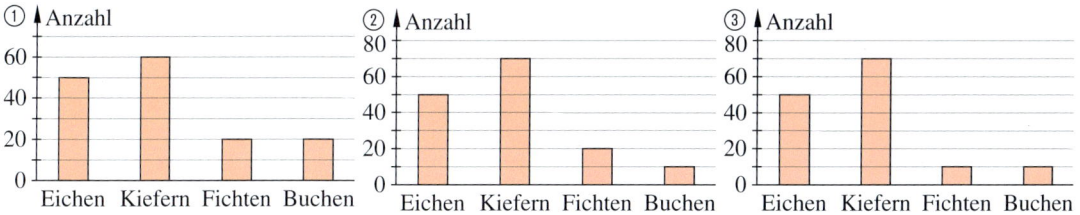

a) Welches Diagramm passt zum Text? Begründe.
b) Wie viele Buchen stehen im Wald von Förster Willi?
c) Für den Winter fällt Förster Willi 10 Eichen und 20 Kiefern. Zeichne das Diagramm neu.

8 Futtermenge pro Tag im Zoo:

Tier	Nashorn	Flusspferd	Elefant
Futtermenge	60 kg	50 kg	150 kg

Zeichne ein Figurendiagramm.

8 Trinkmenge pro Tag bei Nutztieren:

Tier	Kuh	Schwein	Pferd	Schaf
Trinkmenge	80 l	20 l	45 l	5 l

Zeichne ein Figurendiagramm.

9 Umfrageergebnis zum Thema Schulfest:

9 Umfrageergebnis zum Thema Schulfest:

> Welche Aktion hat dir am Schulfest am besten gefallen?
> Flohmarkt: 20   Saft-Bar: 45   Naturquiz: 25   Torwandschießen: 30   Akrobatikshow: 55

a) Welche Aktion erhielt die meisten (die zweitmeisten) Stimmen?
b) Stelle das Ergebnis der Umfrage als Balkendiagramm dar. (1 Schüler entspricht 1 mm in der Zeichnung.)

a) Wie viele Schüler wurden insgesamt befragt?
b) Stelle das Ergebnis der Umfrage als Diagramm dar. (1 Schüler entspricht 1 mm in der Zeichnung.)

NACHGEDACHT
Wann machen Abstimmungen keinen Sinn? Nenne Beispiele.

10 Wie kommen die Schüler zur Schule?

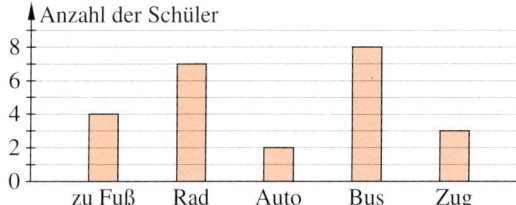

a) Welche Daten kannst du direkt aus dem Diagramm ablesen?
b) 👥 Wie viele Schüler werden mindestens von ihren Eltern gebracht? Begründet eure Antwort.

10 Neue Schüler der Mittelschule Bad Tölz:

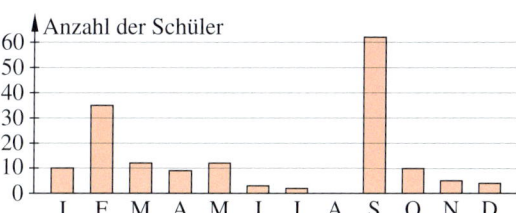

a) Welche Daten kannst du direkt aus dem Diagramm ablesen?
b) 👥 Erklärt, warum in einigen Monaten viele neue Schüler an die Schule kamen, in anderen Monaten weniger.

11 Mehrere Schüler üben sich im Dauerlauf auf einem Sportplatz.
a) 👤 Bewerte das Säulendiagramm. Was ist, wenn die Nummer 6 auch 2 Runden läuft?
b) 👥 Zeichnet das Säulendiagramm neu.
c) 👥 Beschreibt, auf was man achten muss, wenn man nur Zahlen als Daten gegeben hat.

Start-nummer	gelaufene Runden
1	2
2	5
3	1
4	3
5	4

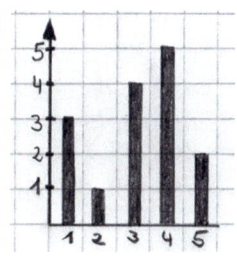

Strategie Über Lernwege sprechen und schreiben

Blättere einmal um auf die nächste Seite *Klar so weit?* zu diesem Kapitel.
Mit den Aufgaben kannst du prüfen, welche Aufgaben du schon gut kannst und bei welchen
Aufgaben du noch Schwierigkeiten hast.
Dabei ist es besonders wichtig, dass du deine Schwierigkeiten gut beschreibst.

So kannst du dabei vorgehen:

① **Verschaffe dir einen Überblick.**
Bearbeite die Aufgaben der *Klar so weit?*-Seite.
Dann beschreibe genau, was du für die Bearbeitung der Aufgabe alles können musst.
Dabei ist es wichtig, dass deine Beschreibung so genau wie möglich ist.

Beispiel 1   zu Seite 22, Aufgabe 1 a) und 1 a)

Das ist zu ungenau:	besser:
Ich kann Strichlisten.	*Ich kann die Anzahl aus Strichlisten ablesen.*

② **Schätze dich selbst ein.**
Was kannst du schon gut? Was noch nicht?
Das kannst du zum Beispiel mit Smileys bewerten.

③ **Beschreibe deine Schwierigkeiten.**
Überprüfe deine Ergebnisse mithilfe der Lösungen im Anhang (ab Seite 190).
Beschreibe dann deine Fehler so genau wie möglich.
Häufig ist der Fehler im Rechenweg zu finden.
Deswegen beschreibe auch deinen Rechenweg genau.
Verwende dabei die richtige Fachsprache.

Beispiel 2   zu Seite 22, Aufgabe 1 a)

Das ist zu ungenau:	besser:
Ich habe einen Fehler bei der Strichliste zu Marcel und Dilek.	*Ich habe alle Strichlisten richtig, bis auf die bei Marcel und Dilek. Da kommen gebündelte Striche 卌 und einzelne Striche ||| vor.*

Diese Fragen können dir dabei helfen:
– Bei welchem Rechenschritt ist der Fehler?
– Was hast du dir bei diesem Rechenschritt gedacht?
– Wie bist du vorgegangen?
– Bei welchen Aufgaben hast du denselben Fehler gemacht? Sammle Beispiele.

Schreibe dein Vorgehen im Heft Schritt für Schritt auf.

Beispiel 3 zu Seite 22, Aufgabe 1 a)
*Ich habe erst die gebündelten Striche abgelesen: 卌. Das waren 5.
Dann habe ich die einzelnen Striche gezählt: |||. Das sind 3.
Dann habe ich beim Zusammenzählen einen Fehler gemacht.
Die Anzahl ist nicht 53.
Ich darf die Ziffern nicht einfach zusammenschreiben.
Ich muss die Zahlen addieren: 5 + 3 = 8.*

Manchmal findest du deinen Fehler nicht alleine. Dann schreibe dir Fragen auf.

Beispiel 4 zu Seite 22, Aufgabe 1 a)

Das ist zu ungenau:

Wie muss ich das machen?

besser:

Wie muss man gebündelte und einzelne Striche zusammenzählen?

Diese drei Schritte kann man auch in einer Checkliste zusammenfassen:

	Checkliste zum Thema „Daten"				
Nr.	**Das muss man können:**	☺	☺	☹	**Was hast du falsch gemacht? Wie bist du vorgegangen? Wo lag dein Fehler? Noch Fragen?**
1	*Ich kann die Anzahl aus Strichlisten ablesen.*			x	*Ich habe alle Strichlisten richtig, bis auf die bei Marcel und Dilek. Da kommen gebündelte Striche ⫲ und einzelne Striche ⦀ vor. Wie muss man gebündelte und einzelne Striche zusammenzählen?*
2	*Ich kann eine Strichliste erstellen.*	x			

Jetzt werte deine Checkliste aus.

Wie du jetzt weiter an deinen Schwierigkeiten arbeitest, hängt sehr von deiner Auswertung ab.
– Bist du bei diesen Aufgaben nur unsicher und machst ab und zu einen Fehler?
– Hast du noch eine Frage?
– Hast du eine Sache oder einen Lösungsschritt noch nicht ganz verstanden?

Hier findest du einige Möglichkeiten, wie du jetzt weiterarbeiten kannst.

Auf der Seite *Verstehen* nachlesen
Auf der Seite *Verstehen* sind die Regeln mit Beispielen noch einmal erklärt. Beschreibe die Lösungen in den Beispielen Schritt für Schritt. Bearbeite weitere Aufgaben auf der Seite *Üben und anwenden*.

Tipps und Hinweise aufschreiben
Das kann zum Beispiel sein:
– Aufgabenstellung mit eigenen Worten in dein Heft schreiben
– Wichtiges in der Aufgabe in das Heft abschreiben
– eine Zeichnung machen
– alle Lösungsschritte aufschreiben
– eine Probe machen

Die ICH-DU-WIR-Methode
Arbeitet in drei Schritten.
① 🙍 Denke allein über die Aufgabe nach. Gehe dabei vor wie oben beschrieben und trage deine Fragen in der Checkliste ein. Schreibe deine Ideen zum Lösungsweg auf.
② 🙍🙍 Arbeitet dann zu zweit. Erklärt euch gegenseitig eure Ideen. Der Partner hört gut zu und macht sich jeweils Notizen. Könnt ihr schon zu zweit das Problem lösen?
③ 🙍🙍 Arbeitet in kleinen Gruppen. Stellt euch gegenseitig eure Lösungen vor. Formuliert eine Regel oder findet weitere Beispiele. Für welche Beispiele gilt eure Regel? Für welche Beispiele gilt eure Regel nicht?

Klar so weit?

→ Seite 10

Umfragen planen und Daten sammeln

1 Ergebnis der Klassensprecherwahl:

Name	Strichliste
Jennifer	III
Marcel	HHH HHH
Dilek	HHH III
Christine	II
Mesut	IIII

a) Wer bekam wie viele Stimmen?
   Schreibe in dein Heft.
b) Wer wurde Klassensprecher?
   Wer hatte die zweitmeisten Stimmen?
c) Am Wahltag fehlten zwei Schüler.
   Wie viele Kinder sind in der Klasse?

2 Carlos macht bei einer Verkehrszählung mit und zählt vor seiner Haustür eine Stunde lang die vorbeifahrenden Fahrzeuge.
Seine Ergebnisse:

8 Fahrräder	2 Roller
3 Motorräder	1 Traktor
17 Autos	5 Lkws

Wie sah seine Strichliste dazu aus?

1 Wohin beim nächsten Klassenausflug?

Ziel	Strichliste
Zoo	HHH
Erlebnispark	HHH IIII
Schwimmbad	HHH HHH I
Ausstellung	I
Eisbahn	II

a) Mit welcher Häufigkeit wurde für die einzelnen Ziele abgestimmt?
b) Wohin wird der Ausflug gehen?
c) Am Abstimmungstag fehlten zwei Schüler. Hätte ein anderes Ziel herauskommen können, wenn sie da gewesen wären?

2 Du sollst deine Klasse rund um das Thema Haustiere befragen. Welche Informationen findest du wichtig?
a) Erstelle einen geeigneten Fragebogen mit mindestens vier Fragestellungen.
b) Zu einer Frage hatte die Klasse 5a folgende Ergebnisse:
   5 Hunde; 7 Katzen; 5 Vögel; 8 Hamster; 12 Fische; 3 Sonstige
   Wie sah die Strichliste dazu aus?

3 Die Schüler der Klasse 5d erhalten für den Schullandheimaufenthalt diesen Fragebogen.

Name: ▮▮▮▮▮▮▮
Zimmerwunsch: ▮ 2er Zimmer   ▮ 3er Zimmer   ▮ 4er Zimmer
Wer soll mit auf das Zimmer?   ▮ ja   ▮ nein
Essen: ▮ vegetarisch   ▮ kein Schweinefleisch   ▮ keine Besonderheiten
Zeckenimpfung: ▮ ja ▮ nein   ▮ vielleicht

a) Bewerte und verbessere den Fragebogen im Heft.
b) Formuliere zwei weitere Fragen mit passenden Antwortmöglichkeiten.

Daten auswerten

→ Seite 14

4 Verkehrszählung:
Ergänze die Häufigkeitstabelle im Heft.

	Strichliste	absolute Häufigkeit
Fahrrad	卌 IIII	9
Auto	…	…

4 Verkehrszählung:
Lege eine Häufigkeitstabelle an.

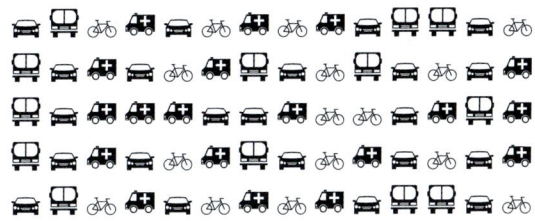

5 Wie viele Häuser stehen jeweils in den Dörfern A und B?

Dorf A: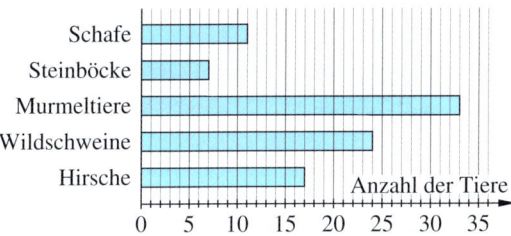

Dorf B:

entspricht 50 Häusern

5 Wie viele Häuser stehen im Dorf A mehr als im Dorf B?

Dorf A: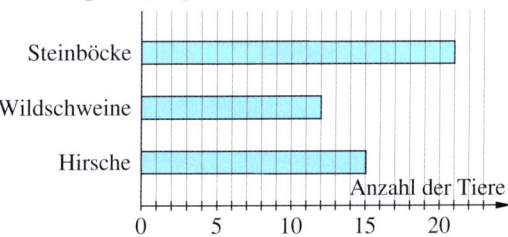

Dorf B:

entspricht 30 Häusern

6 Wildpark „Edelweiß":

Schafe
Steinböcke
Murmeltiere
Wildschweine
Hirsche

Anzahl der Tiere

0 5 10 15 20 25 30 35

a) Lies die Anzahl der Tiere im Wildpark „Edelweiß" ab. Ergänze die Tabelle.

Tiere	absolute Häufigkeit
Schafe	…
Steinböcke	…
…	…

b) Wie viele Tiere hat der Wildpark insgesamt?

6 Wildpark „Alpenblick":

Steinböcke
Wildschweine
Hirsche

Anzahl der Tiere

0 5 10 15 20

a) Zeichne eine Tabelle mit den absoluten Häufigkeiten der Tiere des Wildparks „Alpenblick" in dein Heft.

b) Im Wildpark „Am Hörnle" gibt es 7 Steinböcke, 6 Wildschweine und 15 Hirsche. Vergleiche mit dem Wildpark „Alpenblick". Formuliere dafür Aussagen mit „doppelt so viel", „halb so viel", „dreimal so viel", …

7 Alina hat in einem Naturbuch Angaben zur Lebenserwartung von Tieren gefunden. Erstelle dazu ein Diagramm deiner Wahl.

Hund: 14 Jahre
Kaninchen: 9 Jahre
Kanarienvogel: 8 Jahre
Meerschweinchen: 6 Jahre
Hamster: 3 Jahre

7 Einige Vögel verbringen den Winter im warmen Süden.
Dabei legen sie viele km zurück.
Erstelle ein Diagramm deiner Wahl.

Vögel	Strecke in km
Storch	10 000
Kuckuck	9 000
Seeschwalbe	20 000
Kranich	7 000
Singdrossel	5 000
Star	2 000

Vermischte Übungen

1 Umfrage zum Thema „Freizeit":
Ordne die Antwortmöglichkeiten den passenden Fragen zu.

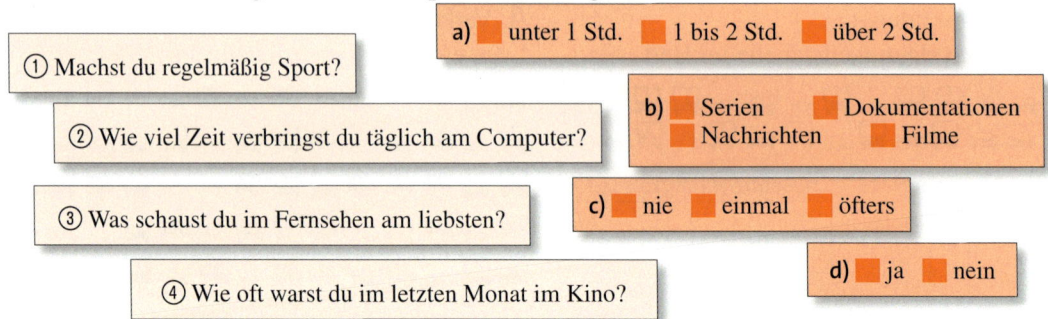

① Machst du regelmäßig Sport?

② Wie viel Zeit verbringst du täglich am Computer?

③ Was schaust du im Fernsehen am liebsten?

④ Wie oft warst du im letzten Monat im Kino?

a) ■ unter 1 Std. ■ 1 bis 2 Std. ■ über 2 Std.

b) ■ Serien ■ Dokumentationen ■ Nachrichten ■ Filme

c) ■ nie ■ einmal ■ öfters

d) ■ ja ■ nein

2 Wie viele unterschiedliche Bausteine hat Paul für sein Bauwerk verwendet?
Übertrage und ergänze die Tabelle im Heft.

orange	gelb	blau	grün	rot
|||	…	…	…	…

2 Wie viele unterschiedliche Bausteine hat Tim für sein Bauwerk verwendet?
Lege eine Strichliste an.

3 Würfle 20-mal mit zwei Würfeln und berechne jeweils die Augensumme.
a) Übertrage die Tabelle ins Heft und halte deine Ergebnisse darin fest.

die Augen-summe ist	Strichliste	absolute Häufigkeit
2, 3 oder 4	…	…
6, 7 oder 8	…	…
10, 11 oder 12	…	…

b) Erstelle zu deinen Ergebnissen ein Säulendiagramm.

3 Würfle 20-mal mit zwei Würfeln.
Bilde jeweils die Differenz (die größere Zahl minus der kleineren Zahl).
a) Ergänze die Tabelle im Heft.

die Differenz ist	Strichliste	absolute Häufigkeit
0	…	…
1	…	…
2	…	…
3	…	…
4	…	…
5	…	…

b) Erstelle ein Säulendiagramm.

ZUM WEITERARBEITEN
Stelle andere Daten aus dem Geographie-unterricht in einem Dia-gramm dar.

4 Die Längen verschiedener Flüsse (in km)

Donau
Rhein
Elbe
Inn
Weser

Länge in km

0 500 1 000 1 500 2 000 2 500 3 000 3 500

a) Schreibe drei richtige und drei falsche Aussagen in dein Heft.
b) 👥 Arbeitet zu zweit.
Lies deinem Partner deine Aussagen vor.
Frage ihn: richtig oder falsch?

5 Betrachte die Diagramme. Erfinde jeweils eine Situation, die zu dem Diagramm passt. Beschreibe sie im Heft mit deinen Worten.

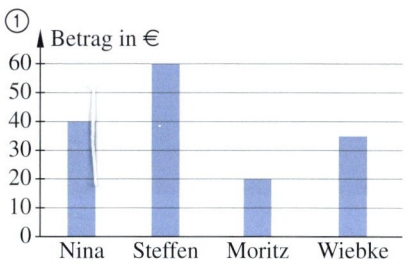

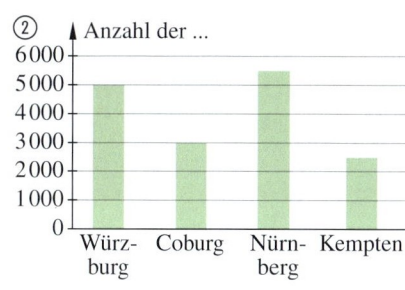

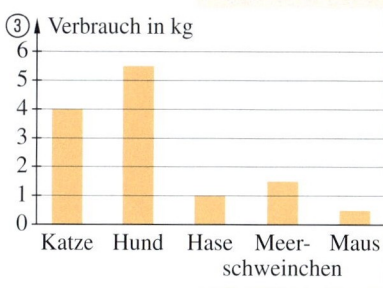

6 👥 Beim Pausenverkauf wundert sich Simone: „Im Säulendiagramm sieht es so aus, als würden fast keine Käsesemmeln verkauft!"
Wodurch entsteht ihr Eindruck?

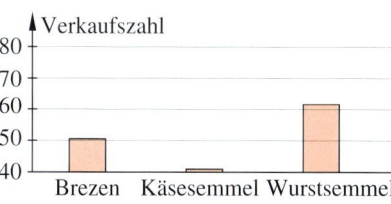

6 👥 Beim Pausenverkauf: Mikail wundert sich: „Es sieht so aus, als seien doppelt so viel Wurstsemmeln wie Brezen verkauft worden."
Stimmt das? Begründet eure Antwort.

7 Ergebnisse beim Sportfest

7 Ergebnisse beim Sportfest

	Max	Svenja	Lea	Mark	Yasmin	Marek	Jennifer
Seilspringen (Sprünge)	32	28	46	37	52	39	33
Sprünge auf einem Bein	9	30	21	8	19	11	24
Liegestütze	15	6	5	12	8	18	11

a) Wer war der Beste im Seilspringen?
b) Wer war der Schlechteste in Liegestützen?
c) Denke dir eigene Fragen aus.

Wie groß ist der Unterschied zwischen dem besten und dem schlechtesten Ergebnis in jedem Wettbewerb?

8 Beschreibe die Tabelle mit deinen Worten.

	Spiele	Tore
Pedro	20	12
Dominik	11	10

👥 Was sagt ihr dazu?

8 Die Klasse 5 a hat 24 Schüler.
Davon sind 11 Schüler in einem Sportverein.
Die Klasse 5 b hat 20 Schüler.
Die Hälfte der Schüler ist Mitglied in einem Sportverein.
👥 Was sagt ihr dazu?

9 👥 Plant in Gruppen eine eigene Umfrage zum Thema Fernsehverhalten.
a) Entwickelt einen eigenen Fragebogen, den ihr später gut auswerten könnt.
b) Befragt eure Mitschüler.
c) Fasst zu jeder Frage die Antworten in einer Urliste zusammen.
d) Wertet die Ergebnisse aus und präsentiert sie in der Klasse.

10 Baumwipfelpfade

a) Hast du schon einmal einen
Baumwipfelpfad besucht?
Erzähle deinen Mitschülern davon.

b) Für Baumwipfelpfad kann man auch
Baumkronenpfad oder Waldwipfelweg
sagen.
Erkläre die einzelnen Begriffe.

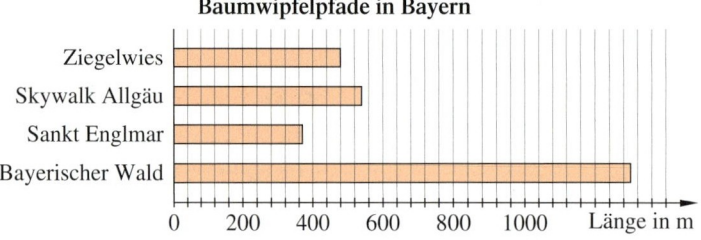

Baumwipfelpfade in Bayern

Höchster Punkt des Pfades:

Ziegelwies: 21 m	Bayerischer Wald: 44 m
Skywalk Allgäu: 40 m	Sankt Englmar: 30 m

11 Lies die Längen der einzelnen Baumwipfelpfade ab und trage sie in eine Tabelle ein.

a) Ordne die Baumwipfelpfade der Länge nach.
Beginne mit dem kürzesten Pfad.

b) Welche Strecke in deinem Schulhaus ist ungefähr so lang wie der Baumkronenweg
„Ziegelwies"? Schätze und überprüfe.

c) Ordne die Baumwipfelpfade nach ihrem höchsten Punkt.
Stelle sie übersichtlich in einem Diagramm deiner Wahl dar.

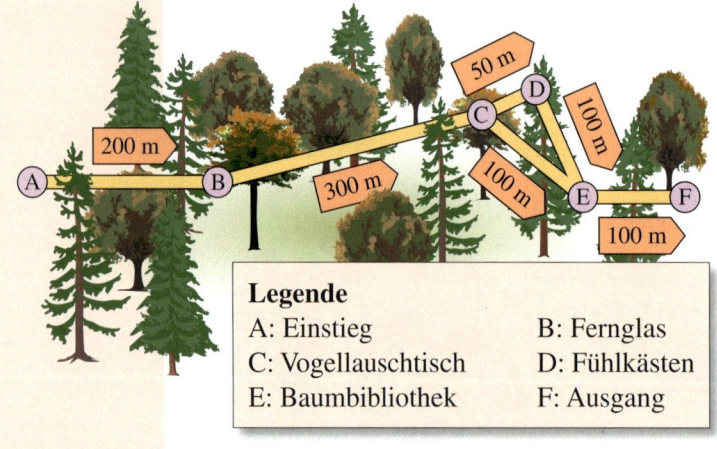

Legende

A: Einstieg	B: Fernglas
C: Vogellauschtisch	D: Fühlkästen
E: Baumbibliothek	F: Ausgang

12 👥 Justus besucht mit seiner Familie einen
Baumwipfelpfad.
Beschreibe Justus' Weg durch den Pfad im
Heft.
Wann macht er längere Pausen?
Was schaut er sich länger an?

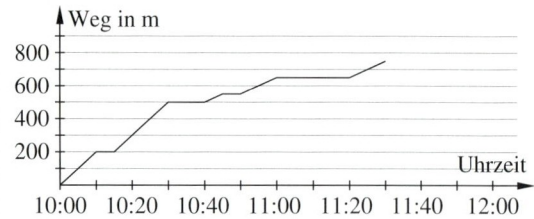

13 👥 Arbeitet in kleinen Gruppen zusammen.

a) Recherchiert im Internet und gestaltet ein Plakat zu einem Thema eurer Wahl:
zum Beispiel: „Der höchste Baumwipfelpfad der Welt" oder
„Der Baumwipfelpfad in unserer Nähe"

b) Welchen Baumwipfelpfad möchtet ihr besuchen?
Recherchiert im Internet: Wie viel würde der Eintritt für dich, deine Familie bzw. für eure
Klasse kosten? Präsentiert eure Ergebnisse.

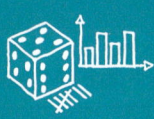

Teste dich!

1 Übertrage den Lückentext ins Heft und setze die richtigen Begriffe ein. *(5 Punkte)*
Strichliste – Umfrage – ganze Sätze – Antworten – Fragebogen – Stichpunkte – Daten
Mit einem ________ kann man eine ________ durchführen und ________ erheben. Die gestellten Fragen kann man beantworten, indem man ankreuzt, ________ notiert oder ________ schreibt.

2 In der deutschen Sprache kommen einige Buchstaben häufiger vor als andere. *(5 Punkte)*

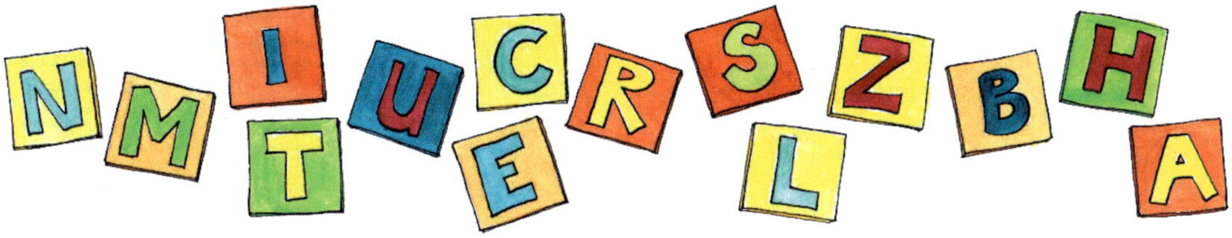

Wie häufig kommen die Buchstaben a, e, f, n und z in dem folgenden Sprichwort von Albert Einstein vor? Fertige eine Tabelle mit Strichlisten und Häufigkeiten an.
„Mathematik ist die einzige perfekte Methode, sich selber an der Nase herumzuführen."

3 Semmelbestellung für das Schulcafé: *(5 Punkte)*

Sorte	Mo	Di	Mi	Do	Fr
Körnersemmel	20	20	30	20	20
Weizensemmel	50	40	50	50	40
Schokosemmel	60	60	60	60	60
Mohnsemmel	20	15	20	15	15

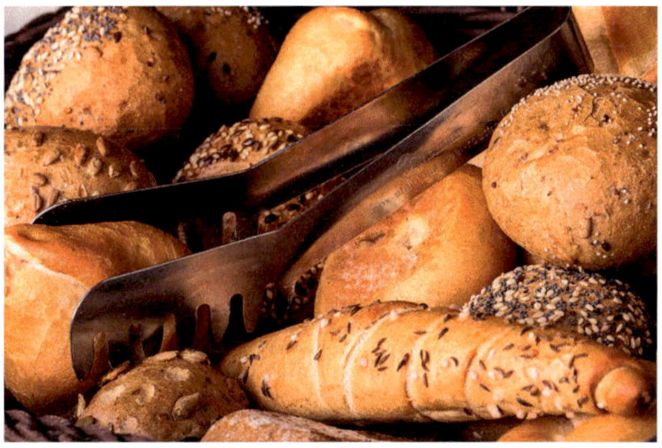

a) Wie viele Mohnsemmeln werden montags bestellt?
b) Wie viele Semmeln werden montags insgesamt bestellt?
c) Wie viele Körnersemmeln werden pro Woche bestellt?
d) Welche Sorte verkauft sich am besten?
e) Welche Sorte verkauft sich am schlechtesten?

4 Nenne drei verschiedene Diagrammarten. *(6 Punkte)*

5 Ein Sportverein hat seine Mitgliederzahlen in einem Säulendiagramm dargestellt. *(10 Punkte)*
a) Wie viele Mitglieder hat jede der drei Sportabteilungen des Vereins?
b) Wie viele Mitglieder hat der Verein insgesamt?

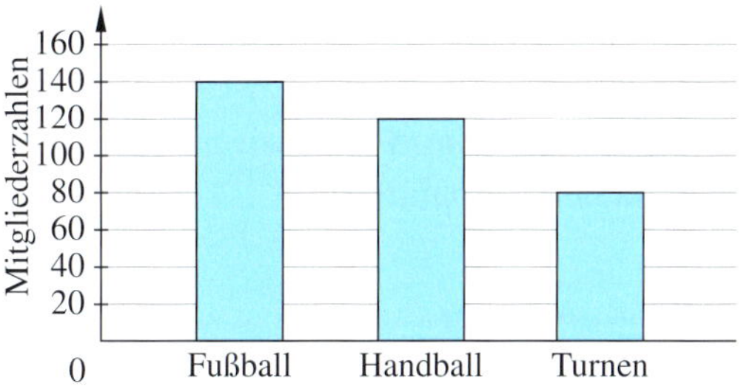

6 So schwer etwa werden folgende Tiere: *(10 Punkte)*
Schäferhund: 40 kg Reh: 30 kg Hauskatze: 10 kg Puma: 60 kg
a) Zeichne ein Säulendiagramm. Zeichne für je 10 kg eine 1 cm hohe Säule.
b) Gibt es Tiere, die du in deinem Säulendiagramm nicht gut darstellen könntest? Begründe.

Gold: 38–41 Punkte, Silber: 32–37 Punkte, Bronze: 23–31 Punkte Lösungen ab Seite 190

Zusammenfassung

→ Seite 10

Umfragen planen und Daten sammeln

Um Daten zu erheben, kann man eine Umfrage **mit einem Fragebogen** durchführen.

Manche Fragen sind dabei zum Ankreuzen. Andere Fragen werden in Stichpunkten oder in ganzen Sätzen beantwortet.

Für eine erste Übersicht stellt man die Daten in einer so genannten **Urliste** zusammen.

Alter	Liest du gerne?	Was liest du gerne?
11	ja	Comics, Bücher
11	ja	Bücher
12	nein	–

Zur Auswertung der abzählbaren Angaben wird eine **Strichliste** mit **Häufigkeitstabelle** angelegt.

Liest du gerne?	Strichliste	absolute Häufigkeit
ja	ℋℋ ℋℋ III	13
nein	ℋℋ IIII	9

→ Seite 14

Daten auswerten

Bei einem **Säulendiagramm** liest man an der Höhe der Säulen ab, um welche Anzahl es geht.

Die Hochwertachse muss in gleich große Abschnitte eingeteilt werden.

Kläre die folgenden Fragen, bevor du ein Säulendiagramm zeichnest:
① Wie hoch wird die höchste Säule?
② Wie breit soll das Diagramm werden?
③ Wie beschrifte ich die beiden Achsen?
④ Welche Überschrift bekommt das Diagramm?

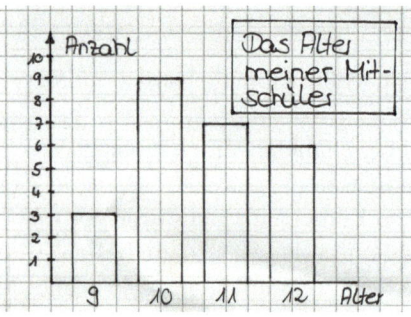

Ein **Balkendiagramm** sieht wie ein quer gelegtes Säulendiagramm aus.

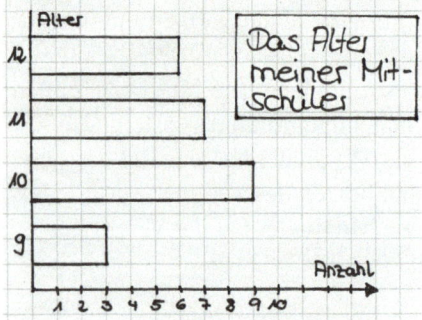

Bei einem **Figurendiagramm (Piktogramm)** steht jedes Zeichen für eine festgelegte Anzahl oder Größe.

Die natürlichen Zahlen

Die Sonne ist ein gewaltiger Himmelskörper von
etwa einer Million vierhunderttausend Kilometer Durchmesser.
In ihrem Inneren herrschen Temperaturen
bis zu fünfzehn Millionen Grad Celsius,
an der Oberfläche immer noch sechstausend Grad Celsius.
Immer wieder kommt es zu gewaltigen Gasausbrüchen,
die wie helle Fackeln aufleuchten.

Noch fit?

Einstieg

1 Davor und danach
a) Welche Zahl kommt vor 754?
b) Welche Zahl kommt nach 1099?

2 Schrittweise zählen
Zähle von 7500 weiter in …
a) Hunderter-Schritten bis 8800.
b) Tausender-Schritten bis 17500.
c) Fünfziger-Schritten bis 8200.
d) Fünfhunderter-Schritten bis 13500.

3 Zahlen verdoppeln
Verdopple die Zahlen immer weiter im Kopf, bis du über 1000 kommst.
Notiere die Zahlen folgendermaßen:
Beispiel für die Startzahl 10: *10; 20; 40; 80; 160; 320; 640; 1280*
a) Startzahl 30 b) Startzahl 55 c) Startzahl 70 d) Startzahl 2

4 Zahlenfolgen ergänzen
Ergänze die fehlenden Zahlen im Heft.
a) 1; 2; 3; 4; 5; 6; … ; 8; 9; 10
b) 35; 36; 37; … ; 39
c) 100; 101; … ; 103; 104; 105; … ; 109; 110
d) 2; 4; 6; … ; 12

5 Zahlenstrahl
Welche Zahlen sind hier markiert?

Aufstieg

1 Davor und danach
a) Welche Zahl kommt vor 37615?
b) Welche Zahl kommt nach 49099?

2 Schrittweise zählen
Zähle von 98500 weiter in …
a) Hunderter-Schritten bis 100000.
b) Tausender-Schritten bis 106500.
c) Fünfziger-Schritten bis 99000.
d) Fünfhunderter-Schritten bis 102000.

4 Zahlenfolgen ergänzen
Ergänze die fehlenden Zahlen im Heft.
a) 111; 113; … ; 123; 125
b) 34; 36; … ; 52
c) 3254; … ; 3257; … ; 3261; 3262
d) 520; 530; … ; 600

5 Zahlenstrahl
Welche Zahlen sind hier markiert?

6 Zahlen ordnen
Ordne die Zahlen der Größe nach. Beginne mit der kleinsten Zahl.
a) 44; 102; 12; 300; 99; 199; 201; 78 b) 465; 333; 387; 3333; 378; 456

7 Große Zahlen
Schreibe passende Paare ins Heft.

dreihundertachtzig	2000000
siebenhunderttausend	50000
zwei Millionen	380
sechstausendfünfhundert	700000
fünfzigtausend	6500

7 Große Zahlen
Schreibe passende Paare ins Heft.

dreitausendachthundert	4080000
fünfhundertzwanzigtausend	23000
vier Millionen achtzigtausend	3800
sechzigtausendachthundert	520000
dreiundzwanzigtausend	60800

8 Anzahlen schätzen
a) Wie viele Seiten hat dein Mathematikheft?
b) Wie viele Stifte hast du ungefähr?

8 Anzahlen schätzen
a) Wie viele Türen hat eure Schule ungefähr?
b) Wie viele Fenster hat eure Schule ungefähr?

Lösungen ab Seite 190

Natürliche Zahlen ordnen und vergleichen

Entdecken

1 Zahlen kommen in verschiedenen Zusammenhängen vor.

a) 🎗 Die „29" auf dem Abreißkalender steht für den 29. Tag des Monats.
   Welche anderen Zahlen in den Beispielen werden zur Nummerierung verwendet?

b) 🎗🎗 Arbeitet zu zweit.
   Es gibt in den Beispielen auch Zahlen, die nicht zur Nummerierung verwendet werden.
   Welche sind das und wofür werden sie verwendet?
   Ordnet die Zahlen nach verschiedenen Gesichtspunkten.

c) 🎗🎗 Arbeitet in kleinen Gruppen.
   Ergänzt in der Klasse die gefundenen Gesichtspunkte um jeweils drei weitere Beispiele.

2 Aus dem Kreuzworträtselheft

a) Setze die Zeichenfolgen im Heft fort.

   ① ✳✳●●○✳✳●●○✳✳●●○…

   ② ○●■□○○●■□○●■□○●■□○…

   ③ ⊙○○□□○⊙○○□□○…

   ④ ▲▼□▲▼□□▲▼□□□▲▼□□□□▲▼…

b) Setze die Zahlenfolgen im Heft fort.

   ① 2; 4; 6; 8; 10; 12 …

   ② 36; 33; 30; 27; 24; 21 …

   ③ 11; 16; 21; 26; 31; 36; 41 …

   ④ 1; 2; 4; 8; 16; 32; 64 …

c) 🎗 Erfinde eigene Zahlenfolgen. Beschreibe deine Zahlenfolgen mit Worten im Heft.

d) 🎗🎗 Arbeitet zu zweit.
   Einer schreibt den Anfang einer Zahlenfolge auf, der andere setzt die Folge fort.
   Kontrolliert euch gegenseitig.

3 Schreibe in dein Heft alle Zahlen …

a) in Zweierschritten zwischen 20 und 40.   b) in Dreierschritten zwischen 11 und 29.

c) von 9 bis 1.   d) von 76 bis 52.

Verstehen

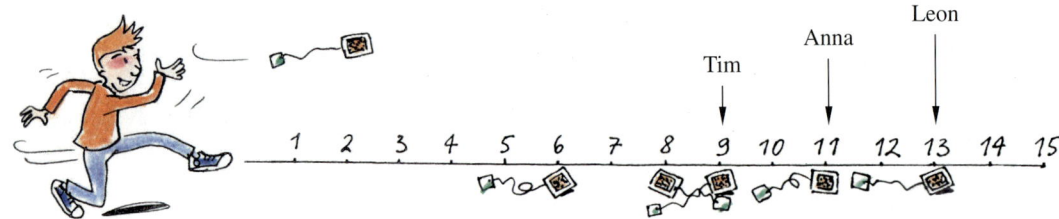

Auf einer Geburtstagsparty wird ein Spiel gespielt. Es heißt Teebeutel-Weitwurf.

Sechs Kinder haben beim Teebeutel-Weitwurf mitgespielt.
Der 1. Platz erhält das Kind mit dem weitesten Wurf.
Die weiteste Länge beträgt 13 Meter.

> **Merke** Überall im Alltag kommen Zahlen vor.
> Man kann mit den **natürlichen Zahlen** messen, zählen und nummerieren.
> Die natürlichen Zahlen beginnen mit 1. Es gibt keine größte natürliche Zahl.

Wer hat am weitesten geworfen?

> **Merke** Zahlen können an einem **Zahlenstrahl** übersichtlich dargestellt werden.
> Die kleinere Zahl steht immer links von der größeren Zahl.

HINWEIS
*So kann man sich das gut merken:
Beim Größer-Kleiner-Zeichen frisst das Krokodil immer die größere Zahl:*

9 < 11

Beispiel 1

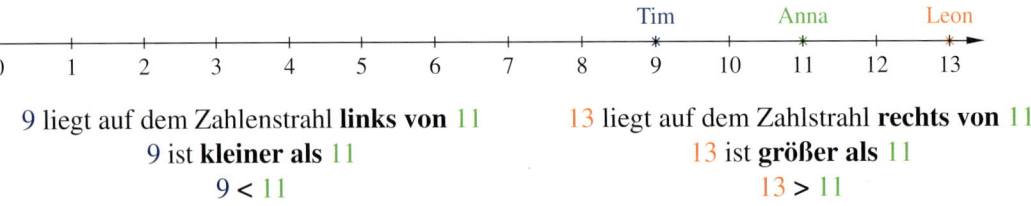

9 liegt auf dem Zahlenstrahl **links von** 11   13 liegt auf dem Zahlstrahl **rechts von** 11
9 ist **kleiner als** 11   13 ist **größer als** 11
$9 < 11$ $13 > 11$

Leon gewinnt. Er hat den Teebeutel mit 13 Metern am weitesten geworfen.

Zeichnet man einen Zahlenstrahl, muss man darauf achten, dass die Abstände überall gleich sind.
Auch darf man die Null und die Pfeilspitze am rechten Ende nicht vergessen.

> **Merke** Der **Vorgänger** einer natürlichen Zahl steht direkt links neben ihr.
> Der **Nachfolger** einer natürlichen Zahl steht direkt rechts neben ihr.

Beispiel 2

Der Vorgänger von 9 ist 8,   Der Nachfolger von 9 ist 10,
da 8 direkt links von 9 steht.   da 10 direkt rechts von 9 steht.

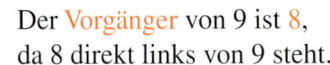

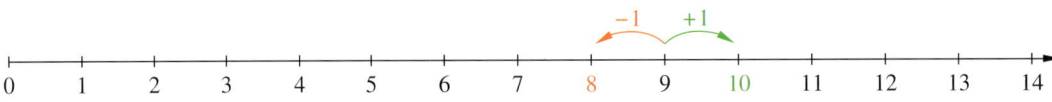

Üben und anwenden

1 Wo begegnen dir zu Hause Zahlen?
👥 Arbeitet in kleinen Gruppen.
Vergleicht eure „Fundorte" für Zahlen.

2 Welche Zahlen passen dazu?
a) Dauer einer Unterrichtsstunde
b) Spielzeit beim Fußball
c) Anzahl der Tage im Jahr
d) Breite der Tafel
e) dein Alter

3 Ergänze die Tabelle im Heft.

	Vorgänger	Zahl	Nachfolger
a)	…	999	…
b)	…	6 182	6 183
c)	…	72 904	…

4 Zähle in Zweierschritten (Fünfer-, Zehner-schritten) jeweils 5 Zahlen vorwärts und 5 Zahlen rückwärts. Beginne bei …
a) 50   b) 600   c) 310   d) 295

1 Messen, zählen und nummerieren:
👥 Sammelt Beispiele für Zahlen aus der Zeitung und ordnet sie den Begriffen zu.

2 Ergänze die Wörter zu sinnvollen Sätzen mit Zahlenangaben. **Beispiel** Die Höhe des Eiffelturms beträgt ca. 300 m.
a) Die Höhe …   b) Der Preis …
c) Die Spielzeit …   d) Die Länge …
e) Der Abstand …   f) Der Inhalt …

3 Ergänze die Tabelle im Heft.

	Vorgänger	Zahl	Nachfolger
a)	…	…	10 000 000
b)	…	7 000	…
c)	1 Mio.	…	…

4 Zähle in Fünferschritten (Vierer-, Dreier-schritten) jeweils 5 Zahlen vorwärts und 5 Zahlen rückwärts. Beginne bei …
a) 105   b) 703   c) 1 004   d) 2 788

5 Zahlensuche am Zahlenstrahl: Welche Zahlen sind gekennzeichnet?
👥 Beschreibt Gemeinsamkeiten und Unterschiede der Zahlenstrahlen im Heft.

Achtet auf die Einteilung beim Zahlenstrahl.

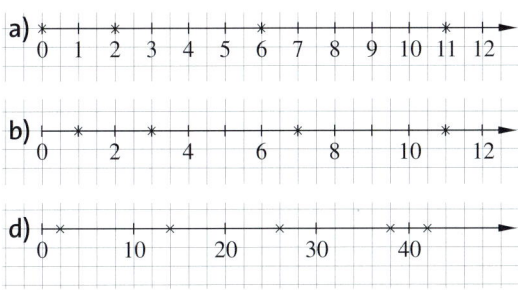

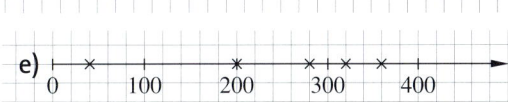

6 Welche Zahlen sind auf dem Ausschnitt des Zahlenstrahls gekennzeichnet?

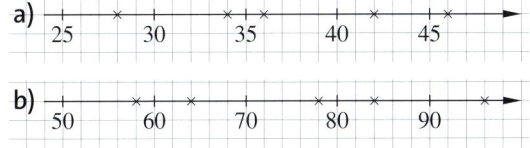

6 Welche Zahlen sind auf dem Ausschnitt des Zahlenstrahls gekennzeichnet?

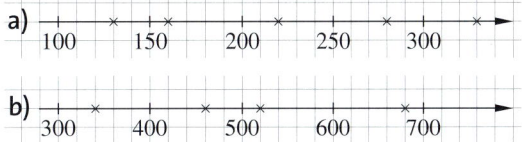

7 Zeichne den Zahlenstrahl in dein Heft. Markiere die Zahlen durch ein Kreuzchen.

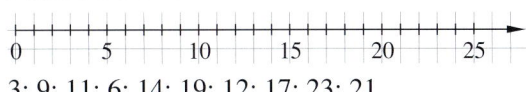

3; 9; 11; 6; 14; 19; 12; 17; 23; 21

7 Zeichne jeweils einen Zahlenstrahl in dein Heft und markiere die Zahlen. Zeichne ein Kästchen für eine Längeneinheit.
a) 4; 7; 2; 15; 22; 17; 13; 5; 10; 0
b) 3; 6; 21; 24; 13; 1; 17; 26; 14; 19

8 Luise soll einen Zahlenstrahl zeichnen und die Zahlen 15; 90; 55 und 70 eintragen.
Sie beginnt zu zeichnen und wundert sich.

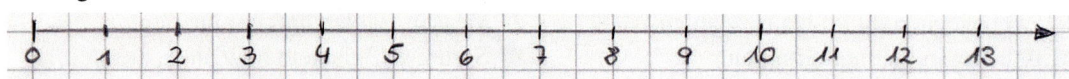

a) ♟ Zeichne den Zahlenstrahl richtig ins Heft.

b) ♟♟ Besprecht euch zu zweit. Was hat Luise falsch gemacht?

c) 👥 Arbeitet in kleinen Gruppen. Welche Tipps könntet ihr Luise geben?

9 Zeichne jeweils einen geeigneten Zahlenstrahl und markiere die Lage der Zahlen.

a) 5; 20; 25; 40; 45; 55

b) 20; 40; 50; 80; 85; 100

c) 100; 400; 600; 1 100; 1 150

9 Zeichne jeweils einen geeigneten Zahlenstrahl und markiere die Lage der Zahlen.

a) 29; 27; 25; 23; 21

b) 900; 250; 1 200; 600; 750

c) 20 000; 110 000; 95 000; 50 000

NACHGEDACHT

Mia sagt:„Es fällt nächstes Jahr in Nürnberg genau 610 mm Regen."

Slava sagt: "Nächsten Januar scheint die Sonne 40 Stunden pro Woche." Was sagst du dazu?

10 Wie viel Regen fällt ungefähr in den Städten?
Zeichne zu den Daten einen Zahlenstrahl.

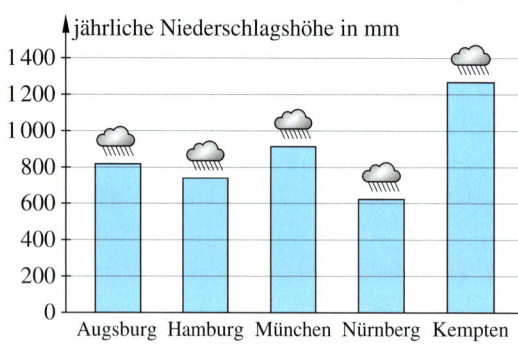

10 Wie lange scheint ungefähr die Sonne in München?
Zeichne zu den Daten einen Zahlenstrahl.

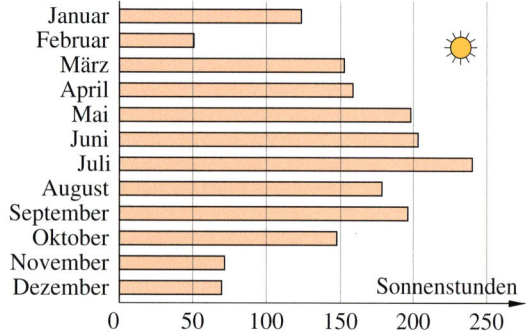

11 Zeichne einen 10 cm langen Ausschnitt eines Zahlenstrahls von 180 bis 280.
Markiere die Lage der Zahlen 240; 270; 235; 195; 210; 275 und 185.

11 Zeichne einen Ausschnitt eines Zahlenstrahls in dein Heft.
Markiere die Lage der Zahlen 270; 254; 240; 260; 275; 248 und 281.

12 Sinja trainiert Weitwurf.

a) Vergleiche. Verwende dabei „ist kleiner als" bzw. „ist größer als".

b) Ordne die Weiten der Größe nach: Beginne mit der kleinsten Weite. Verwende das Symbol „<".

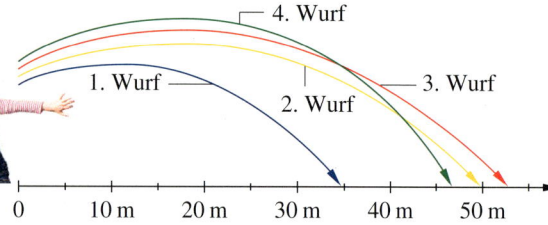

13 Übertrage ins Heft und ergänze das richtige Zeichen (>, < oder =).

a) 13 ▢ 18   b) 876 ▢ 678

c) 4 872 ▢ 8 742   d) 75 199 ▢ 75 909

e) 87 699 ▢ 87 788 f) 17 876 ▢ 17 911

13 Übertrage ins Heft und ergänze das richtige Zeichen (>, < oder =).

a) 1 013 ▢ 1 103   b) 8 706 ▢ 67 085

c) 9 354 ▢ 9 465   d) 30 934 ▢ 39 043

e) 99 999 ▢ 89 999   f) 120 213 ▢ 102 215

14 Ordne die Zahlen. Beginne einmal mit der kleinsten und einmal mit der größten Zahl.
Beispiel 3 < 5 < 10 < 16

| 7 079 | 8 000 | 8 009 | 7 999 | 7 908 | 7 889 |

Große natürliche Zahlen im Dezimalsystem

Entdecken

100 000 000 000
10 000 000 000
1 000 000 000
100 000 000
10 000 000
1 000 000
100 000
10 000
1 000
100
10
1

1 Es gibt sehr große Zahlen.
Kannst du alle Zahlen in der Randspalte lesen? Beginne unten. Wie weit kommst du?

2 👥 Arbeitet in der Klasse zusammen.

① Notiert auf insgesamt fünf DIN-A4-Blättern jeweils eine beliebige Ziffer.
Fünf Schülerinnen und Schüler nehmen jeweils ein Blatt in die Hand und stellen sich so auf,
dass die größte Zahl gebildet wird. Lest diese Zahl vor.
Stellt euch dann so auf, dass die kleinste Zahl gebildet wird. Lest auch diese Zahl vor.
② Notiert nun auf einem zusätzlichen Blatt Papier eine weitere beliebige Ziffer. Eine Schülerin
oder ein Schüler nimmt das Blatt in die Hand und stellt sich mit den anderen auf. Bildet
wieder die größte und die kleinste Zahl und lest sie vor. Gibt es eine Veränderung zu vorher?
③ Notiert jetzt auf fünf neuen DIN-A4-Blättern jeweils eine der Ziffern 1; 5; 3; 0; 0.
Stellt euch zu fünft auf und bildet die kleinste und die größte mögliche Zahl.
Könnte man die Nullen auch einfach weglassen?

3 Lies folgenden Zeitungsartikel:

> *Das Buch „Harry Potter und die Heiligtümer des Todes" ist Teil sieben der Reihe um den*
> *Zauberlehrling Harry Potter.*
> *Das 736 Seiten dicke Buch verbrauchte bei einer Startauflage von 3 Millionen Exemplaren*
> *etwa 88 Quadratkilometer Papier, das entspricht einer Fläche von über zwölftausend*
> *Fußballfeldern. Insgesamt wurden weltweit rund 50 Millionen der Bücher verkauft.*
> *Die erfolgreiche Harry-Potter-Filmreihe brachte weltweit rund 8 Milliarden US-$ ein.*
> *Das sind rund 7 Milliarden Euro.*

a) Schreibe alle Zahlenangaben in Ziffern auf, zum Beispiel: 7; …
b) Schreibe dann die Zahlen so untereinander, dass Einer unter Einer steht, Zehner unter
Zehner und so weiter.

*ZUM
WEITERARBEITEN*
👥 *Sammelt in
Vierergruppen
Zeitungsartikel,
in denen große
Zahlen vorkom-
men. Fertigt
ein Plakat mit
allen von
euch gefunde-
nen Zahlen an.*

4 👥 Arbeitet zu zweit.
Diktiert euch abwechselnd die folgenden Zahlen. Achtet darauf, die Zahlen richtig zu lesen:
1 583; 1 969; 10 100; 15 800; 20 020; 30 003; 100 520; 1 380 500; 2 400 050; 212 012 012;
8 050 808 005; 9 030 712 003.
Vergleicht dann das Notierte mit dem Buch.
Welche Zahlen sind schwieriger zu lesen als andere und warum?

Verstehen

In einem Zählwerk sind drei Rädchen nebeneinander angeordnet.
Damit können dreistellige Zahlen dargestellt werden.
Auf jedem dieser Rädchen stehen die Ziffern
0; 1; 2; 3; 4; 5; 6; 7; 8; 9.
Wenn ein Rädchen zehn Zählschritte gemacht hat, rückt das links
daneben liegende Rädchen um einen Zählschritt weiter.

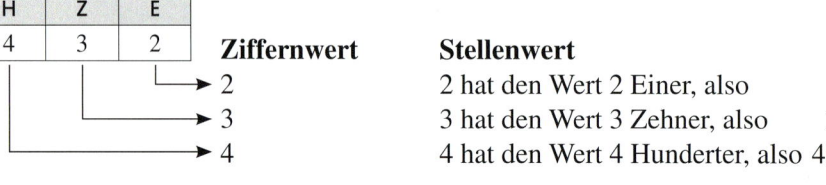

Merke Jede Ziffer einer Zahl hat einen bestimmten **Stellenwert**.
Der Stellenwert hängt von der Stellung innerhalb der Zahl ab.

Beispiel 1 432 ist eine Zahl mit drei Stellen.

H	Z	E
4	3	2

Ziffernwert → 2
→ 3
→ 4

Stellenwert

2 hat den Wert 2 Einer, also   2
3 hat den Wert 3 Zehner, also   30
4 hat den Wert 4 Hunderter, also 400

Merke Unser Stellenwertsystem ist ein **Zehnersystem**, weil jeweils 10 Einheiten zu einer
neuen größeren Einheit gebündelt werden.
10 E = 1 Z   10 Z = 1 H   10 H = 1 T   10 T = 1 ZT   …
Abgeleitet vom lateinischen „decem" für „zehn" heißt es auch **Dezimalsystem**.

Dieses Zählwerk gibt die Zahl der Weltbevölkerung an.
Im Jahr 2011 lebten sieben Milliarden fünftausendsiebenhundert
Menschen auf der Welt.

Wie viele leben jetzt auf der Welt?

Merke Im Stellenwertsystem kann jede natürliche Zahl dargestellt werden.
Besonders übersichtlich kann man natürliche Zahlen in der **Stellenwerttafel** darstellen.

Dazu erweitert man die Stellenwerttafel nach links.

Beispiel 2

	Milliarden			Millionen			Tausender			Einer	
	HMrd.	ZMrd.	Mrd.	HMio.	ZMio.	Mio.	HT	ZT	T	H	Z	E
Einwohnerzahl Passau								4	9	4	5	4
Einwohnerzahl Bayern					1	2	6	9	2	0	0	0
Weltbevölkerung			7	0	0	0	0	0	5	7	0	0

$4\,ZT\ 9\,T\ 4\,H\ 5\,Z\ 4\,E = 4 \cdot 10\,000 + 9 \cdot 1\,000 + 4 \cdot 100 + 5 \cdot 10 + 4 \cdot 1 = 49\,454$

Man liest:

	49 Tausend	454
7 Milliarden	5 Tausend	700

Seitenleiste

Fahrradtacho

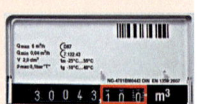

Stromzähler

Gaszähler

Wasseruhr

NACHGEDACHT
*Was bedeuten
die Abkürzungen
E, Z, H, T, ZT?
Wie geht es
weiter?*

HINWEIS
*Um große Zahlen gut lesen zu
können, teilt
man sie von
rechts in Dreiergruppen ein:
7 000 005 700*

Üben und anwenden

1 👥 Arbeitet zu zweit.
Lest die Zahlen aus der Stellenwerttafel. Kontrolliert euch gegenseitig.

Milliarden			Millionen			Tausender			Einer		
HMrd.	ZMrd.	Mrd.	HMio.	ZMio.	Mio.	HT	ZT	T	H	Z	E
			3	7	6	4	1	9	0	3	2
				3	3	6	9	2	3	6	8
		7	9	8	8	2	5	6	1	0	0
1	7	3	9	4	5	6	0	2	4	0	3

2 Zeichne eine Stellenwerttafel in dein Heft.
Trage die Zahlen ein.
Lies die Zahlen anschließend vor.
a) 84 586   b) 903 857
c) 7 294 100 d) 849 200 431
e) 25 928 745 687 f) 451 899 237 474

2 Zeichne eine Stellenwerttafel in dein Heft.
Trage die Zahlen ein. Was fällt dir auf?
a) 850; 900; 950   b) 3 720; 3 730; 3 740
c) 231 364; 231 464; 231 564
d) 2 488; 3 488; 4 488
e) 676 450; 675 450; 674 450

3 Trage die Zahlen in eine Stellenwerttafel
ein. Ergänze 5 weitere Zahlen und beschreibe,
wie die Zahlenfolgen entstanden sind.
a) 30 405; 31 405; 32 405; …
b) 127 797 642 014; 127 797 641 014; …

3 Trage die Zahlen in eine Stellenwerttafel
ein. Ergänze 5 weitere Zahlen und beschreibe,
wie die Zahlenfolgen entstanden sind.
a) 45 609 978 273; 45 609 988 273;
b) 980 337 102 931; 980 337 100 931; …

ZUM WEITERARBEITEN
Erfinde eigene Zahlenfolgen und beschreibe sie.

4 👥 Arbeitet zu zweit.
Einer liest die Zahl vor, der
andere schreibt auf, was
er gehört hat (ohne die Zahl
zu sehen).

1 879
36 100
111 520
2 444 050
123 123 123
999 990 990

Vergleicht dann das Notierte
mit dem Buch.

4 👥 Arbeitet zu zweit.
Einer diktiert dem anderen
die folgenden Zahlen.
Achtet darauf, die Zahlen
richtig zu lesen.
10 100
32 123
700 710
4 960 500
3 050 304 005
909 030 107 003
Vergleicht dann das Notierte
mit dem Buch.

NACHGEDACHT
Auf Formularen wie z. B. Quittungen werden die Euro-Beträge auch in Zahlwörtern angegeben. Kannst du dir den Grund dafür denken?

5 Ordne die Zahlwörter den Zahlen zu.
① 7 003 400 400   ② 300 000 500 120
③ 41 010 500   ④ 7 300 440 000
a) dreihundert Milliarden fünfhunderttausendeinhundertzwanzig
b) sieben Milliarden dreihundert Millionen vierhundertvierzigtausend
c) einundvierzig Millionen zehntausendfünfhundert
d) sieben Milliarden drei Millionen vierhunderttausendvierhundert

5 Ordne die Zahlwörter den Zahlen zu.
① 90 003 700 000   ② 90 037 000 000
③ 900 003 007 000   ④ 900 300 700 000
a) neunhundert Milliarden drei Millionen siebentausend
b) neunhundert Milliarden dreihundert Millionen siebenhunderttausend
c) neunzig Milliarden drei Millionen siebenhunderttausend
d) neunzig Milliarden siebenunddreißig Millionen

6 Zeichne die Stellenwerttafel in dein Heft. Trage entsprechend ein und lies die Zahl.

Millionen		Tausender			Einer		
ZMio.	Mio.	HT	ZT	T	H	Z	E
				2	3	4	8

Beispiel
$2 \cdot 1000 + 3 \cdot 100 + 4 \cdot 10 + 8 \cdot 1$
zweitausenddreihundertachtundvierzig

a) $3 \cdot 1000 + 4 \cdot 100 + 6 \cdot 10 + 9 \cdot 1$

b) $5 \cdot 1000 + 0 \cdot 100 + 3 \cdot 10 + 0 \cdot 1$

c) $5 \cdot 10\,000 + 9 \cdot 1000 + 2 \cdot 10$

d) $4 \cdot 10\,000\,000 + 1 \cdot 100\,000 + 5 \cdot 1$

e) $4 \cdot 1\,000\,000 + 1 \cdot 10\,000 + 2 \cdot 1000 + 2 \cdot 10$

f) $7 \cdot 10\,000\,000 + 7 \cdot 1$

7 Trage die Entfernungen zur Sonne in eine Stellenwerttafel ein.

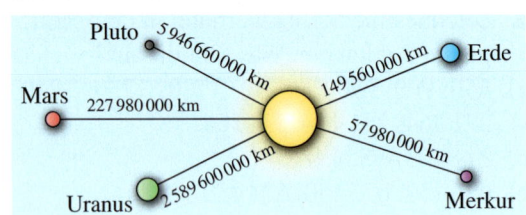

7 Trage die Einwohnerzahlen in eine Stellenwerttafel ein.

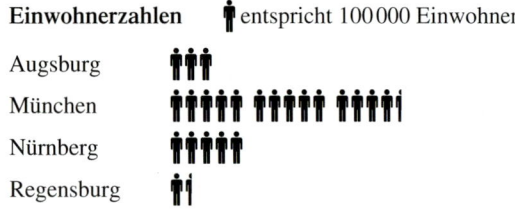

8 Trage in eine Stellenwerttafel ein.

a) sieben Millionen dreihundertvierundfünfzig

b) 52 829 278

c) zwölf Millionen vierhundertsiebenundfünfzigtausendeins

d) 2 325 426 272

e) sieben Milliarden dreihundertfünftausendsiebenhundertdrei

8 Trage in eine Stellenwerttafel ein.

a) sechsundsiebzig Milliarden

b) neunundzwanzig Millionen achtundneunzigtausendneunhundertvier

c) vierundzwanzig Milliarden neunhundertsiebenundreißigtausendvier

d) fünfundzwanzig Milliarden hundertsiebenundvierzig Millionen dreihundertsechsundneunzigtausendvierhundertfünfundzwanzig

NACHGEDACHT
Gibt es bei Aufgabe 9 mehrere Lösungen? Begründe.

9 Bilde mit den Kärtchen eine Zahl, die …

a) möglichst groß ist.

b) neunstellig und möglichst klein ist.

c) sechsstellig und möglichst klein ist.

d) sechsstellig und kleiner als 200 000 ist.

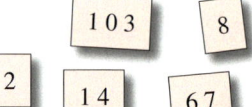

10 Ordne und gib das Ergebnis an.

a) $7 \cdot 1 + 4 \cdot 1000 + 3 \cdot 100 + 5 \cdot 10$

b) $6 \cdot 10 + 0 \cdot 100 + 6 \cdot 1000 + 9 \cdot 1$

c) $0 \cdot 10 + 2 \cdot 1000 + 0 \cdot 100 + 1 \cdot 1$

d) $7\,T + 4\,H + 0\,HT + 2\,Mio. + 0\,Z$
   $+ 3\,E + 8\,ZT$

10 Ordne und gib das Ergebnis an.

a) $3 \cdot 10 + 5 \cdot 10\,000 + 7 \cdot 1\,000\,000 + 2 \cdot 1$
   $+ 3 \cdot 1000 + 8 \cdot 100\,000 + 1 \cdot 100$

b) $8 \cdot 100\,000 + 4 \cdot 1 + 0 \cdot 10\,000 + 6 \cdot 100$
   $+ 2 \cdot 10 + 1 \cdot 1000$

c) $4\,Mio. + 3\,T + 7\,HMio. + 9\,ZT + 1\,E + 0\,Z$

11 Setze im Heft zwischen die Zahlen das Zeichen >, < oder =.

a) 1 113 482 ▉ 1 113 842

b) 1 101 100 ▉ 1 100 111

c) 210 201 202 120 ▉ 210 201 200 120

d) 75 567 667 657 ▉ 75 567 676 657

e) 484 455 544 584 ▉ 484 454 588 845

f) 209 299 209 299 ▉ 209 209 299 299

HINWEIS
Wenn du dir unsicher bist, kannst du die Fachbegriffe auf S. 54 nachlesen.

12 Erfinde deine eigene Zahlenfolge. Starte mit einer großen Zahl und addiere (subtrahiere) immer dieselbe Zahl.

12 Erfinde deine eigene Zahlenfolge. Starte mit einer großen Zahl und addiere (subtrahiere, multipliziere) immer dieselbe Zahl.

Große Zahlen runden

Entdecken

1 Peter hat einen Text über Dinosaurier geschrieben.

> Schon lange gibt es keine Dinosaurier mehr auf der Erde.
> Sie sind vor ungefähr 65 Mio. Jahren ausgestorben.
> Die Zeit, in der die Dinosaurier gelebt haben, nennt man Erdmittelalter.
> Sie begann vor rund 225 Mio. Jahren.
> Heute sind ca. 700 verschiedene Arten bekannt.
> Die Dinosaurier teilt man in Pflanzenfresser, Fleischfresser und Allesfresser ein.
> Einer der größten Fleischfresser war der Tyrannosaurus Rex.
> Er war nahezu 12 m lang und an der Hüfte 4 m hoch.

a) 👤 Kannst du dir die Zahlen gut merken?
Warum ist das so?

b) 👥 Woran erkennt man, dass es keine genauen Zahlenangaben sind?
Schreibt eine Wortliste ins Heft.

c) 👥 Sucht euch ein Thema aus, bei dem auch große Zahlen eine Rolle spielen.
Schreibt wie Peter einen Text mit Zahlen zu dem Thema.
Achtet darauf, dass man sich die Zahlen gut merken kann.

HINWEIS
Ihr könnt die Zahlen z. B. im Internet recherchieren.

2 👥 Beim Fußball:
Um die Stimmung im Stadion zu beschreiben, dröhnt es aus den Lautsprechern:

① „Fast 64 000 Zuschauer warten gespannt auf den Anpfiff."

② „63 714 Zuschauer können sich vor Begeisterung kaum noch auf ihren Plätzen halten."

③ „Über 60 000 Zuschauer jubeln den Fußballern zu."

Welche Ansage ist sinnvoll?
Diskutiert in der Klasse.

3 Welche Zahl ist näher? Begründe jeweils deine Meinung.

a) 👤 ① 3 800: Ist die Zahl 3 000 oder 4 000 näher?
② 12 120: Ist die Zahl 12 000 oder 13 000 näher?

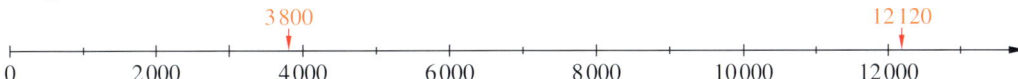

b) 👥 Zeichnet jeweils einen Zahlenstrahl.
Begründet mithilfe des Zahlenstrahls eure Antwort.
① 130: Ist die Zahl 100 oder 200 näher?
② 1 700: Ist die Zahl 1 000 oder 2 000 näher?

c) 👥 Könnt ihr auch die Frage ohne einen Zahlenstrahl beantworten?
Beschreibt euer Vorgehen im Heft.
① 344: Ist die Zahl 340 oder 350 näher?
② 107 067 817: Ist die Zahl 107 067 810 oder 107 067 820 näher?

Verstehen

Insgesamt wurden 63 714 Eintrittskarten für das Fußballspiel verkauft.
Es sind also 63 714 Fans im Stadion.
Manchmal ist es aber sinnvoll, nicht die genaue Zahl anzugeben, sondern gerundete Werte.

> **Merke** Beim **Runden von Zahlen** müssen bestimmte Regeln beachtet werden:
>
> ① Zuerst muss die **Rundungsstelle** festgelegt werden, auf die gerundet wird.
> ② Dann betrachtet man die **Rundungsziffer**, sie steht rechts von der Rundungsstelle:
>   Ist die Rundungsziffer eine **0; 1; 2; 3 oder 4,** dann wird **abgerundet**.
>   Ist die Rundungsziffer eine **5; 6; 7; 8 oder 9,** dann wird **aufgerundet**.
> ③ Alle Stellen rechts von der Rundungsstelle werden durch Nullen ersetzt.
>
> Beim Runden verwenden wir das Zeichen „≈" (sprich: „ist gerundet gleich").

HINWEIS
Ein Punkt auf der Rundungs-stelle und ein Pfeil zur Ziffer rechts davon sind anfänglich eine hilfreiche Gedankenstütze.

6 3̇→714

Beispiel So gehst du beim Runden vor:

① Finde die Stelle, auf die gerundet werden soll.
Hier ist die Rundungsstelle der Tausender.

ZT	T	H	Z	E
6	3	7	1	4

② Die Ziffer rechts von der Rundungsstelle gibt an, wie gerundet wird.
Hier ist sie größer als 4.

ZT	T	H	Z	E
6	3	7	1	4

③ Es wird aufgerundet.
3T werden um 1T erhöht.
Alle Ziffern rechts von der Rundungsstelle werden durch Nullen ersetzt.

ZT	T	H	Z	E
6	4	0	0	0

63 714 ≈ 64 000 (*sprich*: 63 714 ist gerundet gleich 64 000)
In der Zeitung des nächsten Tages steht: Beim gestrigen Spiel waren ungefähr 64 000 Fans.

Üben und anwenden

1 Runde die Zahlen.
Trage die Zahlen dazu in eine Stellenwerttafel ein.
a) auf Zehner: 712; 536; 1 089; 8 753
b) auf Hunderter: 3 456; 9 624; 64 384, 9 999
c) auf Tausender: 16 255; 78 643; 1 245 001

1 Trage die Zahlen in eine Stellenwerttafel ein.
Runde sie jeweils auf Zehner, Hunderter, Zehntausender und Hunderttausender.
a) 66 713   b) 177 345   c) 127 272
d) 98 456   e) 11 191   f) 999 888 110

2 Runde und beschreibe deine Vorgehens-weise im Heft.

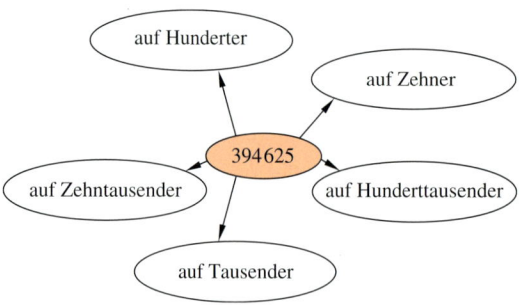

2 Runde und beschreibe deine Vorgehens-weise im Heft.

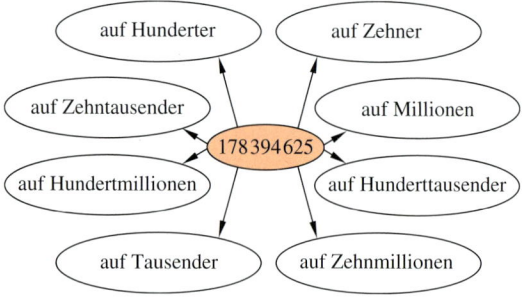

3 Welche Zahlen solltest du runden, welche besser nicht?
Begründe deine Antwort.
a) die Telefonnummer 658 99 01
b) Entfernung des Zwergplaneten Pluto von der Sonne: 5 946 660 000 km
c) Abfahrtszeit: 14:56 Uhr
d) Wüstenexpedition: 12 Liter Wasservorrat

3 Schreibe den Satz ab und runde – falls möglich – bei einer sinnvollen Stelle.
Warum hast du an dieser Stelle gerundet?
a) Der Elefant im Zoo wiegt 3 149 kg.
b) Ben hat 39 Punkte im Mathematiktest.
c) Lisa hat Schuhgröße 35.
d) Tokyo ist 9 369 km von München entfernt.
e) Frau Meier bezahlt 48,92 € an der Kasse.

4 Runden oder nicht runden?
a) 🔦 Gib Beispiele an, bei denen es sinnvoll und bei denen es nicht sinnvoll ist zu runden.
b) 👥 Erklärt euch gegenseitig, warum man runden oder nicht runden sollte.
c) 👥 Entscheidet gemeinsam, an welcher Stelle man am besten rundet. Begründet.

5 Runde die Höhen der Bauwerke sinnvoll.

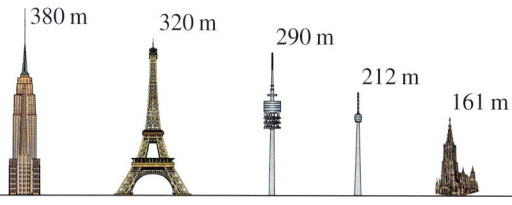

5 Runde sinnvoll.

NACHGEDACHT
Wurde hier richtig gerundet?
$1347 \approx 1400$
$1999 \approx 1000$
$2349 \approx 2300$
Erkläre die Fehler und korrigiere sie.

6 Die Zahlen im linken Kasten wurden auf die Zahlen im rechten Kasten gerundet.
Schreibe passende Paare ins Heft.
Beschreibe deinen Lösungsweg, indem du jeweils angibst, auf welche Stelle gerundet wurde.

2011	2069		2000
2075	2407		2100
2073	1988		2070

7 Gib die kleinste (größte) Zahl an, die auf die gegebenen Zahlen gerundet werden kann.
a) auf Zehner gerundet: 20; 370; 5 020
b) auf Hunderter gerundet: 400; 3 300; 47 000
c) auf Tausender gerundet: 35 000; 2 999 000

7 Welche Zahlen ergeben gerundet diese Zahlen? Gib jeweils die kleinstmögliche und größtmögliche Zahl an.

NACHGEDACHT
Wie viele Zahlen gibt es, die auf die Zahl 100 gerundet werden können?

8 Die Zahl 5 2 ▓ 6 1 ▓ 8 soll an diesen Stellen aufgerundet (abgerundet) werden:
a) Zehner   b) Hunderter   c) Hunderttausender
Welche Ziffern von 0 bis 9 kannst du jeweils einsetzen?

Bunt gemischt

1 Berechne im Kopf. 👥 Vergleicht danach eure Ergebnisse.
Welche Aufgaben hast du richtig?
Bei welchen brauchst du noch Hilfe? Kannst du dir erklären, warum?
a) ① 23 + 12   ② 68 + 8   ③ 538 + 13   ④ 37 + 73
b) ① 47 − 17   ② 35 − 18   ③ 151 − 12   ④ 292 − 48
c) ① 15 · 3   ② 11 · 11   ③ 19 · 4   ④ 0 · 17
d) ① 54 : 6   ② 81 : 3   ③ 126 : 7   ④ 225 : 15

Strategie Schätzen mit Professor Fermi

HINWEIS
*Der Physiker
Enrico Fermi
wurde 1901 in
Rom geboren
und starb 1954
in Chicago. Er
bekam den
Nobelpreis für
Physik.*

Professor Fermi stellte gern Fragen, die man nicht genau beantworten kann.
Er fand besonders die Art und Weise interessant, in der man sich der Antwort nähert.

Bei Fermi-Aufgaben ist es sinnvoll, geeignete Hilfsfragen zu formulieren.

Beispiel Wie viele Schulbücher gibt es in deiner Schule?

① **Suche nach geeigneten Hilfsfragen**

- *Wie viele verschiedene Schulbücher habe ich?*
- *Wie viele Schüler sind in meiner Klasse?*
- *Wie viele Klassen gibt es in einer Jahrgangsstufe?*
- *Wie viele Jahrgangsstufen gibt es?*

② **Abschätzen der benötigten Werte und Berechnung**

- *Ich habe ein Mathe-, ein Deutsch- und ein Englischbuch, also 3.*
- *Wir sind 25 Schüler.*
- *Es gibt die Klassen 5a, 5b, 5c und 5d, also 4.*
- *Es gibt die Jahrgangsstufen 5, 6, 7, 8, 9 und 10, also insgesamt 6.*
Also $3 \cdot 25 \cdot 4 \cdot 6 = 1800$
Es sind ungefähr 1800 Schulbücher.

③ **Auf Glaubhaftigkeit prüfen**

Kann das sein? Welche Werte könnten falsch gewesen sein?
Wie wirkt sich eine Veränderung der Schätzungen auf das Ergebnis aus?

Üben und anwenden

NACHGEDACHT
*Was ist der
Unterschied
zwischen zählen
und schätzen?*

1 Wie viele Kugeln Eis esse ich insgesamt in 10 Jahren?
Lara hat die Aufgabe so bearbeitet:

> ① *Hilfsfragen:*
> *Wie oft esse ich im Monat ein Eis?*
> *Welche Eissorten esse ich am liebsten?*
> ② *Abschätzung und Berechnung:*
> *Ich esse pro Monat ungefähr 4 Mal ein Eis.*
> *Am liebsten im Sommer, wenn es so heiß ist.*
> *Also: $12 \cdot 4 = 48$*

a) 👤 Was sagst du dazu?
b) 👥 Tauscht euch über Laras Lösung aus.
c) 👥 Verbessert Laras Lösung.

2 👥 Arbeitet in kleinen Gruppen zusammen.
Präsentiert eure Lösungen vor der Klasse.
a) Wie viele Tische gibt es in eurer Schule?
b) Wie alt sind alle Schüler zusammen?
c) Wie viele Stunden habt ihr Mathematikunterricht in einem Schuljahr?

Strategie Schätzen mit der Rastermethode

Wie viele Zuschauer sind auf dem Foto?

Die genaue Anzahl der Zuschauer kennt man nicht.
Man hat nur das Foto.
Das Abzählen ist auch schwierig, weil die Menschen ungeordnet zusammenstehen.
Eine Möglichkeit, die Anzahl zu bestimmen, ist das **Schätzen** mit der Rastermethode.

Beispiel

Die Rastermethode
① Man unterteilt das Bild in gleich große Felder.
② Man zählt die Zuschauer in einem Feld: 5
③ Man zählt die Anzahl der Felder: 15
④ Man rechnet: $15 \cdot 5 = 75$
   Es sind etwa 75 Zuschauer.

Üben und anwenden

1 Schätze die Anzahl der Schokolinsen.

1 Schätze die Anzahl der Holzscheite.

HINWEIS
Zeichne auf eine Folie ein Raster und lege es über das Bild.

2 Wie viele Erdbeeren sind zu sehen?
Beschreibe deine Vorgehensweise im Heft.

2 Wie viele Sonnenschirme sind hier zu sehen?
Beschreibe deine Vorgehensweise im Heft.

NACHGEDACHT
🙎 *Gibt es Bilder, bei denen die Anzahl sich nicht gut über die Rastermethode bestimmen lässt? Sammelt Beispiele und begründet, woran das liegt.*

Klar so weit?

→ Seite 32

Natürliche Zahlen ordnen und vergleichen

1 Zähle in Zweierschritten vorwärts und schreibe die Zahlen ins Heft.
a) von 20 bis 36   b) von 204 bis 226
c) von 2 005 bis 2 019 d) von 992 bis 1 018

2 Welche Zahlen sind hier markiert?

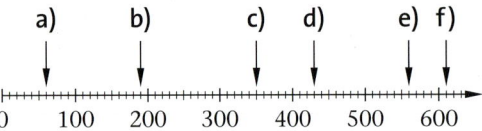

3 Zeichne jeweils einen Zahlenstrahl und markiere die Lage der Zahlen.
a) 13; 7; 2; 17; 11; 5
b) 50; 125; 75; 200; 375
c) 1 000; 800; 500; 200; 900

4 Übertrage ins Heft und setze das richtige Zeichen ein (=, > oder <).
a) 19 ■ 11   b) 20 ■ 20
c) 850 ■ 805   d) 50 001 ■ 500 100

5 Verwende die Zahlen 345; 543; 453; 454 und 544.
a) Wie heißt die kleinste Zahl?
b) Ordne die Zahlen von der kleinsten bis zur größten.
c) Gib zu jeder Zahl den Vorgänger und den Nachfolger an.

1 Zähle in Siebenerschritten vorwärts und schreibe die Zahlen ins Heft.
a) von 20 bis 55   b) von 203 bis 245
c) von 1 970 bis 2 026 d) von 992 bis 1 027

2 Welche Zahlen sind hier markiert?

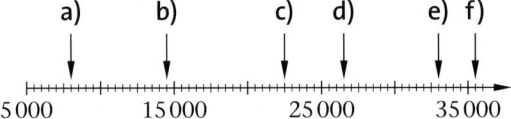

3 Zeichne je einen Zahlenstrahl-Ausschnitt und markiere die Lage der Zahlen.
a) 17; 35; 23; 29; 25; 31
b) 75; 82; 87; 77; 92
c) 1 320; 1 305; 1 355; 1 340; 1 330

4 Übertrage ins Heft und setze das richtige Zeichen ein (=, > oder <).
a) 89 ■ 98   b) 755 ■ 7 500
c) 990 ■ 989   d) 100 000 ■ 110 000

5 Verwende die Zahlen 3 420; 3 240; 3 241; 3 402; 3 412 und 3 421.
a) Ordne die Zahlen von der kleinsten bis zur größten.
b) Gib zu jeder Zahl den Vorgänger, den Nachfolger und den Nachfolger des Nachfolgers an.

→ Seite 36

Große natürliche Zahlen im Dezimalsystem

6 Schreibe die Zahlen mit Ziffern.
a) dreißigtausend
b) fünfundfünfzigtausendfünfhundert
c) zehn Millionen
d) einhundertfünftausendfünfhundert
e) eine Milliarde vierhundertzweitausend

7 Wie viele Menschen leben auf den Kontinenten?
a) Übertrage die Bevölkerungszahlen in eine Stellenwerttafel.
b) Schreibe die Zahlen in Wörtern.

6 Schreibe die Zahlen mit Ziffern.
a) elf Millionen fünfhundertfünfzigtausend-dreihundertfünf
b) zweiundzwanzig Milliarden vierhundert-vier Millionen fünfhundertfünftausend
c) acht Millionen elftausendvierzehn

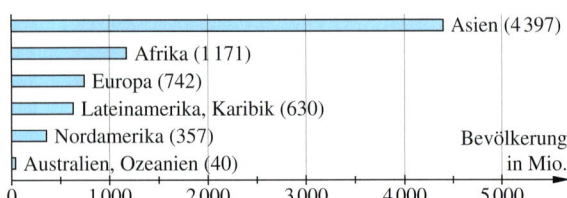

8 Übertrage die Zahlen aus der Stellenwerttafel wie im Beispiel in dein Heft.
Beispiel 50 100 380 200 = 50 Mrd. + 100 Mio. + 380 T + 200 E

Milliarden			Millionen			Tausender			Einer		
HMrd.	ZMrd.	Mrd.	HMio.	ZMio.	Mio.	HT	ZT	T	H	Z	E
						6	1	6	0	3	3
				7	0	9	6	0	1	0	0
		2	5	0	0	4	5	0	9	9	1

Milliarden			Millionen			Tausender			Einer		
HMrd.	ZMrd.	Mrd.	HMio.	ZMio.	Mio.	HT	ZT	T	H	Z	E
					3	4	3	1	0	0	2
			7	0	1	4	4	0	0	8	0
9	9	9	0	0	0	6	6	6	0	0	9

9 Trage die Zahlen in eine Stellenwerttafel ein. Wie viele Nullen haben die Zahlen?
a) dreihundert
b) eintausend
c) zwanzigtausend
d) fünf Millionen

9 Trage die Zahlen in eine Stellenwerttafel ein. Wie viele Nullen haben die Zahlen?
a) zweihundertsechstausendvier
b) fünf Milliarden einundfünfzigtausend

10 Trage die Zahlenfolgen in eine Stellenwerttafel ein und ergänze sie um drei Zahlen.
a) 8 067; 8 167; …
b) 103 111; 103 011; …
c) 947 200; 847 195; 747 190; …

10 Trage die Zahlenfolgen in eine Stellenwerttafel ein und ergänze sie um fünf Zahlen.
a) 528 710; 428 710; …
b) 3; 9; 27; …
c) 210; 630; 1 890; …

Große Zahlen runden

→ Seite 40

11 Berge in den bayerischen Alpen:

Zugspitze	2 962 m
Watzmann	2 713 m
Hochfrottspitze	2 649 m
Karwendelspitze	2 538 m
Kreuzspitze	2 185 m

a) Trage die Höhen der Berge in eine Stellenwerttafel ein.
b) Runde die Höhen sinnvoll.
c) Begründe deine Rundung.

11 Flugentfernungen ab München:

Moskau	1 959 km
Athen	1 496 km
Rio	9 595 km
Kairo	2 614 km
Los Angeles	9 606 km
Las Palmas	3 214 km
Dubai	4 565 km

a) Trage die Flugentfernungen in eine Stellenwerttafel ein.
b) Runde die Entfernungen sinnvoll.
c) Begründe deine Rundung.

12 Einige Zahlen wurden an der Zehnerstelle gerundet.
Das sind die gerundeten Zahlen.
Nenne jeweils zwei mögliche Ausgangszahlen.

350   997580   20930   6480

12 Einige Zahlen wurden an der Hunderterstelle gerundet.
Das sind die gerundeten Zahlen.
Nenne fünf mögliche Ausgangszahlen.

1500   607900   100   99800

13 Eine Blumenwiese
a) In wie viele Felder ist das Bild eingeteilt?
b) Schätze mithilfe der Rastermethode, wie viele Blüten auf dem Bild zu sehen sind.

Vermischte Übungen

1 Schreibe die Zahlen nur mit Ziffern.
a) dreihundertvierundzwanzig
b) 17 Millionen
c) 20 Milliarden
d) zwanzigtausendundzwanzig
e) acht Milliarden achttausend

1 Schreibe die Zahlen nur mit Ziffern.
a) 3 Mrd. + 10 Mio. + 781
b) 999 Milliarden
c) eine halbe Million
d) einundzwanzigtausendeinundzwanzig
e) 861 Milliarden 111 Tausend 9

2 Welche Zahlen sind hier markiert?

a) | 0 | 500 000 | 1 Mio. | 1 500 000 | 2 Mio.

b) | 0 | 1 Mio. | 2 Mio. | 3 Mio. | 4 Mio.

2 Welche Zahlen sind hier markiert?

a) | 20 Mrd. | 30 Mrd. | 40 Mrd.

b) | 1 Mio. | 1 Mio. 500

3 Ordne die Zahlen der Größe nach.
a) 3 500; 3 005; 5 030; 3 050; 5 003
b) 45 465; 65 445; 46 554; 45 564

3 Ordne die Zahlen der Größe nach.
a) 77 177; 717 777; 771 777; 1 117 111
b) 785 612; 875 612; 786 512; 786 125

4 Wie viele Heftzwecken sind hier ungefähr abgebildet?
Beschreibe dein Vorgehen im Heft.

5 Schreibe die kleinste dreistellige natürliche Zahl und die größte sechsstellige Zahl auf.

5 Schreibe die kleinste natürliche Zahl und die größte natürliche Zahl auf.

6 Übertrage ins Heft und ergänze das richtige Zeichen (>, <, =).
a) 4 596 ▩ 4 569
b) 99 199 ▩ 91 999
c) 90 099 ▩ 99 099
d) 91 298 ▩ 91 298

6 Übertrage ins Heft und ergänze das richtige Zeichen (>, <, =).
a) 10 010 ▩ 10 100
b) 90 909 ▩ 90 899
c) 8 710 543 ▩ 8 710 443
d) 1 117 876 ▩ 1 127 876

7 👥 Wie viele Bienen sind das?

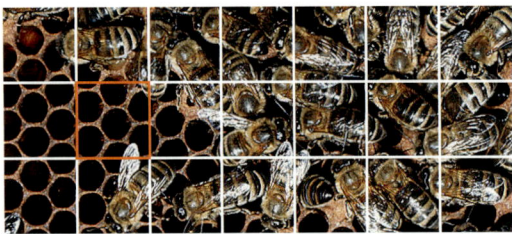

Kann man hier die Rastermethode anwenden? Begründet eure Antwort im Heft.

7 👥 Wie viele Blüten sind das?

Kann man hier die Rastermethode anwenden? Begründet eure Antwort im Heft.

8 Zwei Zahlen auf den Segeln in der Randspalte wurden auf 3 060 gerundet.
Welche Zahlen sind gemeint?
Begründe.

9 Schreibe den Satz ab und runde – falls möglich – an einer sinnvollen Stelle. Begründe.
a) Die Kontonummer lautet 114 084 645.
b) Die Lichtgeschwindigkeit beträgt 299 792 Kilometer in der Sekunde.
c) Für die Wüstenexpedition reichen die Wasservorräte für 117 Tage.

10 Setze diese Reihen um drei weitere Zahlen im Heft fort.
Beschreibe die Zahlenfolgen im Heft.
a) 840; 850; 860; …
b) 5 950; 5 900; 5 850; …
c) 800; 1 600; 3 200; …

10 Setze diese Reihen um drei weitere Zahlen im Heft fort.
Beschreibe die Zahlenfolgen im Heft.
a) 92 139 123; 92 139 124; 92 139 125; …
b) 895 684 544; 795 684 544; 695 684 544; …
c) 120; 360; 1 080; …

11 Erfinde eigene Zahlenfolgen.
Wähle eine Startzahl. Rechne immer dasselbe.
a) Addiere in Hunderterschritten.
b) Subtrahiere in Tausenderschritten.
c) Addiere und subtrahiere abwechselnd in Zehntausenderschritten. Was fällt dir auf?

11 Erfinde eigene Zahlenfolgen.
Wähle eine Startzahl. Rechne immer dasselbe.
a) Addiere (Subtrahiere) in 1-Mio.-Schritten.
b) Addiere in Tausenderschritten und subtrahiere in Zehnerschritten abwechselnd. Was fällt dir auf?

HINWEIS
Beim Erfinden von eigenen Zahlenfolgen kann dir eine Stellenwerttafel helfen.
👥 *Lass deinen Lernpartner deine Zahlenfolgen fortsetzen.*

12 👥 Philipp hat die Höhen dieser Berge gerundet und in einem Säulendiagramm dargestellt.
Was sagt ihr dazu? Begründet eure Antwort.

Großglockner	3 797 m
Langenberg	843 m
Zugspitze	2 962 m
Schneekoppe	1 602 m
Ätna	3 350 m
Brocken	1 141 m
Fischberg	133 m

13 Runde die Längen der Flüsse sinnvoll.
Stelle die gerundeten Flusslängen in einem Diagramm deiner Wahl dar.

Fluss	Länge (in km)
Rhein (u. a. Deutschland)	1 230 km
Mississippi (Nordamerika)	4 074 km
Jangtsekiang (Asien)	6 276 km
Amazonas (Südamerika)	6 437 km
Wolga (Europa)	3 688 km
Nil (Afrika)	6 671 km

13 Runde die Angaben sinnvoll.
Stelle die gerundeten Angaben in einem Diagramm deiner Wahl dar.

Unsere Sonne ist einhundertneunundvierzig Millionen sechshunderttausend Kilometer von der Erde entfernt.
Die Sonne ist etwa dreihundertdreißigtausend Mal so schwer wie die Erde.
Die Sonne ist etwa vierzehn Millionen achthunderttausend Grad Celsius heiß.

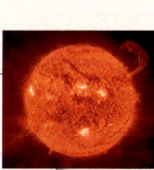

Bunt gemischt

1 Wie viele kleine Würfel braucht man noch, um einen vollständigen Würfel zu bauen?
a) 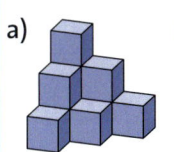 b) 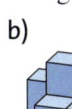 c)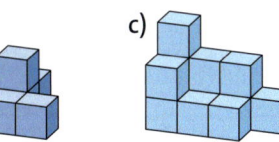

2 Welcher Würfel passt dazu?
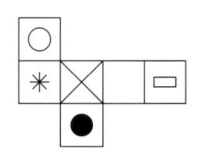
A 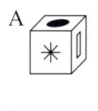 B   C
D   E   F

Aus einer Zeitschrift

So verbringen Kinder und Jugendliche ihre Freizeit

Wenn die Schule aus ist und die Hausaufgaben erledigt, haben Kinder und Jugendliche noch viel vor: Sie machen Sport, Ausflüge mit der Familie, chatten im Internet, schauen Fernsehen, spielen Computer oder treffen sich mit Freunden.

Wir haben Lena (11 Jahre) aus Fürth zu ihrem Tagesablauf und zu ihrer Freizeit befragt.
„Meist bin ich von 8 bis 14 Uhr in der Schule.
Am Montag habe ich zwei Stunden Tennistraining und am Donnerstag
eine Stunde Klavierunterricht.
Am Sonntag ist Familientag. Da unternehmen wir immer etwas Tolles.
Die restliche Zeit verbringe ich mit meinen Freunden, schaue Fernsehen, höre Musik oder
chatte am Computer.
Oder ich ruhe mich einfach zu Hause aus."

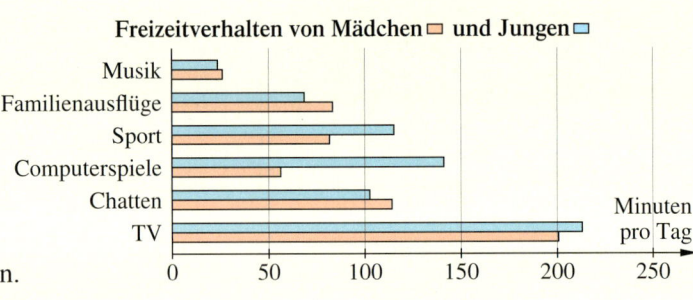

Computer und Handy sind für Kinder und Jugendliche immer wichtiger geworden.
Eine Befragung fand Folgendes heraus:
29 Millionen Menschen spielen in Deutschland regelmäßig mit dem Computer, einer Spielkonsole oder mit ihrem Smartphone.
Jährlich geben sie mehr als 2,5 Mrd. Euro dafür aus.
Die zehn bis zwölf Jahre alten Jungen und Mädchen spielen durchschnittlich 76 Minuten pro Tag.

Dabei gibt es kleine Unterschiede im Freizeitverhalten zwischen Mädchen und Jungen.

Freizeitverhalten von Mädchen ▯ und Jungen ▯

(Balkendiagramm: Musik, Familienausflüge, Sport, Computerspiele, Chatten, TV; x-Achse: Minuten pro Tag, 0 bis 250)

14 Wie sieht Lenas Woche aus?
Überlege dir vorher, wie du deine Antwort darstellen willst.

15 Wie sieht dein Tagesablauf aus?
Stelle die Daten in einem Säulendiagramm dar.

16 Zeichne eine Stellenwerttafel in dein Heft und trage die Zahlen aus der Befragung zur Nutzung von Computer, Spielekonsole und Handy ein.

17 Freizeitverhalten von Mädchen und Jungen
a) ♟ Schau dir die Grafik zum Freizeitverhalten von Mädchen und Jungen an. Hast du Fragen dazu?
b) ♟♟ Arbeitet zu zweit. Beantwortet eure Fragen und erklärt euch gegenseitig die Grafik. Notiert drei falsche und drei richtige Aussagen zur Grafik.
c) ♟♟ Stellt eure Aussagen eurer Klasse vor. Die Klasse entscheidet dann, ob die Aussage richtig oder falsch ist.
d) ♟♟ Rundet alle Zahlen aus der Grafik sinnvoll. Haltet ein kurzes Referat.

ZUM WEITERARBEITEN
Kannst du noch ohne Handy und Internet? Notiere eine Woche, was du gemacht hast. Stelle die Daten in einer Tabelle oder einem Diagramm dar. Präsentiere es vor der Klasse.

Teste dich!

1 Notiere im Heft die markierten Zahlen. *(6 Punkte)*

```
0      200000   400000   600000   800000   1000000
```

2 Zeichne jeweils einen Zahlenstrahl und markiere dort die angegebenen Zahlen. *(4 Punkte)*
a) 5; 7; 12; 13; 16; 19
b) 5; 15; 25; 40; 35; 55
c) 205; 220; 225; 240; 245; 255
d) 2 220; 2 430; 1 970; 1 810; 1 835; 2 080

3 Schreibe die Zahlen mit Ziffern. *(6 Punkte)*
a) dreihundertzwölf Millionen
b) zweihundertfünfundsiebzigtausendfünfhundertzwei
c) achtundzwanzig Millionen dreihundertzweiundzwanzigtausend
d) zwanzig Milliarden sechshunderttausend

4 Schreibe die Zahlen aus der Stellenwerttafel mit Worten. *(3 Punkte)*

Milliarden			Millionen			Tausender			Einer		
HMrd.	ZMrd.	Mrd.	HMio.	ZMio.	Mio.	HT	ZT	T	H	Z	E
								3	6	0	1
1	5	3	0	0	0	0	0	0	0	1	2
		2	0	0	9	0	8	0	0	0	0

5 Trage die Zahlen in eine Stellenwerttafel ein. *(4 Punkte)*
a) 13 067
b) 2 Mio. 620 Tausend
c) 1 Mrd. 1 Mio. einhunderttausend
d) 127 000 345

6 Runde die folgenden Zahlen auf Zehner, auf Tausender und auf Hunderttausender. *(12 Punkte)*
a) 123 456
b) 3 000 999
c) 111 999 111
d) 771 812 004 273

7 Setze diese Zahlenfolgen um zwei weitere Zahlen fort. *(8 Punkte)*
Beschreibe im Heft, wie die Zahlenfolgen entstanden sind.
a) 784 400; 784 550; 784 700; …
b) 9 383 464; 9 583 464; 9 783 464; …
c) 87 382; 87 362; 87 342; …
d) 4 100; 8 200; 16 400; …

8 Welche der beiden Zahlen ist die größere? *(4 Punkte)*
a) 101 101 oder 101 010
b) 246 357 789 oder 2 463 577 899
c) 123 789 670 000 oder 123 789 760 000
d) 178 157 698 999 oder 178 157 789 999

9 Zeichne ein Figurendiagramm für die Einwohner-zahlen der Regierungsbezirke in Bayern. *(7 Punkte)*
Runde dafür die Zahlen sinnvoll.
Begründe, warum du an dieser Stelle gerundet hast.

Zusammenfassung

→ Seite 32

Natürliche Zahlen ordnen und vergleichen

An einem **Zahlenstrahl** kann man die natürlichen Zahlen übersichtlich darstellen.

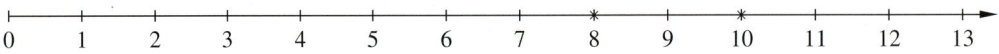

Am Zahlenstrahl kann man Zahlen gut miteinander vergleichen:
Die kleinere Zahl steht immer links von der
größeren Zahl.

8 < 10, denn 8 steht links von 10.

Der **Vorgänger** steht direkt links neben der
Zahl, der **Nachfolger** direkt rechts daneben.

4 ist der Vorgänger von 5.
6 ist der Nachfolger von 5.

→ Seite 36

Große Zahlen im Dezimalsystem

Unser Stellenwertsystem heißt **Dezimalsystem** oder **Zehner**system, weil immer beim
Zehnfachen einer Stelle eine neue Stelle hinzukommt.

Milliarden			Millionen			Tausender			Einer		
HMrd.	ZMrd.	Mrd.	HMio.	ZMio.	Mio	HT	ZT	T	H	Z	E
		2	5	5	4	6	8	0	4	0	0
4	1	2	0	3	0	1	0	0	0	8	0

Die **Zahlen** werden mit den Ziffern 0; 1; 2; 3; 4; 5; 6; 7; 8 und 9 oder durch Zahlwörter
wie eins, zwei, drei, … zehn, elf, zwölf, … dargestellt.

Der **Wert einer Zahl** ist abhängig von der Stellung der Ziffern innerhalb der Zahl.

→ Seite 40

Große Zahlen runden

Regeln beim **Runden** von **Zahlen**:
① Rundungsstelle festlegen
② Rundungsziffer prüfen:
– Bei **0; 1; 2; 3 oder 4** wird **abgerundet**:
  die Rundungsstelle bleibt gleich.
– Bei **5; 6; 7; 8 oder 9** wird **aufgerundet**:
  die Rundungsstelle wird um eins erhöht.
③ Alle Stellen rechts von der Rundungsstelle
  werden mit Nullen aufgefüllt.

ZT	T	H	Z	E
6	3	7	1	4

auf Tausender gerundet:
$63\,455 \approx 63\,000$
$63\,714 \approx 64\,000$

→ Seite 43

Schätzen mit der Rastermethode

Beim **Schätzen mit der Rastermethode**
versucht man, durch Anhaltspunkte und
Überlegungen dem genauen Ergebnis
möglichst nahe zu kommen.

Sonnenblumen in einem Feld: 12
Anzahl der Felder: 6
Anzahl der Blumen: etwa $6 \cdot 12 = 72$

Rechnen mit natürlichen Zahlen

Am Ende einer Rutsche wird der Raum oft mit bunten Bällen ausgefüllt. Weißt du, warum?

Wie viele Bälle werden dafür ungefähr benötigt? Sind es 100, 1 000, 2 000, 3 000, 4 000, 10 000 oder mehr?

Es werden 50 Beutel mit bunten Bällen in den Spielraum geschüttet, in jedem Beutel sind 400 Bälle. Wie viele Bälle sind das insgesamt?

Die Bälle gibt es in acht Farben. Jede Farbe kommt gleich häufig vor. Wie viele gelbe Bälle sind dabei?

Die gelben Bälle werden an die spielenden Kinder verschenkt. Wie viele Bälle sind noch im Raum?

Danach werden 100 neue Bälle in verschiedenen Farben dazu geschüttet.

Hast du noch den Überblick?

Noch fit?

ZUM WEITERARBEITEN
Beschreibe, wie du 300 · 6 rechnest.

Einstieg

1 Kopfrechnen

a) 50 − 8
b) 200 + 140
c) 68 + 8
d) 3 · 8
e) 28 : 4
f) 200 : 10

2 Aufgaben mit gleichem Ergebnis

Finde Aufgaben mit gleichen Ergebnissen.

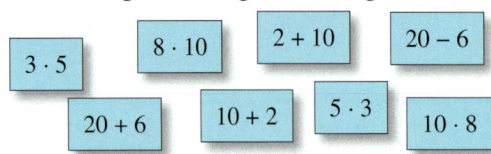

3 · 5   8 · 10   2 + 10   20 − 6
20 + 6   10 + 2   5 · 3   10 · 8

3 Stellenwerttafel

HMrd.	ZMrd.	Mrd.	HMio.	ZMio.	Mio.
				2	4

Trage in die Stellenwerttafel ein und lese die Zahl vor.

a) 3 469 264
b) 23 718 049 219
c) fünfundvierzigtausendachthundertneunzig

ZUM WEITERARBEITEN
In welchen Schulfächern begegnen dir noch Zahlen? Welche kann man runden, welche nicht?

4 Zahlen runden

Runde die Höhenangaben sinnvoll.

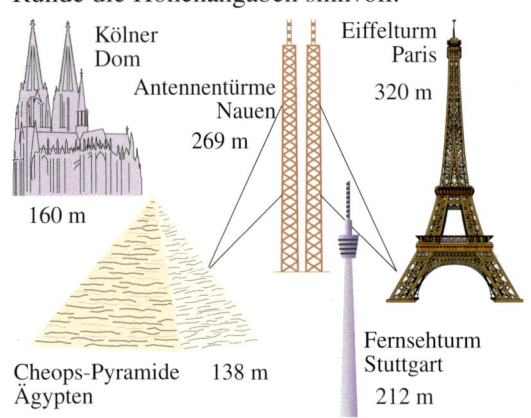

Kölner Dom 160 m
Antennentürme Nauen 269 m
Eiffelturm Paris 320 m
Fernsehturm Stuttgart 212 m
Cheops-Pyramide Ägypten 138 m

5 Rechenbäume

Übertrage und ergänze im Heft.

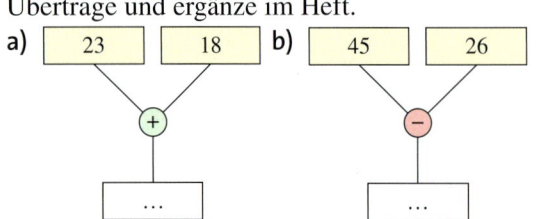

a) 23 · 18 + ...
b) 45 · 26 − ...

Aufstieg

1 Kopfrechnen

a) 435 + 18
b) 333 − 44
c) 46 + 57
d) 50 · 8
e) 125 : 5
f) 121 : 11

2 Aufgaben mit gleichem Ergebnis

Finde Aufgaben mit gleichen Ergebnissen.

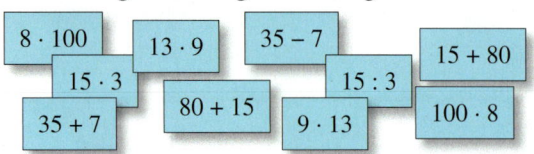

8 · 100   13 · 9   35 − 7   15 + 80
15 · 3   15 : 3
35 + 7   80 + 15   9 · 13   100 · 8

3 Stellenwerttafel

HT	ZT	T	H	Z	E
2	7	6	8	1	5

Trage in die Stellenwerttafel ein.

a) 301 090 776 480
b) fünf Millionen dreihundertzwanzigtausend
c) vier Milliarden zehn Millionen zehntausend-fünfzehn

4 Zahlen runden

Runde die Höhenangaben sinnvoll.

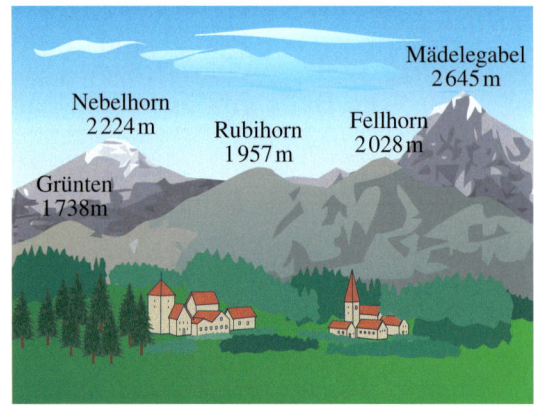

Mädelegabel 2 645 m
Nebelhorn 2 224 m
Rubihorn 1 957 m
Fellhorn 2 028 m
Grünten 1 738 m

5 Rechenbäume

Übertrage und ergänze im Heft.

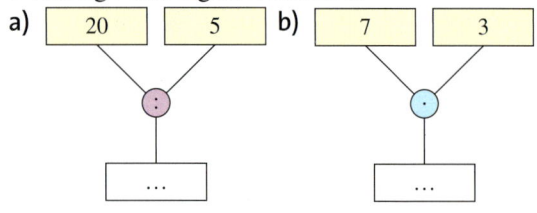

a) 20 · 5 · ...
b) 7 · 3 · ...

Lösungen ab Seite 190

Die Grundrechenarten

Entdecken

1 Zahlenstrahl

a) Matthias hat eine Aufgabe am Zahlenstrahl
dargestellt.
👥 Beschreibt sein Vorgehen im Heft.

b) Zeichne selbst folgende Aufgaben jeweils
an einem Zahlenstrahl:
① 7 + 4   ② 3 + 9   ③ 5 + 8

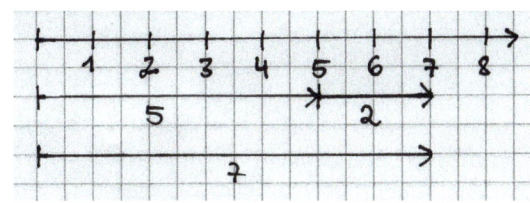

2 Zahlenmauern

a) ♟ Übertrage die Zahlenmauern in dein
Heft und ergänze sie.

b) 👥 Erkläre deinem Nachbarn, was der
Unterschied zwischen den ersten beiden
und den letzten beiden Zahlenmauern ist.

c) ♟♟ Schreibt die passenden Rechenaufgaben zu den Zahlenmauern ins Heft.

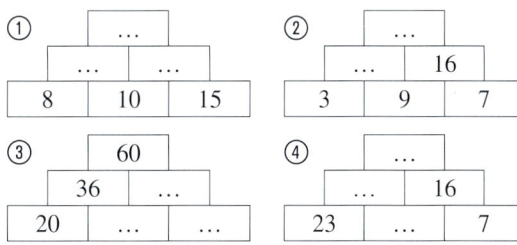

3 Übertrage die abgebildeten Kästchen auf ein Blatt, schneide sie aus und ordne einander zu.

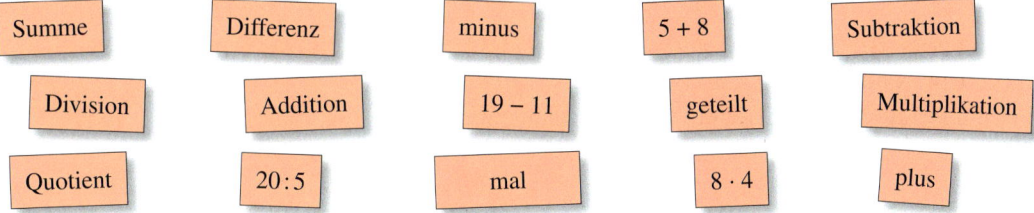

Summe	Differenz	minus	5 + 8	Subtraktion
Division	Addition	19 − 11	geteilt	Multiplikation
Quotient	20 : 5	mal	8 · 4	plus

4 Vier Freunde fahren mit dem Zug zum Meister-
schaftsspiel ihrer Fußballmannschaft.
Die nebenstehende Preisliste gibt die möglichen
Fahrpreise an.

a) ♟ Welche Möglichkeit ist für die vier günstiger?
Begründe deine Antwort einmal durch eine Addition
und einmal durch eine Multiplikation.

b) 👥 Erfindet eine ähnliche Aufgabe, die sich durch
Addition oder Multiplikation lösen lässt.
Tauscht die Aufgaben in der Klasse und
bearbeitet sie.

c) ♟♟ Kann man die Frage aus a) auch mithilfe einer
Division beanworten?

Einzelkarte   12 €
Gruppenkarte   56 €

NACHGEDACHT

*Moritz sagt:
„Das Ergebnis
der Aufgabe
514 + 734 ist
1048."
Tugba meint:
„Das kann nicht
stimmen. Dein
Ergebnis ist viel
zu klein."
Was meint sie
damit?*

5 Zur Klasse 5 a der Goethe-Schule gehören 30 Schülerinnen und Schüler.
Für einen Ausflug in den Botanischen Garten wird ein Bus bestellt.

a) Wie viel muss jedes der 30 Kinder zahlen, wenn der Bus 240 € kostet?

b) Der Bus hat 50 Plätze, deshalb können noch Kinder aus Parallelklassen mitfahren.
Wie viele Schülerinnen und Schüler sind es insgesamt, wenn jedes Kind 6 € zahlt?

Verstehen

Leonie nimmt an den Bundesjugendspielen teil.

Sie ist 2,97 m weit gesprungen und hat dafür 302 Punkte bekommen.
Beim 50-m-Lauf erreichte sie nach 9,6 s das Ziel und erhielt 217 Punkte.

Wie viele Punkte hat sie bislang?

Merke
Addieren bedeutet auch zusammenzählen, hinzufügen oder vermehren
um…

Beispiel 1
$302 + 217 = 519$
    ↓   ↓
  plus **Summe**
      (Ergebnis einer Addition)

Für eine Ehrenurkunde braucht sie 825 Punkte.
Wie viele Punkte muss Leonie für eine Ehrenurkunde beim Werfen erzielen?

Merke
Subtrahieren bedeutet auch abziehen,
den Unterschied berechnen, vermindern
um…

Beispiel 2
$825 - 519 = 306$
    ↓   ↓
  minus **Differenz**
      (Ergebnis einer Subtraktion)

Leonie prüft ihre Ergebnisse mithilfe des **Überschlags**.
Beim Überschlag rechnet man mit den gerundeten Werten.
Für ein genaues Ergebnis reicht der Überschlag aber nicht.

Beispiel 3 $302 + 217 \approx$
              $300 + 220 = 520$
Leonie hat ungefähr 520 Punkte.

Beispiel 4 $825 - 519 \approx$
              $830 - 520 = 310$
Sie benötigt ungefähr noch 310 Punkte.

Auch mithilfe der Umkehrrechnung kann man die Ergebnisse prüfen.

Merke Addieren und Subtrahieren
sind **Umkehrrechnungen**
voneinander.

Beispiel 5
$825 - 519 = 306,$
da $306 + 519 = 825$

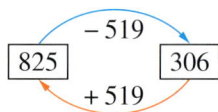

Leonies Verein kauft drei neue Trikots. Ein Trikot kostet 18 €.
Wie hoch sind die Kosten?

Sie rechnet den Überschlag:
Beispiel 6 $3 \cdot 18 \approx$
             $3 \cdot 20 = 60$
Die Trikots kosten ungefähr 60 €.

Dann berechnet sie die genauen Kosten:
Beispiel 7 $18 + 18 + 18 =$
             $3 \cdot 18$ $= 54$
Die Trikots kosten 54 €.

Merke
Multiplizieren bedeutet auch malnehmen
oder vervielfachen.

Beispiel 8
$3 \cdot 18 = 54$
↓   ↓
mal **Produkt** (Ergebnis einer Multiplikation)

Die drei Trikots bekommen einen Aufdruck. Zusammen kostet das 27 €.
Was kostet der Aufdruck für ein Trikot?

Merke
Dividieren bedeutet auch gleichmäßig verteilen, aufteilen oder teilen durch…

Beispiel 9
27 : 3 = 9

geteilt   **Quotient**
durch   (Ergebnis einer Division)

Um das Ergebnis einer Division zu prüfen, macht man eine Umkehrrechnung.

Merke Multiplizieren und Dividieren sind **Umkehrrechnungen** voneinander.

Beispiel 10   27 : 3 = 9,
da 9 · 3 = 27

27 : 3 9
· 3

Durch Null darf nicht geteilt werden.

Üben und anwenden

1 Schreibe als Rechenaufgabe.
Berechne dann im Kopf.
a) Berechne die Summe von 17 und 88.
b) Subtrahiere von der Zahl 48 die Zahl 15.
c) Bilde das Produkt aus 12 und 4.
d) Dividiere 24 durch 4.

1 Schreibe als Rechenaufgabe.
Berechne dann im Kopf.
a) Addiere die Zahlen 51 und 169.
b) Bilde die Differenz der Zahlen 33 und 25.
c) Multipliziere 11 mit 6.
d) Berechne den Quotienten aus 550 und 5.

2 Übertrage ins Heft und berechne.

	…		
	…	…	
208		170	…
138	70	…	28

2 Übertrage ins Heft und berechne.

	…		
	…	631	
83		…	…
…	24	203	…

3 Suche zu jedem Ergebnis die passende Subtraktionsaufgabe. Prüfe dein Ergebnis.

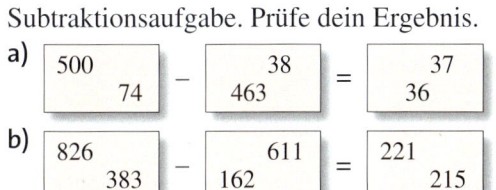

a) 500 74 − 38 463 = 37 36
b) 826 383 − 611 162 = 221 215

3 Suche zu jeder Differenz die passende Subtraktionsaufgabe.
Prüfe dein Ergebnis.

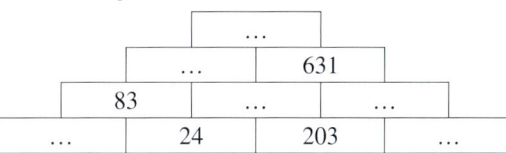

723 512 1 000 460 − 95 270 16 170 = 496 730 553 365

4 Schreibe als Multiplikation und berechne.
a) 3 + 3 + 3 + 3
b) 5 + 5 + 5
c) 10 + 10

4 Schreibe kürzer und berechne.
a) 4 + 4 + 4 + 4 + 4 + 4 + 4 + 4 + 4
b) 7 + 7 + 7 + 7 + 7 + 7
c) 15 + 15 + 15 + 15 + 15 + 15 + 15 + 15

5 Michael vergleicht zwei Angebote für dieselbe Ski-Ausrüstung:
Geschäft 1: Ski und Stöcke 212 €   Bindung 149 €
Geschäft 2: Ski und Stöcke 307 €   Bindung 19 €

a) Mache für beide Angebote einen Überschlag.
   Kannst du jetzt schon erkennen, welches Angebot günstiger ist?
b) Rechne den genauen Preis für das günstigere Angebot aus.

NACHGEDACHT
Wie rundest du hier? Es wurden Tickets im Wert von 8208 € verkauft. Ein Ticket kostet 9 €. Wie viele Zuschauer waren da?

6 Berechne die Anzahl der Kästchen mithilfe einer Multiplikation.

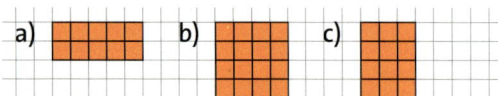

a)   b)   c)

6 Schreibe als Produkt.
Berechne die Anzahl der Kästchen.

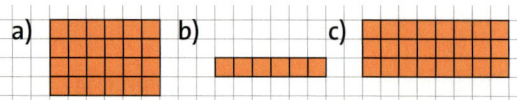

a)   b)   c)

7 Berechne. Prüfe dein Ergebnis jeweils mithilfe einer Umkehrrechnung.
a) 578 − 139   b) 39 : 3
c) 138 + 135   d) 6 · 17

7 Berechne. Prüfe dein Ergebnis jeweils mithilfe einer Umkehrrechnung.
a) 413 − 108   b) 169 : 13
c) 106 + 185   d) 27 · 5

8 Erkläre mit deinen eigenen Worten die Rechnungen von Susanne und Timo im Heft.

Susanne rechnet so:

$46 + 37 = 40 + 30 + 6 + 7 =$
$70 + 13 = 83$

Timo macht es anders:

$46 + 37 = 46 + 30 + 7 =$
$76 + 7 = 83$

a) 👤 Welchen Rechenweg findest du einfacher? Begründe.
b) 👥 Berechnet wie Susanne oder wie Timo.
  ① 57 + 25   ② 66 + 19   ③ 98 + 103   ④ 1 248 + 549
c) 👥 Funktionieren die Rechenwege auch bei der Subtraktion? Prüft es am Beispiel 83 − 24.

9 👥 Arbeitet zu zweit.
Erklärt euch gegenseitig die Subtraktionen in Teilschritten und den Rechenvorteil.

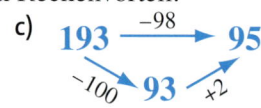

a) 48 −37→ 11, −30 ↘ 18 ↗ −7
b) 134 −57→ 77, −7 ↘ 127 ↗ −50
c) 193 −98→ 95, −100 ↘ 93 ↗ +2

10 Stelle eine sinnvolle Frage und berechne.
Tischtennisbälle werden in Packungen zu je drei Stück verkauft.
360 Tischtennisbälle werden verpackt.

10 Stelle eine sinnvolle Frage und berechne.
Fabian bringt an seinem Geburtstag jedem Mitschüler eine Breze mit (Preis 50 Ct).
Beim Bäcker zahlt er 13 €.

11 Finde Divisionsaufgaben wie im Beispiel, die keinen Rest lassen.
Beispiel 65 : 5 = 13

1. Zahl	65	60	52
	35	22	63
	19	96	72

2. Zahl	4	13	7
	15	5	19
	11	12	6

Quotient	1	2	13
	8	5	7
	12	9	4

12 Ergänze die Zahlenfolge bis zur 10. Zahl.
a) 77; 70; 63; 56; …
b) 35; 32; 40; 37; 45; …
c) 2; 4; 8; 16; …
d) Erfinde eigene Zahlenfolgen.

12 Ergänze die Zahlenfolge bis zur 10. Zahl.
a) 103; 100; 95; 92; …
b) 51; 69; 64; 82; …
c) 10; 40; 20; 80; …
d) Erfinde eigene Zahlenfolgen.

13 Richtig oder falsch? Begründe.
a) Durch 0 darf nicht dividiert werden.
b) Bei der Addition kann ein Rest bleiben.
c) Ist bei der Multiplikation eine der beiden Zahlen 1, so kommt als Ergebnis 0 heraus.
d) Multipliziert man eine Zahl mit 100, kann man einfach an die Zahl zwei Nullen hängen.

NACHGEDACHT
$25 \cdot 16 = ?$
Simone sagt: „Da rechne ich einfach $100 \cdot 4$." Wie kommt sie darauf?

Rechenregeln und Rechenvorteile

Entdecken

1 Schreibe die einzelnen Zahlen auf ein Blatt Papier und schneide sie aus.

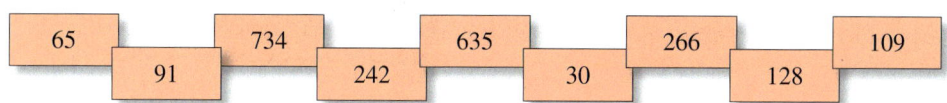

| 65 | | 734 | | 635 | | 266 | | 109 |
| | 91 | | 242 | | 30 | | 128 | |

a) ♟ Sortiere die Zahlen so, dass du die Summe aller Zahlen gut im Kopf berechnen kannst.
b) ♟♟ Vergleicht miteinander.
   Tauscht euch darüber aus, wie ihr sortiert habt.
c) ♙♙ Arbeitet in der Klasse zusammen. Warum kommt man zum gleichen Ergebnis, obwohl die Reihenfolge beim Rechnen unterschiedlich ist?
d) ♙♙ Kann man die Reihenfolge beim Rechnen auch bei den anderen Grundrechenarten vertauschen? Begründet jeweils an eigenen Beispielen.

2 Kopfrechnen
a) ♟ Finde zu den gegebenen Zahlen jeweils drei verschiedene Zahlen, die sich besonders einfach zu diesen Zahlen addieren lassen.
   ① 98   ② 325   ③ 442   ④ 7 456
b) ♟♟ Tauscht euch untereinander über eure Ergebnisse aus.
   Begründet, warum sich eure ausgewählten Zahlen besonders einfach addieren lassen.
c) ♙♙ Welche Multiplikationen sind einfach zu rechnen?
   Begründet eure Antwort.
   ① $2 \cdot 68 \cdot 6$ ② $5 \cdot 2 \cdot 499$ ③ $8 \cdot 125 \cdot 9$ ④ $7 \cdot 125 \cdot 11$

3 Eine Maschine ist 5 Stunden in Betrieb. Sie stellt pro Stunde 65 Puzzles her.
Wie viele Puzzles werden in der gleichen Zeit von 2 Maschinen produziert?
Laura rechnet so: Julian so:

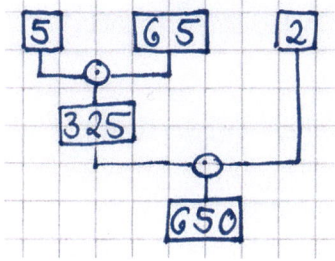
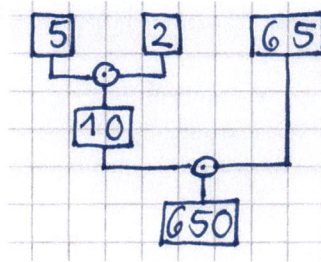

Laura und Julian haben unterschiedlich gerechnet, aber das gleiche Ergebnis.
Erkläre die beiden Rechenwege im Heft.
Entscheide, welcher Rechenweg für dich einfacher ist.

4 Berechne die folgenden Aufgaben.
① $560 - (120 + 70)$ ③ $740 - (140 - 20)$
② $560 - 120 + 70$ ④ $740 - 140 - 20$
a) ♟ Vergleiche jeweils die untereinanderstehenden Aufgaben.
b) ♟♟ Tauscht euch über eure Rechenwege und eure
   Ergebnisse aus. Begründet eure Vorgehensweise.
c) ♙♙ Erklärt mit eigenen Worten, warum man bei den
   Aufgaben zu unterschiedlichen Ergebnissen kommt.

ERINNERE DICH
Was in Klammern steht, muss zuerst gerechnet werden.

Ergebnisse zur Kontrolle
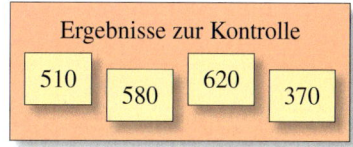

| 510 | 580 | 620 | 370 |

Verstehen

Kevin macht ein Praktikum beim Bäcker.
Er notiert, wie viele Kuchenstücke in der Vitrine
liegen.
Es sind 5 Stücke Sandkuchen und
2 Schokokuchen mit jeweils 12 Stücken:
$5 + 2 \cdot 12 = \underline{29}$
Bei den Semmeln hat er 4 Körbe mit jeweils
5 Körner- und 3 Sesamsemmeln gezählt:
$4 \cdot (5 + 3) = 4 \cdot 8 = \underline{32}$

Beim Berechnen muss Kevin einige Regeln beachten:

Merke **Vorrangregeln**
① Werte in Klammern werden zuerst
berechnet.
② Punktrechnung geht vor Strichrechnung.
③ Ansonsten wird einfach von links nach
rechts gerechnet.

Beispiel 1
a) $4 \cdot (5 + 3) =$
   $4 \cdot 8 = \underline{32}$
b) $5 + 2 \cdot 12 =$
   $5 + 24 = \underline{29}$
c) $11 - 3 - 2 =$
   $ 8 - 2 = \underline{6}$

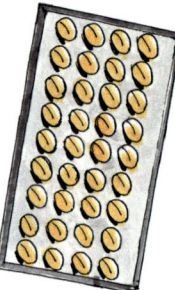

Kevin hilft in der Backstube.

Beispiel 2
Es sollen 8 Bleche mit Körnersemmeln und
3 Bleche mit Sesamsemmeln gebacken
werden:
$8 + 3 = 11$ oder $3 + 8 = 11$
Es werden insgesamt 11 Bleche gebacken.

Beispiel 3
Wie viele Semmeln liegen auf einem Blech?
4 Reihen mit oder 9 Reihen mit
je 9 Semmeln: je 4 Semmeln:
$4 \cdot 9 = 36$ $9 \cdot 4 = 36$
Es liegen 36 Semmeln auf einem Blech.

HINWEIS
*Das Vertau-
schungsgesetz
gilt nicht für die
Subtraktion und
die Division.*

Merke **Vertauschungsgesetz** (Kommutativgesetz)
Das Vertauschungsgesetz gilt sowohl für die Addition als auch für die Multiplikation.
Dabei dürfen die Zahlen beliebig vertauscht werden.

Beispiel 4
Zusätzlich sollen noch 7 Bleche Mohnsemmeln gebacken werden.
$(8 + 3) + 7 =$ oder $8 + (3 + 7) =$
$11 + 7 = \underline{18}$ $8 + 10 = \underline{18}$
Es werden insgesamt 18 Bleche gebacken.

Beispiel 5
In den Backofen passen 25 Bleche.
Wie viele Semmeln kann man dann backen?
$25 \cdot (4 \cdot 9) =$ oder $(25 \cdot 4) \cdot 9 =$
$25 \cdot 36 = \underline{900}$ $100 \cdot 9 = \underline{900}$
Man kann 900 Semmeln backen.

Durch geschicktes Vertauschen und Zusammenfassen kann Kevin schnell die Gesamtzahl der
Semmeln berechnen.

HINWEIS
*Das Assoziativ-
gesetz gilt nicht
für die Subtrak-
tion und die
Division.*

Merke **Verbindungsgesetz** (Assoziativgesetz)
Das Verbindungsgesetz gilt sowohl für die Addition als auch für die Multiplikation.
Dabei dürfen die Zahlen beliebig durch Klammern zusammengefasst werden.

Üben und anwenden

1 Berechne.
Achte auf die Vorrangregeln.
a) $9 \cdot (3 + 5)$
b) $(4 + 5) \cdot 6$
c) $(12 - 4) : 2$
d) $(5 \cdot 3) + (18 : 6)$
e) $3 \cdot (4 + 20) - 10$

| 4 | 62 | 54 |
| 72 | 18 | |

1 Berechne.
Vergleiche deine Ergebnisse.
a) $127 + 3 \cdot 7$
b) $(421 + 20) \cdot 2$
c) $(731 - 31) - (10 - 8)$
d) $(46 - 6) \cdot 7$
e) $(224 + 16) - (105 + 30)$

| 698 | 148 | 280 |
| 882 | 105 | |

2 Ergänze die Rechenbäume im Heft.

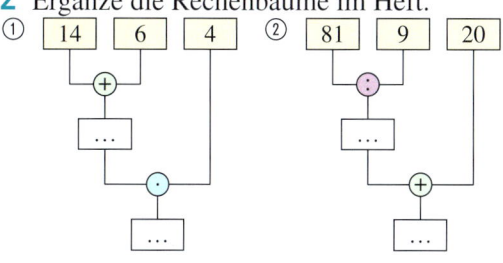

a) Schreibe die Rechnungen dazu.
   Denke dabei an die Klammern.
b) Denke dir jeweils eine Rechengeschichte
   zum Rechenbaum aus.

2 Wie musst du bei den Aufgaben die
Klammern setzen, so dass sich eine Zahl auf
den Kärtchen ergibt?
Begründe.
Zeichne dazu jeweils den passenden
Rechenbaum in dein Heft.
a) $12 + 5 \cdot 4$
b) $12 + 6 \cdot 5$
c) $30 - 4 - 3$
d) $2 + 4 + 4 + 4$
e) $5 + 5 + 5$
f) $5 \cdot 5 + 5$

50	14
68	42
29	15

3 Beschreibe und korrigiere die Fehler.

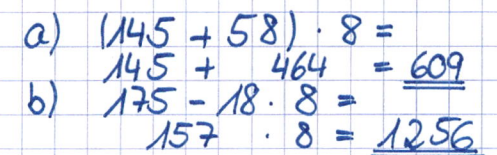

3 Beschreibe und korrigiere die Fehler.

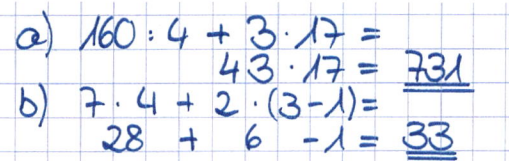

4 Berechne und vergleiche das Ergebnis mit vertauschten Zahlen.

① $79 + 97$ ② $3 \cdot 61$ ③ $15 - 19$ ④ $81 : 9$

a) ♟ Erkläre anhand der Aufgaben das Vertauschungsgesetz.
b) ♟♟ Findet eigene Beispiele.
c) ♟♟ Bei welchen Rechenarten gilt es, bei welchen nicht?

5 Mika hat ein neues Sparschwein.
Er wirft nacheinander in sein Sparschwein:
   60 Cent,
   50 Cent,
   75 Cent,
   90 Cent und
   30 Cent.
a) Wie viel Geld
   hat er gespart?
b) Ändert sich der gesparte Betrag, wenn er
   das Geld in einer anderer Reihenfolge in
   das Sparschwein wirft?
c) Welche Rechengesetze wendest du an?

5 Rechne vorteilhaft.
a) Herr Aue fährt mit dem Auto von Salzburg
   nach Garmisch-Patenkirchen (188 km),
   von dort aus nach Ulm (194 km).
   Von Ulm fährt er nach Würzburg (202 km)
   und von dort nach Hof (236 km).
b) In einem Wohngebiet werden vier Hoch-
   häuser errichtet.
   Jedes Hochhaus soll acht Etagen haben.
   Auf jeder Etage sollen fünf Wohnungen
   liegen.
   Wie viele Wohnungen gibt es in den
   Hochhäusern?

6 Vergleiche die Ergebnisse.
a) $(3 \cdot 2) \cdot 5$ und $3 \cdot (2 \cdot 5)$
b) $(5 \cdot 5) \cdot 4$ und $5 \cdot (5 \cdot 4)$
c) $(2 \cdot 6) \cdot 7$ und $2 \cdot (6 \cdot 7)$
d) Welche Rechnung war einfacher? Warum?
e) Erfinde auch solche Aufgaben.

6 Versetze die Klammer und berechne.
Welche Rechnung ist einfacher? Warum?
a) $(4 \cdot 25) \cdot 6$
b) $(16 \cdot 5) \cdot 4$
c) $(10 \cdot 6) \cdot 20$
d) Erfinde auch solche Aufgaben.

7 Pia und Nick wollen alle Zahlen auf den Kärtchen möglichst schnell addieren.
Wie würdest du rechnen? Begründe und gib das Ergebnis an.

36 45 91 32 31 25 75 69 64 55 68 9

8 Setze im Heft die Zahlen in Klammern, die du zuerst addieren möchtest. Begründe.
a) $18 + 33 + 27$ b) $109 + 11 + 23$
c) $16 + 34 + 16$ d) $58 + 32 + 47$
e) Erfinde auch solche Aufgaben.

8 Vertausche die Summanden.
Setze Klammern zum geschickten Addieren.
a) $57 + 81 + 56 + 53 + 19 + 44$
b) $125 + 257 + 385 + 175 + 243 + 825$
c) Erfinde auch solche Aufgaben.

9 Zerlege eine Zahl so, dass du vorteilhaft rechnen kannst.
Beispiel $44 \cdot 25 =$
$(11 \cdot 4) \cdot 25 = 11 \cdot (4 \cdot 25) =$
$11 \cdot 100 = 1100$
a) $24 \cdot 25$ b) $12 \cdot 25$ c) $22 \cdot 15$

9 Zerlege eine Zahl in ein Produkt.
Setze dann Klammern so, dass du vorteilhaft rechnen kannst.
a) $120 \cdot 25$ b) $114 \cdot 50$
c) $44 \cdot 125$ d) $60 \cdot 250$
e) $264 \cdot 50$ f) $326 \cdot 500$

10 An der Leergutkasse werden Kästen mit je 12 Flaschen gestapelt.
6 Kästen stehen nebeneinander und immer 5 Kästen übereinander.
Wie viele Flaschen sind das insgesamt?
Wie viel Flaschenpfand muss man zahlen, wenn für eine Flasche 15 Cent Pfand berechnet wird?
a) Berechne vorteilhaft.
b) Beschreibe deinen Lösungsweg im Heft.

10 Für den Besuch der Fußballweltmeisterschaft haben 21 976 Personen einen Flug gebucht.
Mit dem eingesetzten Jumbojet können bis zu 440 Personen fliegen.
Reicht es aus, wenn die Fluggesellschaft fünf dieser Flugzeuge mit je zehn Flügen einsetzt?
a) Berechne vorteilhaft.
b) Beschreibe deinen Lösungsweg im Heft.

11 Setze Klammern so, dass sich als Lösung eine der Zahlen aus den Kärtchen ergibt.
Begründe deine Wahl.
a) $3 \cdot 4 + 5$
b) $5 \cdot 8 \cdot 9 - 5$
c) $6 + 3 \cdot 3$
d) $5 - 3 \cdot 8 + 2$

27 20 160

11 Bilde mit diesen Zahlen und den vier Grundrechenarten Aufgaben mit…
a) einem möglichst großen Ergebnis.
b) einem möglichst kleinen, positiven Ergebnis.
c) einem Ergebnis, das nahe bei 50 liegt.

16 32 5

12 Ordne dem Text den passenden Rechenausdruck zu. Berechne dann.
a) Multipliziere 5 mit 27 und addiere 15.
b) Multipliziere die Summe von 27 und 15 mit 5.
c) Addiere zu 27 das Produkt aus 5 und 15.

① $(27 + 15) \cdot 5$
② $5 \cdot 27 + 15$
③ $27 + 5 \cdot 15$

Schriftlich addieren und subtrahieren

Entdecken

1 Silvia, Derya, Max und Tobi haben an der Tafel gerechnet:

Silvia	Derya	Max	Tobi
$413 + 278 =$	$413 + 278 =$	$413 + 278 =$	$413 + 278 =$
$400 + 200 = 600$	$413 + 200 = 613$	$413 + 7 = 420$	$413 + 8 = 421$
$10 + 70 = 80$	$613 + 70 = 683$	$420 + 200 = 620$	$421 + 70 = 491$
$3 + 8 = 11$	$683 + 8 = \underline{691}$	$620 + 71 = \underline{691}$	$491 + 200 = \underline{691}$
$600 + 80 + 11 = \underline{691}$			

HINWEIS
*Das Rechen-verfahren aus Aufgabe 1 heißt **halbschriftliches Rechnen**.*

a) Erkläre und vergleiche die Rechenwege im Heft.
b) Wie würdest du rechnen?
c) Gibt es genauso viele Wege bei der Subtraktion?
Probiere es aus mit der Aufgabe 413 − 278. 👥 Präsentiert eure Überlegungen der Klasse.

2 👥 Arbeitet zu zweit.
Stimmen folgende Behauptungen? Begründet eure Antworten im Heft.
a) Tobi meint: „Ich bin mir ganz sicher, dass 472 + 536 mehr als 1 000 ergibt."
Derya entgegnet: „Aber 400 + 500 sind doch nur 900."
b) Max sagt: „Wenn ich 340 + 360 rechne, dann muss ich von hinten anfangen.
40 + 60 = 100, 300 + 300 ist 600 und 600 + 100 ergibt 700."
c) Silvia überlegt: „Ich bin mir sicher, dass 8 000 + 3 000 mehr ergibt als 7 000 + 5 000.
Denn 8 000 ist ja größer als 7 000."

3 Notiere fünf Aufgaben, die du im Kopf rechnen kannst.
a) 👤 Berechne. Begründe im Heft, warum du diese Aufgaben gewählt hast.
b) 👥 Hast du die gleichen Aufgaben wie dein Nachbar gewählt?
c) 👤 Wähle jetzt wieder fünf Aufgaben, die du halbschriftlich rechnen kannst.
Berechne, begründe und vergleiche mit deinem Nachbarn wie bei a) und b).

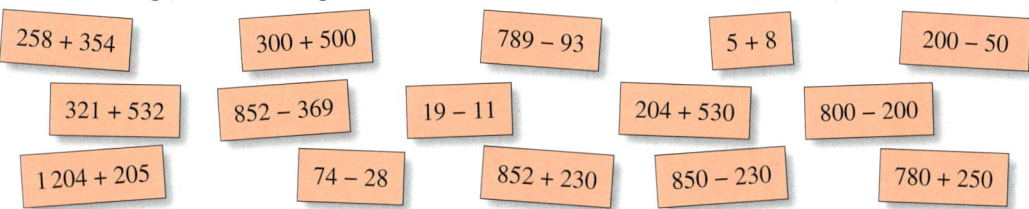

258 + 354	300 + 500	789 − 93	5 + 8	200 − 50
321 + 532	852 − 369	19 − 11	204 + 530	800 − 200
1 204 + 205	74 − 28	852 + 230	850 − 230	780 + 250

4 Helena braucht ein neues Bett, einen Schrank und einen Sessel.
Insgesamt hat sie 350 € zur Verfügung.
Im Möbelhaus sieht sie noch einen Tisch für 39 €. Reicht ihr Geld?

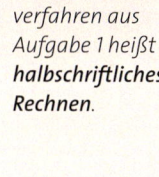

Helena rechnet:
350 − 109 = 241
241 − 75 = 166
166 − 119 = **47**

Ihre Mutter rechnet:
350 − (109 + 75 + 119) =
350 − 303 = **47**

a) 👤 Erkläre die beiden Rechenwege im Heft.
Welcher Weg ist für dich der einfachere? Begründe.
b) 👥 Warum berechnet die Mutter in den Klammern eine Summe, obwohl doch nur Geld
ausgegeben wird?

Verstehen

Lara fährt mit ihren Eltern für zwei Tage nach Hamburg.
Die Unterkunft kostet 215 € und die Bahnfahrt 83 €.

> **Merke** Bei der **schriftlichen Addition** schreibt man die Zahlen
> stellengerecht untereinander: Einer unter Einer, Zehner unter Zehner usw.
> Man addiert die Ziffern stellenweise und beginnt bei den Einern.

Beispiel 1 Lara addiert schriftlich 215 + 83.

① Lara schreibt die Zahlen
stellengerecht untereinander.

② Lara addiert die Ziffern
stellenweise.

Kurzform:

$$\begin{array}{r} 215 \\ + 83 \\ \hline \underline{298} \end{array}$$

H	Z	E
2	1	5
+	8	3

H	Z	E
2	1	5
+	8	3
2	9	8

$3E + 5E = 8E$
$8Z + 1Z = 9Z$
$0H + 2H = 2H$

Für Unterkunft und Bahnfahrt muss die Familie 298 € bezahlen.

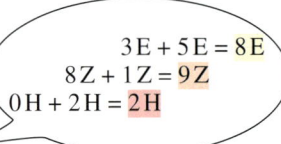

Für Essen haben Lara und ihre Eltern zusätzlich 75 € eingeplant.
Außerdem möchten sie eine Bootsfahrt für 53 € machen.

Beispiel 2 Lara addiert schriftlich 298 + 75 + 53.

① Einer addieren

② Zehner addieren

③ Hunderter addieren

Kurzform:

$$\begin{array}{r} 298 \\ + 75 \\ + 53 \\ \hline {\tiny 2\,1} \\ \underline{426} \end{array}$$

H	Z	E
2	9	8
+	7	5
+	5	3
		6

$3 + 5 + 8 = 16$
6 E schreiben
1 Z übertragen

H	Z	E
2	9	8
+	7	5
+	5	3
	2	6

H	Z	E
2	9	8
+	7	5
+	5	3
4	2	6

Insgesamt kostet der Ausflug nach Hamburg 426 €.

> **Merke** Wenn die Summe der Ziffern an einer Stelle 10 erreicht, addiert man
> den **Übertrag** an der nächsthöheren Stelle.

Für den Kurzurlaub hat die Familie 458 € gespart. Wie viel bleibt von den Ersparnissen übrig?

> **Merke** Bei der **schriftlichen Subtraktion** schreibt man die Zahlen stellengerecht
> untereinander. Es wird von oben nach unten subtrahiert.

Beispiel 3 Lena subtrahiert schriftlich 458 − 426.

① stellengerecht untereinander
schreiben

② stellenweise subtrahieren

Kurzform:

$$\begin{array}{r} 458 \\ - 426 \\ \hline \underline{32} \end{array}$$

H	Z	E
4	5	8
− 4	2	6

H	Z	E
4	5	8
− 4	2	6
	3	2

$8E - 6E = 2E$
$5Z - 2Z = 3Z$
$4H - 4H = 0H$

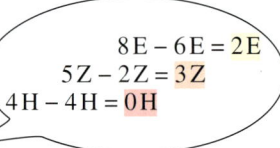

Von den Ersparnissen bleiben 32 € übrig.

Lenas Familie nimmt nach Hamburg 455 € mit. Wie viel bleibt übrig?

> **Merke** Ist bei der schriftlichen Subtraktion die obere Ziffer zu klein, wird die nächstgrößere Stelle entbündelt und markiert.

HINWEIS
Wie man mehrere Zahlen subtrahiert, erfährst du auf S. 64, Aufgabe 10.

Beispiel 4

H	Z	E
4	5	5
	ǀ	
− 4	2	6
	2	9

Einer: 5 − 6 geht nicht
→ 1 Zehner entbündeln und markieren = 10 E
15 − 6 = 9 → 9 schreiben
Zehner: ein Zehner bereits entbündelt,
also noch 4 da
4 − 2 = 2 → 2 schreiben
Hunderter: 4 − 4 = 0

Es bleiben noch 29 € übrig.

Kurzform:
```
  455
    ǀ
− 426
   29
```

Üben und anwenden

1 Addiere schriftlich. Mache eine Probe.

a) 2 364
   + 1 425

b) 5 063
   + 2 735

c) 6 009
   +   720

d)   482
   + 3 514

e) 10 532
   + 25 104

f) 58 410
   + 10 280

1 Addiere schriftlich. Mache eine Probe.

a) 4 513
   + 1 022

b) 2 438
   + 3 121

c) 2 493
   + 5 201

d) 1 685
    3 112
   + 4 201

e) 3 610
    4 205
   + 171

f) 7 623
     251
   + 111

2 Schreibe die Zahlen untereinander und addiere. Überprüfe mit der Umkehraufgabe.
a) 736 + 561
b) 2 469 + 3 517
c) 9 462 + 4 773
d) 6 284 + 2 943

2 Addiere. Überprüfe mit der Umkehraufgabe.
a) 319 + 6 618
b) 736 + 8 561
c) 13 678 + 4 799
d) 48 + 3 467

HINWEIS
Vergleiche deine Ergebnisse aus Aufgabe 2 zur Kontrolle:

14 235

9 227

5 986

1 297

3 Übertrage ins Heft und setze die richtigen Ziffern ein. Achte auf Überträge.

a) ■4
   + 2■
    56

b) 14■
   + ■52
    697

c) 7■7
   + ■47
    92■

3 Übertrage ins Heft und setze ein. Woran kann man erkennen, ob ein Übertrag nötig ist?

a) 6■4
   + 39■
   1 000

b) 3■8
   + ■53
    75■

c) 34■6
   + ■31■
   4■68

4 Herr Ast bestellt ein neues Auto mit ein paar Extras. Berechne den Gesamtpreis.

Grundmodell 9999 €

Metallic-Lackierung 450 €
Radio 179 €
Klimaanlage 1 000 €
Rückfahrkamera 350 €
Anhängevorrichtung 400 €

4 Wiebke möchte gerne zwei Kaninchen kaufen. Sie braucht:
einen Käfig für 70 €, Käfigstreu für 3 €, Heu für 2,50 €, einen Sack Futter für 10 €, zwei Futternäpfe zusammen für 6 €, eine Tränke für 4,50 € und schließlich zwei Kaninchen zusammen für 35 €.
Reicht dafür ihr Gespartes von 130 €? Beschreibe deinen Lösungsweg im Heft.

HINWEIS
Mehr Aufgaben zur Fehlersuche findet ihr auf der Strategieseite „Rechnungen prüfen" (Seite 70).

5 👥 Bei welchen Aufgaben findet ihr Fehler? Beschreibt die Fehler im Heft und berichtigt sie.

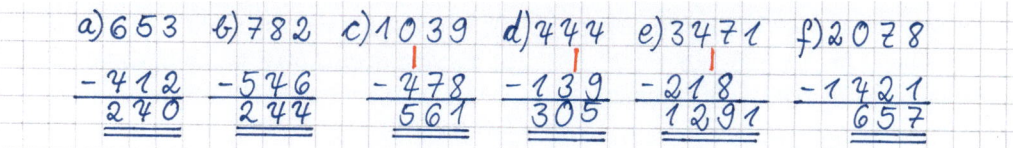

```
a) 653   b) 782   c) 1039   d) 444   e) 3471   f) 2078
  -412     -546     - 478     -139     - 218     -1421
   240      244       561      305      1291       657
```

6 Subtrahiere schriftlich.
Überschlage zuerst.
Beschreibe dein Vorgehen im Heft.

a) 254
  − 81

b) 634
  −392

c) 663
  −391

6 Schreibe stellengerecht untereinander und subtrahiere schriftlich.
Überschlage zuerst.

a) 6 792 − 5 628   b) 98 214 − 89 523
c) 56 239 − 23 511   d) 43 845 − 34 712

7 Überschlage und subtrahiere.

a) 874 − 436   b) 973 − 664
c) 768 − 349   d) 667 − 328
e) 881 − 439   f) 738 − 419
g) 623 − 119   h) 652 − 287

7 Berechne schrittweise.
Überprüfe dein Ergebnis.

a) 427 + 57 − 305   b) 149 + 32 − 305
c) 663 − 69 + 229   d) 202 − 179 + 96
e) 160 − 72 + 280   f) 385 − 72 + 280

8 Finde zu jedem Gegenstand den passenden Partner. Berechne jeweils die Preisunterschiede.

79 €  8 €  59 €    28 €
155 €   65 €   48 €   120 €

9 Setze im Heft die richtigen Ziffern ein.
Achte auf die Überträge. Mache die Probe.

a)   3 16▮
  −18▮9
   1▮39

b)   142▮9
  − 4928
  ▮29

9 Setze im Heft die richtigen Ziffern ein.
Mache die Probe.

a)   32▮5
  − ▮44
  ▮311

b)   4▮168
  − 146▮
  40▮99

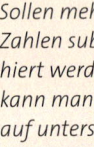

10 16 Kinder spielen zusammen Fußball. Nach einiger Zeit müssen fünf Kinder nach Hause. Anschließend gehen nochmals vier Kinder heim.
Wie viele Kinder sind noch auf dem Fußballplatz?

Susanne rechnet so:
16 − 5 − 4 =
11   − 4 =
   7

Timo rechnet so:
16 − 5 − 4 =
16 − 9 =
   7

a) Vergleiche und erkläre die beiden Rechnungen von Susanne und Timo.
b) Welche Rechnung findest du einfacher?
c) Sinja und Mirco haben zur Subtraktion 82 − 15 − 31 Rechenbäume gezeichnet. Erkläre sie. Welcher Rechenbaum passt zu Susannes Denkweise, welcher zu Timos?

Sinja: 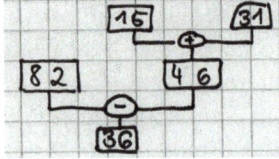   Mirco: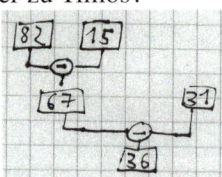

d) Subtrahiere auf unterschiedlichen Wegen.
① 69 − 17 − 23   ② 109 − 89 − 11   ③ 155 − 55 − 39   ④ 192 − 32 − 17

11 Anton hat noch 27 Briefmarken. Er verschickt nacheinander fünf, zehn und acht Briefe. Er berechnet, wie viele Briefmarken noch übrig sind: 27 − 5 + 10 + 8 = 40
Warum kann sein Ergebnis nicht stimmen?

11 Julia hat beim Einkaufen 4,50 €, 2,80 €, 7,30 € und 80 Cent ausgegeben.
a) Wie viel hat sie insgesamt ausgegeben?
b) Es sind noch 3,50 € in ihrem Geldbeutel. Sie überlegt, wie viel Geld sie vorher hatte.

Schriftlich multiplizieren und dividieren

Entdecken

1 Welche Zahl ist hier rechts dargestellt?

a) ♟ Verdopple die Zahl.
Beschreibe dein Vorgehen.

b) ♟♟ Beschreibt dieses Vorgehen anhand der
Verdopplung der Zahlen in den Stellen-
werttafeln.

T	H	Z	E
	5	8	1
9	9	9	9

c) ♟♟ Denkt euch selbst Aufgaben aus
und tauscht sie.

Hunderterplatte	Zehnerstange	Einerwürfel

2 Die Aufgabe 746 · 23 wurde unterschiedlich gelöst.

a) Beschreibe schrittweise in deinem Heft, wie Klara, Charlotte und Robin gerechnet haben.
Welchen Rechenweg kannst du am besten nachvollziehen?

Klara:

·	700	40	6	
20	14000	800	120	14920
3	2100	120	18	2238
				17158

Charlotte:

$$746 \cdot 20 = 14920$$
$$746 \cdot 3 = \oplus 2238$$
$$17158$$

Robin:

```
746 · 23
  1 4 9 2
    2 2 3 8
  1 7 1 5 8
```

b) Berechne mit jedem Rechenweg die Aufgaben:
① 355 · 14   ② 861 · 54

3 ♟ Berechne.

a) 15 · 30   b) 37 · 20   c) 71 · 20   d) 22 · 33   e) 19 · 30   f) 55 · 11
   10 · 35   30 · 27   21 · 70   23 · 32   10 · 39   15 · 51

♟♟ Warum haben die Aufgabenpaare unterschiedliche Ergebnisse?
Begründet.

4 15 Spieler der Schulmannschaft möchten ein Länderspiel besuchen.
Für Busfahrt, Verpflegung und Eintritt sind insgesamt 390 € zu zahlen.

a) ♟ Berechne, wie viel jeder für die Reise bezahlen muss.
Benutze dabei folgende Rechenwege.

①   3 9 0 : 1 5 =
      3 0 0 : 1 5 =
        9 0 : 1 5 =

②   3 9 0 : 1 5 =
     − 3 0

b) ♟♟ Erklärt euch gegenseitig, welcher Rechenweg für euch einfacher ist.

5 Alexander soll die Aufgabe 984 : 8 berechnen.
Er probiert es und kommt zu dem Schluss, dass
die Aufgabe nicht lösbar ist.
Kannst du ihm helfen?

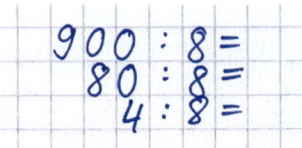

$$900 : 8 =$$
$$80 : 8 =$$
$$4 : 8 =$$

HINWEIS
Das Rechen-
verfahren aus
Aufgabe 2 von
Klara und
Charlotte und
Aufgabe 4, ①
heißt *halb-
schriftliches
Rechnen*.

Verstehen

Die Jahrgangsstufen 5 und 6 planen ein Fest.
Alle 214 Schüler haben jeweils 6 € gespart.

Wie viel Geld ist das insgesamt?

Beispiel 1 Überschlag: 214 · 6 ≈
$$220 · 5 = 1100$$

① Einer:

		E	
2	1	4	· 6
		4	

2 gemerkt

4 · 6 = 24
4 schreiben

② Zehner:

	Z	E	
2	1	4	· 6
	8	4	

0 gemerkt

1 · 6 = 6
6 + 2 = 8
8 schreiben

③ Hunderter:

T	H	Z	E	
2	1	4	· 6
1	2	8	4	

2 · 6 = 12
12 + 0 = 12
12 schreiben

Kurzform:

$$\frac{214 · 6}{1284}$$ Insgesamt haben sie 1284 € gespart.

> **Merke** Beim **schriftlichen Multiplizieren** multipliziert man nacheinander die Einer, die Zehner, die Hunderter, …
> Dabei addiert man den Übertrag an der nächsthöheren Stelle.

Auf dem Fest soll gegrillt werden.
Der Förderverein zahlt für jedes Kind 18 €.

Wie viel ist das?

Beispiel 2 Überschlag: 214 · 18 ≈
$$210 · 20 = 4\,200$$

① Einer multiplizieren:

		Z	E	
2	1	4	· 1	8
	1	7	1	2

② Zehner multiplizieren:

		Z	E	
2	1	4	· 1	8
	1	7	1	2
	2	1	4	

③ Zwischenergebnisse addieren:

		Z	E	
2	1	4	· 1	8
	1	7	1	2
	2	1	4	
	3	8	5	2

Kurzform:

$$\begin{array}{r} 214 · 18 \\ \hline 1712 \\ 214 \\ \hline 3852 \end{array}$$ Der Förderverein zahlt insgesamt 3 852 €.

> **Merke** Bei der **Multiplikation** mit zwei- oder **mehrstelligen Zahlen** multipliziert man die erste Zahl mit den Einern, Zehnern, Hundertern, … der zweiten Zahl.
> Dann addiert man stellengerecht die Zwischenergebnisse.

Die 7 Klassen haben mit dem Verkauf von Limonade 952 € eingenommen.
Der Gewinn wird gleichmäßig verteilt.

> **Merke** Beim **schriftlichen Dividieren** dividiert man nacheinander von links nach rechts.
> Dabei schreibt man jeweils das Ergebnis der Umkehrrechnung unter die entsprechende Stelle
> und subtrahiert.

Beispiel 3 Wie viel Geld bekommt jede Klasse?

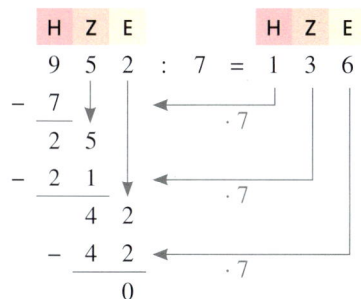

Probe:

```
 7 ·  1  3  6
          4  2
       2  1
       7
       9  5  2
```

Beispiel 4 Berechne 5995 : 8.

Wir können 5 nicht durch 8 dividieren, daher müssen wir mit 59 : 8 beginnen.

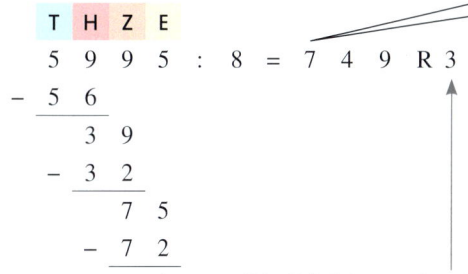

→ Die Division geht nicht auf.
   Es bleibt ein Rest.

Probe:

```
 8 ·  7  4  9
          7  2
       3  2
    5  6
    5  9  9  2      5992 + 3 = 5995
```

Üben und anwenden

1 Übertrage und ergänze die Multiplikationsmauern im Heft.
Berechne im Kopf.

a)
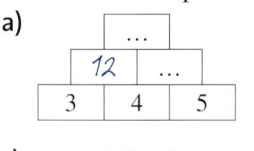

b)
```
        ...
     70     ...
   7    ...    12
```

c)
```
       ...
    84     ...
  6    ...    12
```

d)
```
        6498
      57     ...
    3    ...    6
```

2 Überschlage das Ergebnis.
Multipliziere dann.

a) $223 \cdot 3$ b) $243 \cdot 3$ c) $533 \cdot 3$
d) $624 \cdot 5$ e) $215 \cdot 8$ f) $942 \cdot 5$

1 Im Kopf multiplizieren
a) Ergänze die Mauern in deinem Heft.

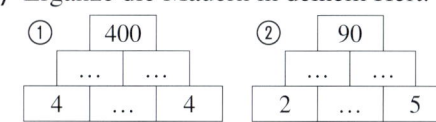

```
①    400              ②    90
  ...    ...              ...    ...
4   ...    4          2   ...    5
```

b) Erfinde Multiplikationsmauern mit
   – der Zahl 600 in der Spitze.
   – genau drei ungeraden Zahlen.
   – genau vier ungeraden Zahlen.
   👥 Erklärt euch gegenseitig euer Vorgehen.

2 Überschlage das Ergebnis.
Multipliziere dann.

a) $413 \cdot 2$ b) $2348 \cdot 3$ c) $417 \cdot 6$
d) $4271 \cdot 4$ e) $385 \cdot 7$ f) $8624 \cdot 7$

NACHGEDACHT
*Was ist einfacher
zu rechnen?
$13 \cdot 2637$ oder
$2637 \cdot 13$?
Wie rechnest du?*

HINWEIS
*Lösungen zu
Aufgabe 3:*

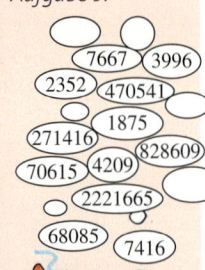

7667 3996
2352 470541
1875
271416 828609
70615 4209
2221665
68085 7416

3 Berechne schriftlich. Überschlage zuerst.
a) 125 · 15   b) 168 · 14
c) 183 · 23   d) 333 · 12
e) 412 · 18   f) 451 · 17

3 Berechne schriftlich. Überschlage zuerst.
a) 2435 · 29   b) 6312 · 43
c) 14537 · 57   d) 801 · 85
e) 7023 · 67   f) 37 · 60045

4 Mira und Tom berechnen die Aufgabe 29 · 4 vorteilhaft.
Mira: $29 \cdot 4 = 20 \cdot 4 + 9 \cdot 4 =$ Tom: $29 \cdot 4 = 30 \cdot 4 - 1 \cdot 4 =$
$80 + 36 = 116$ $120 - 4 = 116$
a) 🐟 Beschreibe die Rechnungen von Mira und Tom im Heft.
b) 🐟🐟 Welche Rechnung findet ihr einfacher? Begründet eure Entscheidung.
c) 🐟🐟🐟 Findet ein eigenes Beispiel, bei der die andere Rechnung einfacher ist.

5 Multipliziere. Rechne vorteilhaft.
a) 113 · 11   b) 113 · 29
c) 113 · 23   d) 113 · 32

5 Multipliziere. Rechne vorteilhaft.
a) 233 · 12   b) 233 · 13
c) 233 · 29   d) 233 · 31

NACHGEDACHT
*Welche Bedeu-
tung haben die
Nullen bei Auf-
gabe 6?*

6 Welche Aufgabe hat das größte, welche
Aufgabe das kleinste Ergebnis?
Multipliziere dann.
a) 320 · 4   b) 502 · 4
c) 1006 · 7   d) 3050 · 8

6 Welche Aufgabe hat das größte, welche
Aufgabe das kleinste Ergebnis?
Multipliziere dann.
a) 486 · 50   b) 72 · 404
c) 80 · 306   d) 1804 · 60

7 🐟 Prüfe die schriftlichen Multiplikationen.
🐟🐟 Beschreibt die Fehler im Heft. Berichtigt sie dann.

a) 214 · 8   b) 498 · 11   c) 2139 · 8   d) 347 · 12   e) 6143 · 20
   1712   498   17102   347   12286
                 498   694
                 996   3064

NACHGEDACHT
*Wie viele Mahl-
zeiten werden
bei eurer Schul-
mensa in der
Woche ausge-
geben?*

8 In einer Schulmensa werden täglich
867 Mahlzeiten ausgegeben.
Wie viele sind das in …
a) einer Woche?
b) einem Monat mit 22 Schultagen?

8 Ein Fahrradmarkt bestellte bei einer Fabrik
300 Trekkingräder zu je 249 €,
500 Mountainbikes zu je 259 € und
600 Kinderfahrräder zu je 128 €.
Wie viel war insgesamt zu zahlen?

9 Übertrage die Rechnungen in dein Heft
und ergänze die fehlenden Ziffern.

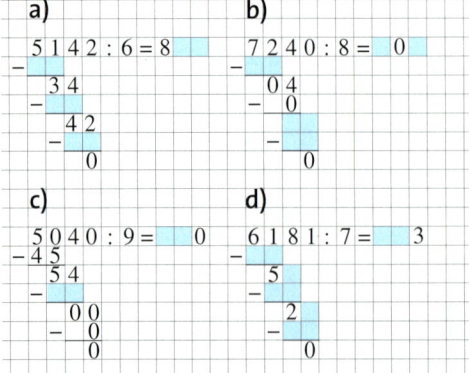

9 Übertrage die Rechnungen in dein Heft
und ergänze die fehlenden Ziffern.

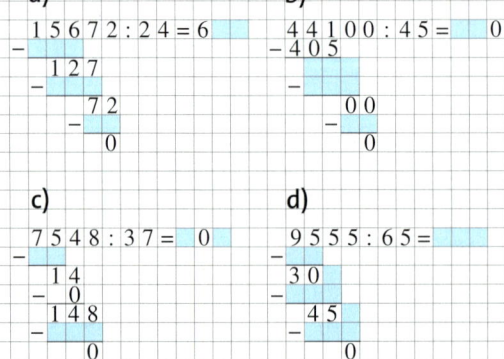

10 Was sagst du zu dem Tipp der Mathelehrerin? Erkläre an einem eigenen Beispiel, was sie meint.

Beim Überschlag einer Division ist es besser, die Zahlen nicht genau zu runden. Besser nimmt man Zahlen, die man gut dividieren kann.

11 Dividiere im Heft.
Rechne auch eine Probe (Umkehrrechnung oder Überschlag).

a) 884 : 4   b) 466 : 2
c) 265 : 5   d) 732 : 3
e) 864 : 4   f) 133 : 7

11 Dividiere im Heft.
Rechne auch eine Probe (Umkehrrechnung oder Überschlag).

a) 693 : 9   b) 267 : 3
c) 704 : 8   d) 861 : 7
e) 1116 : 9   f) 6135 : 3

12 Beschreibe und berichtige die Fehler im Heft.

Silvia:

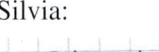
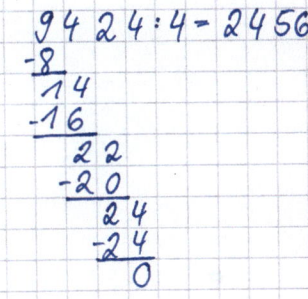

Maike:

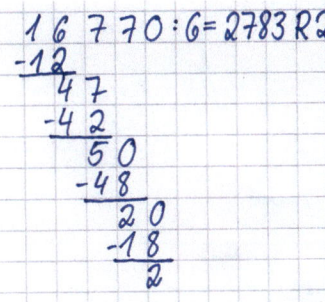

Marcus:

13 Vergleiche die Ergebnisse.

a) 11 220 : 2   und   11 220 : 20
b) 33 250 : 5   und   33 250 : 50
c) 31 360 : 4   und   31 360 : 40
d) Erfinde auch solche Aufgabenpaare.

13 Vergleiche die Ergebnisse.

a) 68 950 : 70   und   68 950 : 7
b) 50 760 : 90   und   50 760 : 9
c) 20 300 : 7   und   203 000 : 70
d) Erfinde auch solche Aufgabenpaare.

14 Dividiere. Denke an die Probe.

a) 285 : 19   b) 406 : 14   c) 408 : 12
d) 504 : 21   e) 504 : 24   f) 560 : 16

14 Dividiere. Denke an die Probe.

a) 648 : 18   b) 714 : 21   c) 918 : 34
d) 832 : 26   e) 874 : 23   f) 884 : 52

15 Übertrage und ergänze die Tabelle im Heft.

:	2	4	8
752	…	…	…
1448	…	…	…
4496	…	…	…
44 960	…	…	…

15 Übertrage und ergänze die Tabelle im Heft.

:	2	4	8
948	…	…	…
6112	…	…	…
19 264	…	…	…
46 072	…	…	…

HINWEIS
Bei der Aufgabe 15 gibt es ein Ergebnis mit Rest.

16 Herr Müller hat einen Sparvertrag abgeschlossen. Er zahlt monatlich 195 € ein.

a) Hat er nach einem Jahr mehr als 2 200 € gespart?
b) Wie viel Euro muss er monatlich sparen, wenn er in einem Jahr 3 000 € braucht? Überprüfe mithilfe der Umkehrrechnung.

16 Für eine Klassenfahrt soll ein Bus gemietet werden. Das kostet 420 €.

a) Wie viel Euro zahlt jeder, wenn 30 Schüler die Busfahrt mitmachen?
b) Wie viele Schüler müssen mitfahren, damit jeder nur 12 € (10 €) bezahlen muss? Passen so viele Schüler in einen Reisebus?

Strategie Rechnungen prüfen

Üben und anwenden

1 🕱 Arbeitet in kleinen Gruppen zusammen und präsentiert eure Ergebnisse in der Klasse. Erklärt und bewertet die Begründungen in den Sprechblasen.

2 Entscheide durch einen Überschlag, ob das Ergebnis stimmen kann oder nicht.
a) $28 + 19 + 11 = 58$
b) $203 - 51 = 52$
c) $121 : 11 = 3$
d) $9 \cdot 12 = 108$

2 Entscheide durch einen Überschlag, ob das Ergebnis stimmen kann oder nicht.
a) $151 + 23 + 79 = 253$
b) $304 - 33 - 18 = 153$
c) $228 : 19 = 12$
d) $13 \cdot 18 = 530$

3 Überprüfe die Rechnung jeweils durch eine Umkehrrechnung.
a) $105 + 36 = 141$ b) $57 - 29 = 28$
c) $11 \cdot 5 = 55$ d) $32 : 8 = 4$
e) $311 + 63 = 374$ f) $6 \cdot 7 = 42$
g) $146 - 72 = 74$ h) $80 : 4 = 20$

3 Überprüfe die Rechnung jeweils durch eine Umkehrrechnung.
a) $205 + 517 = 722$ b) $105 - 36 = 69$
c) $11 \cdot 7 = 77$ d) $48 : 6 = 8$
e) $418 + 63 = 481$ f) $12 \cdot 7 = 84$
g) $146 - 77 = 69$ h) $128 : 8 = 16$

4 Martin hat berechnet, wie viel seine drei Freunde und er zusammen wiegen.
Er rechnet: $40 + 42 + 37 + 46 = 30$
Hat er richtig gerechnet?
Begründe.

4 Silke möchte Süßigkeiten einkaufen.
Sie rechnet vorher die Preise zusammen.
$65\,Ct + 1{,}50\,€ + 3{,}50\,€ + 50\,Ct + 5{,}00\,€ = 125\,€$
Hat sie richtig gerechnet? Begründe.

5 Herr Meier kauft ein gebrauchtes Auto für 6 000 €. Er zahlt 3 000 € an.
Den Rest bezahlt er monatlich innerhalb eines Jahres ab. Wie viel muss er monatlich bezahlen?
♟ Beschreibe dein Vorgehen im Heft. ♟♟ Lasse deine Rechnung von einem Mitschüler überprüfen.

Strategie Sachaufgaben lösen

Im Alltag tauchen oft Probleme auf, die sich mathematisch lösen lassen.
Dabei ist es wichtig, die Alltagssprache in mathematische Sprache zu übersetzen und umgekehrt.

Beispiel Die Firma Bergmaier stellt Skischuhe her.
Vom Modell Slalom XL sind noch 128 im Lager.
Davon werden 42 für eine Bestellung von 4 verschiedenen Sportgeschäften abgeholt.
Pro Tag kann die Firma 38 Paar Skischuhe herstellen.
Wie viele Skischuhe des Modells Slalom XL sind nach einer Woche im Lager?

Diese Lösungsschritte können dir dabei helfen.

Lösungsschritt	Das kann dir helfen:	Beispiel
① Text genau lesen	*Was ist wichtig?* – Schreibe Wichtiges in dein Heft ab. – Wenn die Aufgabe auf einem Arbeitsblatt steht, kannst du auch Wichtiges unterstreichen.	Die Firma Bergmaier stellt Skischuhe her. Vom Modell Slalom XL sind noch 128 im Lager. Davon werden 42 für eine Bestellung von 4 verschiedenen Sportgeschäften abgeholt. Pro Tag kann die Firma 35 Paar Ski-
② sich einen Überblick verschaffen	*Was ist gesucht?* *Was ist gegeben?* – Manchmal sind nicht alle Angaben im Text notwendig.	gesucht: Skischuhe im Lager nach einer Woche gegeben: Skischuhe im Lager heute: 128 bestellte Skischuhe: 42 (Anzahl der Sportgeschäfte: 4) *Diese Angabe brauche ich nicht.* Skischuhe (pro Tag hergestellt): 38
③ Rechnung aufstellen und lösen	*Achte auf Hinweise im Text.* – Einige Wörter können dir helfen, die richtige Rechnung aufzustellen. *Fehlen notwendige Angaben?* – Kann ich die Angabe irgendwo nachlesen (z.B. im Internet oder einem Lexikon)? – Kann ich die Angabe schätzen? *Skizzen können dir helfen* – z.B. Rechenbaum, Tabelle, Pfeildiagramm	abholen bedeutet Subtraktion, pro Tag bedeutet Multiplikation, … Wahrscheinlich arbeitet die Firma 5 Tage in der Woche. 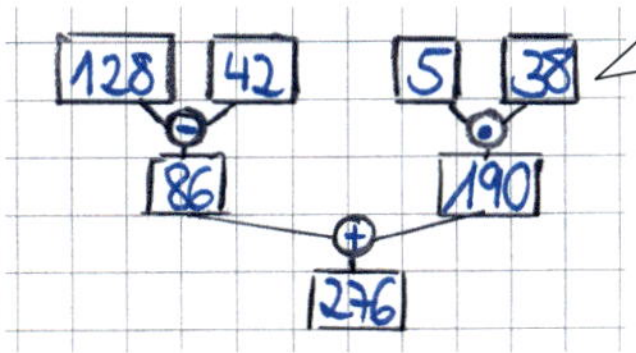 *Das muss ich zuerst rechnen. Deswegen schreibe ich es in den Rechenbaum nach oben. Danach rechne ich…* 128 42 5 38 86 190 276 $128 - 42 + 5 \cdot 38 = 276$
③ Ergebnis prüfen	z.B. Überschlag verwenden, Umkehraufgabe rechnen, Bezug zur Wirklichkeit prüfen (siehe S. 70)	überschlag: Skischuhe im Lager ≈ 130 bestellte Skischuhe ≈ 40 Skischuhe (pro Tag hergestellt) ≈ 40 Also: $130 - 40 + 5 \cdot 40 = 290$ 290 und 276 stimmen ungefähr überein.
④ Antwortsatz schreiben	Prüfe, ob deine Antwort auch genau zur Frage passt.	Es sind nach einer Woche 276 Skischuhe im Lager.

ZUM WEITERARBEITEN
🔖 *Legt eine Liste von Wörtern an, die bei Aufgaben wichtig sind. Welche Wörter haben welche Bedeutung?*

Klar so weit?

→ Seite 54

Die Grundrechenarten

1 Berechne im Kopf.
a) $547 + 547$ b) $958 - 268$
c) $6 \cdot 14$ d) $250 : 5$

1 Berechne im Kopf.
a) $10\,023 + 799$ b) $9\,888 - 589$
c) $25 \cdot 6$ d) $120 : 8$

2 Bei welchen Aufgaben siehst du sofort, dass das Ergebnis nicht stimmt?
Beschreibe dein Vorgehen im Heft.
Berichtige diese Aufgaben.

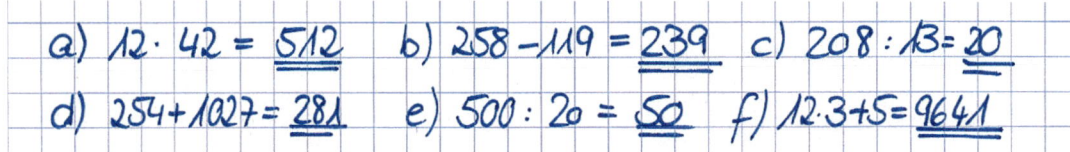

a) $12 \cdot 42 = \underline{512}$ b) $258 - 119 = \underline{239}$ c) $208 : 13 = \underline{20}$
d) $254 + 1027 = \underline{281}$ e) $500 : 20 = \underline{50}$ f) $12 \cdot 3 + 5 = \underline{9641}$

3 Bestimme durch eine Umkehraufgabe.
Beispiel $80 + 16 = 96$, da $96 - 16 = 80$
a) ■ $+ 80 = 122$ b) ■ $- 111 = 41$
c) $20 \cdot$ ■ $= 480$ d) ■ $\cdot 60 = 480$

3 Bestimme die fehlenden Zahlen durch eine Umkehraufgabe.
a) ■ $+ 113 = 191$ b) ■ $- 227 = 260$
c) $25 \cdot$ ■ $= 175$ d) ■ $\cdot 6 = 180$

→ Seite 58

Rechenregeln und Rechenvorteile

4 Berechne.
Beachte die Vorrangregeln.
a) $(80 + 56) - (20 + 15)$
b) $21 \cdot (3 + 5)$
c) $21 \cdot 3 + 5$
d) $50 : 2 \cdot 3$

4 Berechne.
Erkläre die Vorrangregeln.
a) $126 : 7 + (135 - 26)$
b) $14 \cdot 5 - (18 + 49)$
c) $20 : 5 + (80 - 4)$
d) $3 \cdot 11 + (333 - 99)$

5 Rechne vorteilhaft.
Zeige, wie du gerechnet hast (z. B. durch einen Rechenbaum oder durch Klammern).

a) $28 + 36 + 22$

b) $731 + 69 + 67 + 13$

c) $17 - 5 - 2$

d) $130 + 70 + 27 + 20 - 7 - 5$

6 Berechne. Wo kannst du Klammern weglassen? Begründe.
a) $(2 \cdot 3) + 11$ b) $(2 + 7) \cdot 9$
c) $12 + (9 \cdot 2)$ d) $(7 \cdot 6) + 13$
e) $13 + (5 \cdot 6)$ f) $(88 : 8) + 12$

6 Berechne. Manche Klammern sind unnötig. Begründe.
a) $(5 \cdot 3) + 17$ b) $(4 + 6) \cdot 8$
c) $13 + (4 \cdot 7)$ d) $(24 : 6) + 5$
e) $(7 + 17) : 3$ f) $132 - (18 : 2)$

7 Schreibe die Rechnung in dein Heft. Berechne.

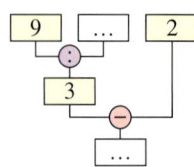

7 Schreibe die Rechnung in dein Heft. Berechne.

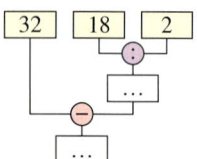

Schriftlich addieren und subtrahieren

→ Seite 62

8 Schreibe die Zahlen stellengerecht untereinander und addiere sie.
a) 2 427 und 647   b) 1 348 und 6 525

8 Addiere schriftlich. Mache die Probe.
a) 24 679 + 53 232
b) 134 621 + 6 462 + 3 607

9 Subtrahiere schriftlich im Heft.

70 194	21 303	8 402	7 130

48 891   ...   ...

...   ...

...

9 Subtrahiere schriftlich im Heft.

124 567	68 970	48 245	39 876

55 597   ...   ...

...   ...

...

10 Berechne.
a) 2 421 + 374 + 1 430
b) 4 520 + 1 384 + 765
c) 7 098 − 685 − 704

6669   5709   4225

10 Berechne.
a) 5 429 − 824 − 900 − 526
b) 6 385 + 1 728 + 869 + 555 + 217
c) 7 389 − 578 − 6 − 5 214 − 239

1352   9754   3179

11 Marks Fahrradtacho zu Beginn und am Ende der Sommerferien:

876KM   TACHO2000pro

1279KM   TACHO2000pro

Schreibe eine sinnvolle Frage dazu auf und beantworte sie.

11 Herr Esser liest seinen Kilometerstand am Auto ab. Stelle Fragen und beantworte sie.

	8 Uhr	20 Uhr
28.07.	34657 km	34713 km
29.07.	34713 km	34954 km

Beschreibe deinen Lösungsweg in deinem Heft.

Schriftlich multiplizieren und dividieren

→ Seite 66

12 Multipliziere.
Mache auch eine Probe.
a) 412 · 40   b) 809 · 19
c) 317 · 20   d) 104 · 90
e) 229 · 78   f) 920 · 21

12 Multipliziere.
Mache auch eine Probe.
a) 324 · 43   b) 217 · 56
c) 436 · 39   d) 581 · 44
e) 2 645 · 65   f) 87 · 3 157

NACHGEDACHT
*zu Aufgabe 12:
Welche Aufgabe hast du im Kopf gerechnet? Welche halbschriftlich, welche schriftlich?
Kannst du dir erklären, warum?*

13 Wo ist der Fehler?
Beschreibe in deinem Heft, wie du den Fehler gefunden hast.
Berichtige dann die Rechnung.

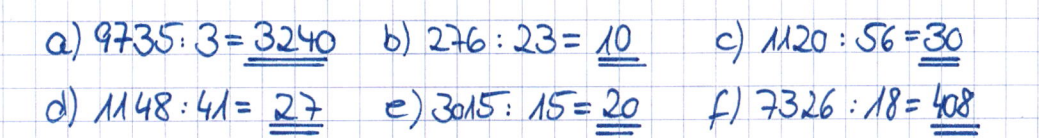

a) 9735 : 3 = 3240   b) 276 : 23 = 10   c) 1120 : 56 = 30

d) 1148 : 41 = 27   e) 3015 : 15 = 20   f) 7326 : 18 = 408

14 Eine Straßenbaufirma teert eine Straßendecke neu.
Am Tag schafft die Teermaschine 165 m.
Nach 12 Tagen ist die Straße fertig.

14 Die 24 Schülerinnen und Schüler der Klasse 5 a bleiben 6 Tage.

ANGEBOT
Schullandheim „Mooshütte" für nur 10,50 € pro Tag pro Person

Vermischte Übungen

ZUM WEITERARBEITEN
Beschreibe, wie du die Anzahl der Flaschen ermittelst.

1 Rechendomino

a) Sortiere die Dominosteine der Reihe nach. Rechne im Kopf.

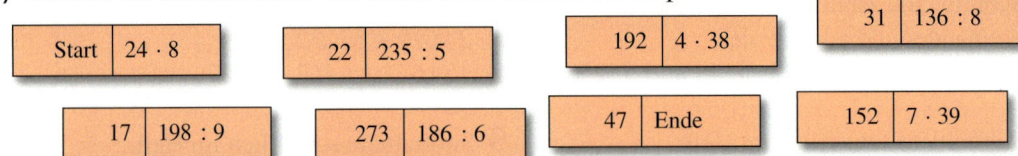

| Start | 24 · 8 | | 22 | 235 : 5 | | 192 | 4 · 38 | | 31 | 136 : 8 |

| 17 | 198 : 9 | | 273 | 186 : 6 | | 47 | Ende | | 152 | 7 · 39 |

b) ♟ Erfinde selbst ein Rechendomino, das auch Additionen und Subtraktionen enthält.
♟♟ Lass es von deinem Sitznachbarn lösen.

2 Übertrage ins Heft.
Setze < oder > oder = ein.
a) 27 + 18 ▦ 31 + 14
b) 71 − 10 ▦ 80 − 21
c) 39 + 11 ▦ 5 · 10
d) 72 : 3 ▦ 45 − 20

2 Übertrage ins Heft
Setze < oder > oder = ein.
a) 77 + 52 ▦ 67 + 62
b) 123 − 89 ▦ 12 · 9
c) 96 : 6 ▦ 58 − 41
d) 274 − 96 ▦ 174 + 96

3 Ergänze zum nächsten vollen Tausender.
Beispiel 5077 + 923 = 6000
a) 777   b) 1899   c) 8512
d) 1790   e) 3115   f) 288

3 Ergänze zum nächsten vollen Zehner (Hunderter, Tausender).
a) 55   b) 5599   c) 89999
d) 1003   e) 71063   f) 7070

ZUM WEITERARBEITEN
Gibt es auch verschiedene Rechenwege bei der Multiplikation und Division? Erkläre an eigenen Beispielen.

4 Beschreibe die verschiedenen Rechenwege im Beispiel.
a) ♟ Findest du noch mehr Möglichkeiten? Beschreibe sie im Heft.
♟♟ Vergleiche mit deinem Nachbarn.

Beispiel

110 − 75

113 − 70 − 8

113 − 78

113 − 8 − 70

110 − 70 − 8 + 3

b) Berechne mit den verschiedenen Rechenwegen.
① 319 − 187   ② 78 + 49   ③ 416 − 246
④ 213 + 63   ⑤ 283 + 114   ⑥ 114 − 83

c) Welcher Rechenweg ist für dich der einfachste? Begründe.

5 Rechenmauern zu verschiedenen Rechenarten
Übertrage und ergänze die Rechenmauern in dein Heft.
Bei welchen Rechenmauern kann man die Steine in der untersten Reihe vertauschen, ohne dass sich die Ergebnisse ändern? Begründe.

a)
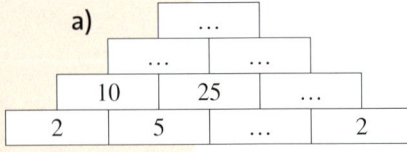

b)

2143	1202	625	111
941	…	…
…	…
…

c)
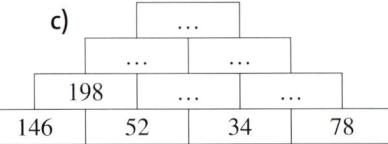

6 Stelle mit den Zahlen drei Divisionsaufgaben ohne Rest und drei mit Rest zusammen.

6300	
976	6
	7
1104	: 8
1711	5

6 Stelle mit den Zahlen Divisionsaufgaben zusammen. Bei welchen Aufgaben bleibt ein Rest?

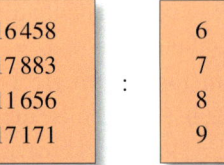

7 Berechne.
Beachte dabei die Punkt-vor-Strich-Regel und die Klammern.
a) $46 + 5 \cdot 4 - 7 \cdot 8$ b) $15 + 3 \cdot 4 - 9 + 12$
c) $(9 + 6) \cdot 30$ d) $(77 - 32) \cdot (7 + 13)$
e) $(75 - 9 \cdot 8) \cdot 125$ f) $27 : (25 - 8 \cdot 2)$

7 Berechne. Beachte die Vorrangregel.
Welche Klammern können weggelassen werden?
a) $26 - 4 \cdot 5 + 7 \cdot 8$ b) $15 \cdot 3 \cdot 4 - 9 + 12$
c) $27 : (9 \cdot 3)$ d) $(27 : 9) \cdot 3$
e) $12 + (9 \cdot 6)$ f) $(12 + 9) \cdot 6$

8 Ordne im Heft den Rechenaufgaben jeweils ihre Ergebnisse zu.
Kannst du die Ergebnisse auch ohne genaue Rechnung zuordnen?
👥 Erklärt euch gegenseitig euer Vorgehen.

$120 + 127$	50
$291 - 37$	247
$250 : 5$	$2\,400$
$24 \cdot 100$	254

8 Erkläre die Preisaufstellung und überprüfe den Gesamtpreis.
👥 Erklärt euch gegenseitig euer Vorgehen.

	Einzelpreis	
5 Pfirsiche	90 Ct	4,50 €
4 Schalen Tomaten	3 €	12 €
2 Gurken	1 €	2 €
Feldsalat	2 €	2 €
Pfandrückgabe	–	−5 €
Gesamtpreis	–	**15,50 €**

NACHGEDACHT
Die 5 b besucht ein Museum. Der Eintritt kostet 5 €. Die Lehrerin sammelt das Geld ein und zählt es: 118 €. Was sagst du dazu?

9 Fabian kauft ein.
Da er nur 140 € dabei hat, macht er einen Überschlag:
$82 + 14 + 51 \approx 80 + 10 + 50 = 140$
a) 👤 Kannst du dir vorstellen, was passiert?
b) 👥 Hat Fabian falsch gerechnet? Erkläre.
c) 👥 Habt ihr einen Ratschlag für Fabian?

82 €   51 €   14 €

Vorsicht beim Überschlag!

10 Zahlenrätsel
Welche Zahl ist gesucht?
👥 Beschreibt euch gegenseitig euer Vorgehen.
a) $71 - \blacksquare + 22 = 53$
b) $\blacksquare \cdot 4 = 88$
c) $\blacksquare : 3 + 11 = 21$

10 Zahlenrätsel
👥 Beschreibt euch gegenseitig euer Vorgehen.
a) Wenn man zu einer gedachten Zahl 15 addiert und anschließend 11 subtrahiert, erhält man 44.
b) Das Dreifache der gedachten Zahl ist 165.

HINWEIS
Mehr Zahlenrätsel findest du im Kapitel „Gleichungen und Formeln".

11 Anzahl der Fluggäste und die Frachtmengen auf deutschen Flughäfen in einem Jahr:
a) 👤 Berechne die Gesamtzahl der Fluggäste.
b) 👤 Wie viel Fracht wurde insgesamt verladen?
c) 👥 In welchem Flughafen werden ungefähr dreimal so viele Menschen befördert wie in Stuttgart?
d) 👥 Wie genau sollte man die Zahlen angeben, um die Flughäfen vergleichen zu können?

Flughafen	Fluggäste	Luftfracht (in Tonnen)
Frankfurt a. M.	52 821 788	2 057 175
München	30 608 976	231 736
Düsseldorf	16 510 893	60 308
Hamburg	11 954 560	77 173
Stuttgart	10 111 346	20 290

12 Benutze die Ziffern 3; 4; 5; 6; 7 jeweils genau einmal für folgende Multiplikationsaufgabe:

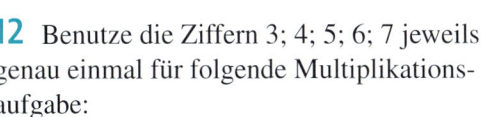

$\blacksquare\blacksquare\blacksquare \cdot \blacksquare\blacksquare =$

Wie lautet das größte (kleinste) Ergebnis, das du so erreichen kannst?

12 Wie ändert sich das Produkt zweier Zahlen, wenn …
a) die erste Zahl verdoppelt wird?
b) die zweite Zahl halbiert wird?
c) die erste Zahl halbiert und die zweite Zahl verdoppelt wird?

13   Familie Becker geht in den Zoo.

Eintrittspreise Zoo	Tageskarte	Jahreskarte
Erwachsene	6 €	150 €
Kinder bis 14 Jahre	3 €	75 €
Rentner, Studenten, Schüler	4 €	100 €
Gruppentarif (5 Personen)	28 €	–

Frau und Herr Becker

Stefanie, 18

Holger, 21, Student

Isabell, 10

a)   Berechne den Eintritt für die gesamte Familie.
   Lohnt sich eine Gruppenkarte? Begründe.
   Wann lohnt sie sich?

b)   Isabell geht sehr gerne in den Zoo und überlegt, ob sie sich gleich eine Jahreskarte kaufen
   soll. Kannst du sie beraten?

c)   Falls sich Isabell für eine Jahreskarte entscheidet, wie hoch ist dann der Eintrittspreis für
   den Rest der Familie?

14   Futterbedarf für die Zootiere

Tierbestand:
4 Giraffen

Futterbedarf	pro Tier und pro Tag
Giraffe	
Löwe	
Mähnenwolf	
Tiger	
Seehund	

 = 1 kg   = 1 kg   = 10 kg

a)   👤 Wie viel fressen die Giraffen des Zoos innerhalb einer Woche (eines Monats, eines Jahres)?

b)   👥 Für die Raubtiere sind noch 700 kg Fleisch da.
   Für wie viele Tage reicht das noch?

c)   👥 Die Seehunde machen einmal am Tag eine
   Vorführung. Dabei bekommen sie zusammen
   4 kg Fisch zur Belohnung.
   Wie viel Fisch braucht man für die Seehunde pro
   Tag zur Fütterung?

Tierbestand:
2 Tiger

Tierbestand:
2 Mähnenwölfe

Tierbestand:
3 Löwen

Tierbestand:
3 Seehunde

15   Richtig oder falsch? Begründe deine Antwort.

Die beiden Mähnenwölfe fressen in 5 Tagen genauso viel wie die 3 Löwen an einem Tag.

Giraffe Elsa wiegt 720 kg. Nach 12 Tagen hat sie genauso viel gefressen, wie sie wiegt.

ZUM WEITERARBEITEN
*Zum Thema Zoo und Tiere kann man eine Menge entdecken.
Ihr könnt ein Projekt „Mathe im Zoo" oder „Mathe im Natur und Technik Buch " machen.*

Schreibe eigene Aussagen zu der Tabelle aus Aufgabe 15 (3 richtige und 3 falsche).

16   Betrachte die Aufstellung des Tierbestands eines Zoos in den verschiedenen Jahren.

	Raubtiere	Paarhufer	Vögel	Kriechtiere
zur Eröffnung vor fünf Jahren	56	153	177	100
vor drei Jahren	53	185	180	97
heute	67	175	230	93

a)   👤 Wie hat sich der Tierbestand seit der Eröffnung entwickelt?

b)   👥 Präsentiere die Zahlen aus der Tabelle in einem geeigneten Diagramm.

c)   👥 Habt ihr auch einen Zoo in eurer Nähe? Beschafft euch Zahlen des dortigen Tierbestands
   und vergleicht die Zahlen mit denen aus der Tabelle.

Teste dich!

1 Berechne im Kopf. Wo kannst du Rechenvorteile nutzen? Erkläre. *(8 Punkte)*
a) $5 \cdot 9 \cdot 2$ b) $0 : 6$ c) $18 - 12 : 2$ d) $12 : 6 : 2$
e) $(18 - 12) : 2$ f) $5 \cdot 28 \cdot 2$ g) $27 + 123 : 3$ h) $18 \cdot 17$

2 Finde die Fehler. Beschreibe und korrigiere sie im Heft. *(4 Punkte)*

a)
```
  1067
+  238
  1295
```

b)
```
  5003
- 1114
  4999
```

c)
```
1489 · 62
     8934
     2978
```

d)
```
356 : 11 = 324
-33
 26
-22
  4
```

3 Berechne, indem du geschickt vertauschst und zusammenfasst. *(4 Punkte)*
a) $2 \cdot 18 \cdot 5$ b) $35 + 61 + 75 + 19$ c) $50 \cdot 37 \cdot 20$ d) $68 + 13 + 2 + 27$

4 Für einen Spiele-Abend wurde eingekauft. *(1 Punkt)*
Der Kassenzettel ist rechts abgebildet.
Reichen 15 € für diesen Einkauf?
Überschlage.

Limo   4,78 €
Saft   2,39 €
Chips   2,98 €
Flips   1,58 €
Brezeln   3,68 €

5 Löse folgende Sachaufgaben. *(3 Punkte)*
a) Ein Bäcker hat noch 57 Semmeln. Er verkauft nacheinander fünf Semmeln, dann sieben, acht, zwei und dann noch sechs Semmeln.
① Wie viele Semmeln hat er jetzt noch?
② Eine Semmel kostet 30 Ct. Wie viel Geld hat er eingenommen?
b) Der Tank einer Tankstelle ist mit 30 000 Litern Benzin gefüllt.
Am Mittwoch werden 4 270 Liter verkauft, am Donnerstag 5 660 Liter und am Freitag 7 279 Liter. Wie viele Liter bleiben im Tank?

6 Familie Wildauer möchte fünf Tage lang Urlaub machen. *(1 Punkt)*
Was ist günstiger: Pension Weitsicht oder Haus Müller?

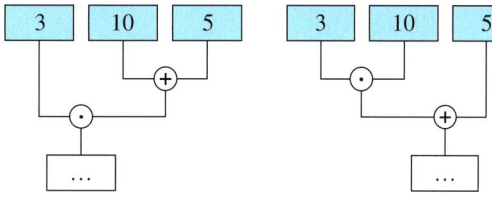

7 Ordne der folgenden Sachaufgabe den passenden Rechenbaum zu und ergänze ihn im Heft. *(2 Punkte)*
a) Beschreibe deinen Lösungsweg und begründe deine Wahl.
Benutze dabei die Fachbegriffe.
b) Ergänze auch den zweiten Rechenbaum im Heft und erfinde eine passende Sachaufgabe.

In der Garage von Familie Meier stehen drei Kisten Saft.
In jeder Kiste befinden sich zehn Flaschen.
Außerdem stehen fünf Flaschen Saft im Vorratsraum.

Zusammenfassung

→ Seite 54

Die Grundrechenarten

Addition: $302 + 217 = 519$
         plus   Summe

Subtraktion: $825 - 519 = 306$
         minus   Differenz

Multiplikation: $3 \cdot 18 = 54$
       mal   Produkt

Division: $27 : 3 = 9$
     geteilt durch   Quotient

Mithilfe eines Überschlags oder einer Umkehrrechnung kann man Ergebnisse prüfen.

Überschlag: $302 + 217 \approx$
             $300 + 220 = 520$

Umkehrrechnung:
$825 - 519 = 306$, da $306 + 519 = 825$
$27 : 3 = 9$, da $9 \cdot 3 = 27$

→ Seite 58

Rechenregeln und Rechenvorteile

Vorrangregeln
① Klammern zuerst berechnen
② Punkt- vor Strichrechnung
③ von links nach rechts rechnen

$13 - 5 \cdot 2 + (3 - 1) =$
$13 - 5 \cdot 2 + \quad 2 \quad =$
$13 - \quad 10 \quad + \quad 2 \quad =$
$\qquad\qquad 3 \quad + \quad 2 \quad = \underline{5}$

Vertauschungsgesetz (Kommutativgesetz)
Addition und Multiplikation:
Zahlen dürfen vertauscht werden.

$5 + 7 = 7 + 5 = \underline{12}$

$3 \cdot 8 = 8 \cdot 3 = \underline{24}$

Verbindungsgesetz (Assoziativgesetz)
Addition und Multiplikation: Zahlen in
Klammern dürfen zusammengefasst werden.

$(7 + 9) + 11 =$ $(3 \cdot 5) \cdot 2 =$
$7 + (9 + 11) =$ $3 \cdot (5 \cdot 2) =$
$7 + \quad 20 \quad = \underline{27}$ $3 \cdot \quad 10 \quad = \underline{30}$

→ Seite 62

Schriftlich addieren und subtrahieren

Addition:
– Zahlen stellengerecht
   untereinanderschreiben
– bei den Einern beginnend
   die Ziffern addieren
– Übertrag an der nächsthöheren Stelle
   addieren

$$\begin{array}{r} 298 \\ + 75 \\ \hline {}^{1\,1} \\ \hline 373 \end{array}$$

Subtraktion:
– Zahlen stellengerecht
   untereinanderschreiben
– bei den Einern beginnend die
   Ziffern subtrahieren
– Markierung setzen, wenn die nächsthöhere
   Stelle entbündelt werden muss

$$\begin{array}{r} 45\overset{\shortmid}{5} \\ - 426 \\ \hline 29 \end{array}$$

→ Seite 66

Schriftlich multiplizieren und dividieren

Multiplikation:
– nacheinander mit
   Einern, Zehnern,
   Hundertern, …
   multiplizieren
– Zwischenergebnisse
   addieren

2	1	4	·	1	9
		1	9	2	6
		2	1	4	
	1				
4	0	6	6		

Division:
– nacheinander
   von links
   nach rechts
   dividieren
– Ergebnis der
   Umkehrrech-
   nung stellengerecht subtrahieren

$574 : 7 = \underline{82}$
$\underline{-\;5\;6}$
$\quad\;\, 1\;4$
$\underline{-\;1\;4}$
$\qquad\;\; 0$

Größen

Tim geht gerne klettern. Diesmal möchte er es am
15 m hohen Felsen bis ganz nach oben schaffen.
Er hat sich ein Ticket für 6 € gekauft.
Der Gurt und das 5 mm dicke Sicherungsseil
haben zusätzlich 2,50 € gekostet.
Sein Ticket gilt für 2 Stunden.
Um 14 Uhr hat er angefangen,
nun ist es bereits 15:30 Uhr.
Ob er es noch bis ganz nach oben schafft?
Wenn er fertig ist, muss er auch noch
die Ausrüstung zurück zum Verleih tragen.
Und die Ausrüstung wiegt immerhin 3,26 kg.

Noch fit?

Einstieg

Aufstieg

1 Messgeräte

   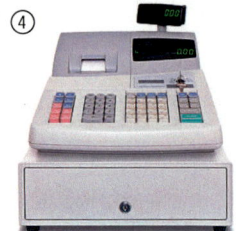

a) Beschreibe die Bilder im Heft. Was wird hier gemessen?
b) Kennst du noch andere Messgeräte?
   Beschreibe, was man mit ihnen messen kann.

2 Einheiten von Größen

Gib die richtige Einheit an.

a) Carina wiegt 35 ▪.
b) Max ist 157 ▪ groß.
c) Eine Reitstunde kostet 29,90 ▪.
d) Die kleine Pause ist 5 ▪ lang.
e) Die Körnersemmel kostet 40 ▪.
f) Das Schwimmbecken ist 50 ▪ lang.

2 Einheiten von Größen

Gib die richtige Einheit an.

a) Für den Kuchenteig braucht man 500 ▪ Mehl und $\frac{1}{2}$ ▪ Milch.
b) Ein Fußballspiel ohne Verlängerung dauert weniger als 2 ▪.
c) Tom kauft für 29,99 ▪ ein neues Fußballtrikot und bekommt 1 ▪ zurück.

3 Zehnersystem

Beispiel 10 Hunderter = 1 Tausender

a) 1 Zehner = ▪ Einer
b) ▪ Einer = 1 Hunderter
c) 1 000 Einer = ▪ Tausender
d) ▪ Einer = 3 Zehner

3 Zehnersystem

Beispiel 1 Hunderter = 100 Einer

a) 3 Tausender = ▪ Hunderter
b) ▪ Einer = 8 Hunderter
c) 20 Zehner = ▪ Hunderter
d) ▪ Einer = 77 Zehner

4 Gewichte schätzen

Ordne nach dem Gewicht. Beginne mit dem leichtesten Gewicht.

5 Größen vergleichen

a) Was ist mehr wert: 50 Cent oder 5 Euro?
b) Was ist schwerer:
   250 Gramm oder 2 Kilogramm?
c) Was ist weiter:
   3 Meter oder 90 Zentimeter?
d) Was dauert länger: 25 Stunden oder 1 Tag?

5 Größen vergleichen

a) Was ist mehr wert: 500 Cent oder 5 Euro?
b) Was ist schwerer:
   200 Gramm oder 2 Kilogramm?
c) Was ist weiter: 3 000 cm oder 3 Meter?
d) Was dauert länger:
   2 Tage oder 24 Stunden?

Geld

Entdecken

1 Wo liegt mehr Geld? In welchem Wagen ist der Einkauf teurer?

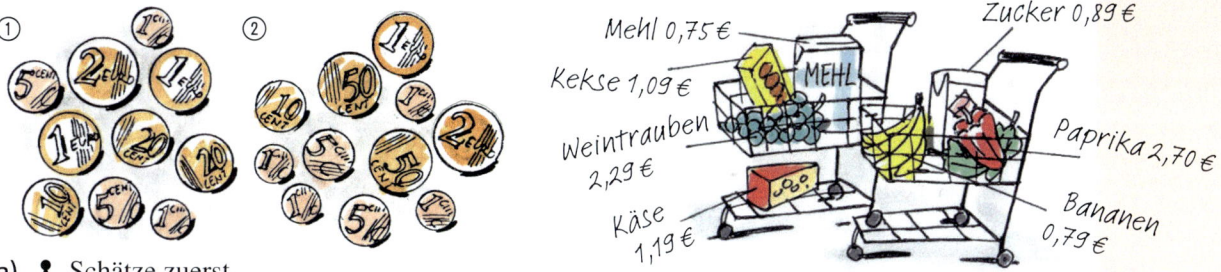

a) 🯅 Schätze zuerst.
b) 🯅🯅 Vergleiche deine Schätzung mit deinem Sitznachbarn.
c) 🯅🯅 Beschreibt im Heft, wie ihr vorgeht, um die Fragen genau zu beantworten.

2 Lottospieler träumen davon, 1 000 000 € zu gewinnen.
Stelle dir vor, ein solcher Gewinn würde in einzelnen 1-€-Münzen ausgezahlt.
a) Wie viele Münzen wären das?
b) Wie viele 2-Euro-Münzen (5-Euro-Scheine; 10-Euro-Scheine; …) bekäme der Gewinner?

3 Peter hebt am Geldautomat 200 € ab.
Überlege dir drei verschiedene Möglichkeiten,
welche Scheine er bekommt.

4 Wie werden die Münzen auf den Zählbrett sortiert?
Kannst du erklären, warum?

Verstehen

Lisa kauft ein.
Was muss sie bezahlen?

$1,50 € + 0,80 € + 2,40 € = 4,70 €$

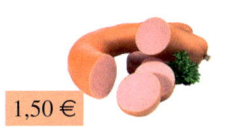  

1,50 €   0,80 €   2,40 €

> **Merke** **Geld** ist eine Größe, die angibt, wie viel eine Sache wert ist.
> Eine Größe besteht immer aus einer **Maßzahl** und der **Maßeinheit**.
>
> In Deutschland wie in vielen anderen Ländern in Europa wird Geld
> in Euro (€) und Cent (Ct) angegeben.
> Ein Euro sind 100 Cent: **1 € = 100 Ct**

Beispiel 1

7,32 €

Maßzahl   Maßeinheit

Beispiel 2

7,32 € = 7 € 32 Ct = 732 Ct

Beispiel 3

103 Ct = 1 € 3 Ct = 1,03 €

Beispiel 4

93 Ct = 0 € 93 Ct = 0,93 €

Üben und anwenden

1 Wandle in Euro bzw. in Cent um.
a) 600 Ct (in €)   b) 4 000 Ct (in €)
c) 305 Ct (in €)   d) 750 Ct (in €)
e) 60 Ct (in €)   f) 12 € (in Ct)

1 Wandle in Euro bzw. in Cent um.
a) 7 €   b) 507 Ct
c) 950 Ct   d) 34 Ct
e) 0,01 €   f) 37,05 €

2 Gib die Beträge mit möglichst wenigen Geldscheinen und Münzen an.
a) 4,50 €   b) 1,70 €
c) 0,83 €   d) 10,45 €
e) 13 €   f) 57 €

2 Zahle passend.
Gibt es mehrere Möglichkeiten?
a) 25,65 €   b) 67,14 €
c) 132,27 €   d) 222,22 €
e) 38,30 €   f) 379,39 €

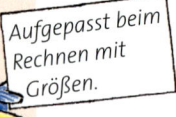

Aufgepasst beim Rechnen mit Größen.

3 Florian kauft Äpfel für 1,79 € und eine Zitrone für 49 Ct.
Er rechnet: *1,79 € + 49 Ct = 179 Ct + 49 Ct = 228 Ct = 2,28 €*
a) 👤 Wie hat Florian gerechnet?
b) 👥 Erklärt euch gegenseitig, was man beim Rechnen mit Größen beachten muss.
c) 👤 Berechne, was Florian bezahlen muss.
① 2,50 € + 49 Ct   ② 70 Ct + 1,99 €   ③ 39 Ct + 99 Ct   ④ 3,89 € + 2 Ct

4 Wie viel ist jeweils zu zahlen?
Mache einen Überschlag, bevor du rechnest.
a) Anna kauft eine Bluse für 16 € und eine Hose für 43 €.
b) Amelie kauft Schuhe für 49,95 € und Schuhcreme für 2,50 €.
c) Frau Bender parkt drei Stunden im Parkhaus. Jede Stunde kostet 1,80 €.
d) Celine kauft Schokolade für 69 Ct und eine Packung Kekse für 1,29 €.
e) Maja kauft 2 Packungen Äpfel für je 2,90 € und Bananen für 3,50 €.

4 Im Supermarkt gibt es folgende Angebote:

Wasser	60 Ct	Möhren	1,49 €
Cola	75 Ct	Broccoli	2,49 €
Orangen	55 Ct	6 Eier	1,79 €
Nudeln	1,09 €	Paprika	1,95 €
Käse	1,89 €	Zucchini	2,29 €
Schmand	55 Ct	Joghurt	39 Ct

a) Frau Schrader kauft Käse, Paprika, Möhren, Nudeln, Schmand und Orangen.
b) Herr Müller kauft von jeder Gemüsesorte einmal das Angebot.

zu Aufgabe 5:

0,85 €   1,25 €
3,10 €
1,70 €   0,45 €
2,43 €
2,10 €

5 Clever einkaufen
a) 👤 Florian hat 10 €. Überschlage: Reicht das für die Einkäufe in der Randspalte?
b) 👥 Berechnet die genauen Kosten.
c) 👫 Denke dir selbst eine Aufgabe aus. Stelle sie deinen Mitschülern.

5 Clever einkaufen
a) 👤 Kaufe aus dem Angebot (aus Aufgabe 4) für möglichst genau 10 € ein.
b) 👥 Vergleiche mit deinem Sitznachbarn.
c) 👫 Denke dir weitere Aufgaben aus. Stelle sie deinen Mitschülern.

6 Ergänze die Tabelle im Heft.

Kaufpreis	gegeben	Rückgeld
24,50 €	30,00 €	…
4,71 €	10,00 €	…
34,72 €	40,00 €	…
39,62 €	50,00 €	…
…	50,00 €	22,50 €
…	40,00 €	7,22 €
44,72 €	…	5,28 €

6 Wie viel Wechselgeld bekommt man zurück, wenn man diese Rechnung mit einem 20-€-Schein bezahlt?

G&G DEO	#0.99
FRUIT 2DAY	1.99
CLEMENTINEN	1.49
KAESE SCHEI	1.99
MILCHREIS	0.59
AEPFEL	1.99
PARTY NUTS	0.89

Länge

Entdecken

1 Längen wurden früher mit Körperteilen gemessen.
Man kannte zum Beispiel diese Maße:

Fuß

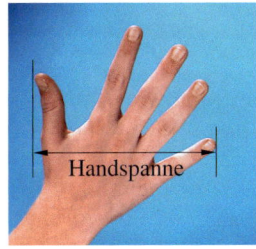
Handspanne

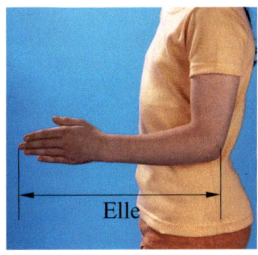
Elle

Schritt

a) 👥 Vergleicht diese Körpermaße untereinander.
   Was fällt euch auf?
b) 🧍 Miss die Länge eines Tisches in Handspannen.
   👥 Vergleicht eure Ergebnisse.
c) 🧍🧍 Früher wurde auf dem Markt zum Beispiel Tuchlängen in Ellen gemessen.
   Zu welchen Problemen konnte das führen? Wie konnte man dieses Problem lösen?
d) 👥 Heute misst man Längen anders.
   Sammelt Beispiele von Messgeräten und beschreibt sie.

2 Die Tiere und Gegenstände sind in Originalgröße abgebildet.
a) Wie lang bzw. breit sind sie?
   Schätze zuerst, dann miss nach.
b) Setze die Tabelle im Heft fort:
   Schätze und miss die Länge von
   Gegenständen deiner Wahl.

	geschätzt	gemessen
Marienkäfer	…	…
…	…	…

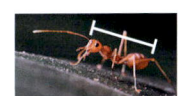

3 Gib mindestens vier verschiedene Tiere an und
schätze deren Länge.

a) Vergleiche nun deine Schätzungen mit Angaben aus
   einem Lexikon oder von einer Internetseite.
   Gib jeweils die Differenz an.
b) Mit welchen Einheiten hast du die Längen angegeben?
   Begründe.

4 Wie hoch wäre ein Turm aus allen Mitschülern deiner Klasse, wenn ihr euch alle
aufeinander stellen könntet?

a) 🧍 Schätze zuerst.
   Beschreibe deine Vorgehensweise im Heft.
b) 🧍🧍 Arbeitet zu zweit.
   Wie könntet ihr eure Schätzung rechnerisch überprüfen?
c) 👥 Was ist ungefähr genauso hoch wie euer Turm?

Verstehen

Wie viele Kilometer fährt Mesut mit dem Fahrrad in einer Woche zur Schule und zurück?

Mesut rechnet: $2 \cdot 3 \cdot 5 = 30\,km$

Mesut fährt in einer Woche insgesamt 30 km zur Schule und wieder heim.

> **Merke** Die **Länge** ist eine Größe, die angibt, wie weit zwei Orte voneinander entfernt sind. Die Länge wird z. B. mit einem Maßband oder einem Lineal gemessen.
>
> **Maßeinheiten der Länge und ihre Umrechnungen:**
>
> | Kilometer | km |
> |---|---|
> | Meter | m |
> | Dezimeter | dm |
> | Zentimeter | cm |
> | Millimeter | mm |
>
> $1\,km = \mathbf{1\,000}\,m$
> $1\,m = \mathbf{10}\,dm$
> $1\,dm = \mathbf{10}\,cm$
> $1\,cm = \mathbf{10}\,mm$
>
> Bei Längenmaßen ist die **Umrechnungszahl 10**.
> **Ausnahme**: Beim Umrechnen von m in km ist die Umrechnungszahl 1 000.

Besonders übersichtlich kann man Längen in der Stellenwerttafel darstellen.

Beispiel 1

HINWEIS
Häufig gibt man Längen mit Komma an.

km			m			dm	cm	mm
H	Z	E	H	Z	E			
						7	0	
		1,	5					
				3	0,	1		

70 cm = 7 dm
1,5 km = 1 km 500 m
30,1 m = 30 m 1 dm

Beispiel 2
Um in die **nächstkleinere** Einheit umzurechnen, muss man multiplizieren:
73 cm = ▦ mm $73 \cdot 10 = 730\,[mm]$

Beispiel 3
Um in die **nächstgrößere** Einheit umzurechnen, muss man dividieren:
8 000 cm = ▦ dm $8\,000 : 10 = 800\,[dm]$

Üben und anwenden

NACHGEDACHT
Mit welchem Messgerät kann man jeweils messen?
– Bleistiftlänge
– Körpergröße
– Raumhöhe
– Seillänge
– Kopfumfang
– Buslänge

1 Was gibst du in dieser Längeneinheit an?
👥 Vergleicht eure Beispiele.
a) cm   b) m
c) km   d) dm
e) mm

1 Was könnte so lang sein?
👥 Vergleicht eure Beispiele.
a) 12 km   b) 40 cm
c) 8 cm   d) 400 m
e) 43 mm   f) 0,8 m

2 Ordne den folgenden Tierarten im Heft eine passende Körperlänge zu.

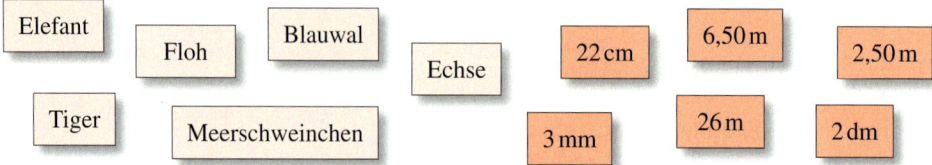

Elefant   Floh   Blauwal   Echse   Tiger   Meerschweinchen

22 cm   6,50 m   2,50 m   3 mm   26 m   2 dm

3 Ergänze die Längeneinheiten im Heft (mm, cm, cm, cm, dm, m, m, km).
a) Entfernung Würzburg–München: 280 ▨   b) Breite eines DIN-A4-Blatts: 21 ▨
c) Länge des Klassenraums: 11 ▨   d) Dicke eines Bleistiftstrichs: 1 ▨
e) Länge des Geodreiecks: 16 ▨   f) Schrittlänge: 10 ▨
g) Durchmesser eines 1-Ct-Stücks: 1,6 ▨   h) Länge eines Fußballplatzes: 90 ▨

4 Schreibe die Längen fortlaufend in kleineren Einheiten.
Beispiel $7\,m = 70\,dm = 700\,cm = 7000\,mm$
a) 25 dm   b) 2 km
c) 2,6 m   d) 2,05 cm

4 Schreibe die Längen fortlaufend in kleineren (größeren) Einheiten.
Beispiel $3\,m = 30\,dm = 300\,cm = 3000\,mm$
a) 14 dm   b) 4 km
c) 2,5 m   d) 13,02 cm

5 Rechne in die angegebene Einheit um.

	km			m			dm	cm	mm
	H	Z	E	H	Z	E			
a) in dm							5	0	0
b) in m				7	0	0			
c) in cm					2	5			
d) in m			2						

5 Rechne in die angegebene Einheit um.

	km			m			dm	cm	mm
	H	Z	E	H	Z	E			
a) in cm						5			
b) in dm					7	2	0	5	
c) in cm		2	5						
d) in mm				7	2	0			

6 Ordne die Längen aus der Randspalte zu. Manchmal musst du schrittweise umrechnen.
a) 350 cm = ▨   b) 35 km = ▨
c) 30 m = ▨   d) 30 mm = ▨
e) 300 cm = ▨   f) 350 m = ▨

6 Ergänze die Einheiten im Heft. Manchmal musst du schrittweise umrechnen.
a) 6 m = 60 ▨   b) 800 mm = 80 ▨
c) 2000 m = 2 ▨   d) 7 km = 7000 ▨
e) 150 cm = 1,5 ▨   f) 1200 m = 1,2 ▨

HINWEIS
Lösungen zu Aufgabe 6 (türkis):
3 m   3500 mm
35 000 m
0,35 km   3 cm
3000 cm

7 Ist alles richtig? Berichtige die falschen Umrechnungen.
a) $3\,m = 300\,mm$ b) $4\,dm = 40\,cm$
c) $\frac{1}{4}\,km = 250\,m$ d) $5\,cm = 50\,dm$
e) $70\,dm = 700\,cm$ f) $\frac{3}{4}\,m = 75\,mm$

7 Ist alles richtig? Berichtige die falschen Umrechnungen.
a) $0,8\,mm = 8\,cm$ b) $1\frac{1}{2}\,km = 150\,m$
c) $0,3\,dm = 30\,cm$ d) $7,5\,m = 7,5\,dm$
e) $\frac{3}{4}\,cm = 25\,mm$ f) $25\,dm = 250\,cm$

8 ♟ Kann das stimmen? Begründe. ♟♟ Welche Einheit ist hier sinnvoll?
a) Babys sind bei der Geburt ca. 0,05 km lang.
b) Eine DVD hat einen Durchmesser von 120 mm.
c) Der ICE legt pro Stunde etwa 250 000 m zurück.

9 „Auf der A9 ist Stau zwischen Allershausen und Eching auf allen vier Spuren. Derzeit beträgt die Staulänge 14,5 km."

HINWEIS
zu Aufgabe 9 Wenn du Hilfe brauchst, schlage im Stichwortverzeichnis unter „Fermi" nach.

Wie viele Pkws stehen nach dieser Meldung mindestens im Stau?

Strategie Schätzen mit Bezugsgrößen

Manchmal kann man Längen nicht messen.
Entweder weil sie zu groß sind oder weil man gerade kein Messgerät dabei hat.

Dann kann man die Länge mithilfe einer **Vergleichsgröße** schätzen.

Beispiel
Wie hoch ist dieses Gebäude?

① **Suche nach einer geeigneten Bezugsgröße**
*Der Baum ist keine geeignete Bezugsgröße, weil man nicht weiß, wie groß er
ungefähr ist.
Die Tür ist eine geeignete Bezugsgröße. Man kann ihre Höhe gut abschätzen, da
man ja bestimmt unter ihr bequem durchlaufen kann.*

② **Abschätzen der benötigten Werte und Berechnung**
*Die Tür ist ungefähr 2 m hoch.
Das Gebäude ist ungefähr sechs Mal so hoch wie die Tür.
Also 6 · 2 m = 12 m
Das Gebäude ist ungefähr 12 m hoch.*

③ **Auf Glaubhaftigkeit prüfen**
Kann das sein? Welche Werte könnten falsch gewesen sein?
Wie wirkt sich eine Veränderung der Schätzungen auf das Ergebnis aus?

Üben und anwenden

1 Wie hoch sind diese
Riesenschuhe?

2 Wie groß ist ein
Turm aus 1000
1-Cent-Stücken?

3 👥 Findet weitere Bilder, bei denen man Längen mithilfe einer Bezugsgröße schätzen kann.
Stellt eine Aufgabe zu euren Bildern und lasst die Frage von anderen lösen.

ZUM
WEITERARBEITEN
*Finde geeignete
Beispiele aus
deinem Kunst-
unterricht.
Schätze Längen
über Vergleichs-
größen.*

Masse (Gewicht)

Entdecken

1 Mit Waagen kann man messen,
wie schwer etwas ist.

a) 👤 Beschreibe die
beiden Waagen.
b) 👥 Wie funktionieren die
Waagen jeweils?
c) 👥 Kennt ihr noch
andere Waagen?
Was kann man mit ihnen messen?

2 👥 Schätzt das Gewicht von verschiedenen Gegenständen.
Messt anschließend das Gewicht und vergleicht mit eurer Schätzung.

3 Carla möchte an ihrem Geburtstag Waffeln für ihre Klasse mitbringen.
In ihrer Klasse sind 24 Kinder. Das ist das Rezept:

a) 👤 Wie viel muss Carla jeweils einkaufen?
b) 👥 Stellt euch vor, ihr sollt für eure Klasse
Waffeln backen.
Schreibt eine Einkaufsliste.

> **Waffelteig für vier Personen**
> 250 g Butter, $\frac{1}{2}$ kg Mehl,
> 4 Eier (wiegen etwa 200 g),
> 30 g Zucker, 5 g Backpulver

c) 👥 Wie viel Mehl bräuchtet ihr, wenn ihr für eure ganze Schule Waffeln backen solltet?
Könnte einer allein das tragen?

Verstehen

Wie schwer ist Lisas Katze?

Lisa rechnet:
45 kg − 40 kg = 5 kg
Lisas Katze wiegt 5 kg.

> **Merke** Das **Gewicht** ist eine Größe, die angibt, wie schwer etwas ist.
> Das Gewicht wird mit einer Waage gemessen.
>
> **Maßeinheiten des Gewichts und ihre Umrechnungen:**
>
> Tonne   t
> Kilogramm kg   1 t = **1 000** kg
> Gramm   g   1 kg = **1 000** g
> Milligramm mg   1 g = **1 000** mg
>
> Bei Gewichtsmaßen ist die **Umrechnungszahl 1 000**.

HINWEIS
In der Wissen-
schaft heißt
diese Größe
nicht Gewicht,
*sondern **Masse**.*

Beispiel Beim Tierarzt wird eine Katze mit einem ihrem Jungen gewogen.
Die Katze wiegt 5 kg und ihr Junges 160 g. Wie viel wiegen sie zusammen?

Umrechnung: 5 kg = 5 000 g
Rechnung: 5 000 g + 160 g = 5 160 g
Umrechnung: 5 160 g = 5,160 kg (5,160 kg sind 5 kg und 160 g.)
Antwort: Die Katze und ihr Junges wiegen zusammen 5,160 kg.

Üben und anwenden

1 Ordne die Gewichte richtig zu: 150 t; 1 mg; 10 g; 1 kg; 70 kg; 450 kg; $1\frac{1}{2}$ t; 7 t.

Mensch

Brot

Brief

Haar

Auto

Eisbär

Blauwal

Elefant

2 Immer zwei Gewichtsangaben gehören zusammen. Welche?

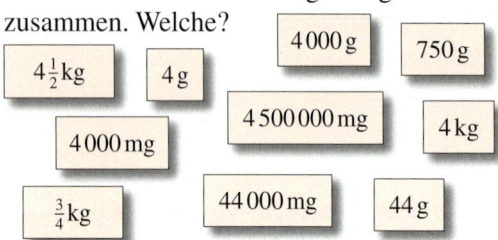

$4\frac{1}{2}$ kg   4 g   4 000 g   750 g

4 000 mg   4 500 000 mg   4 kg

$\frac{3}{4}$ kg   44 000 mg   44 g

2 Ergänze die Einheiten.
a) 5 t = 5 000 ▓ = 5 000 000 ▓
b) 4 000 000 mg = 4 000 ▓ = 4 ▓
c) $\frac{1}{4}$ t = 250 ▓ = 250 000 ▓
d) $3\frac{1}{2}$ t = 3 500 ▓ = 3 500 000 ▓
e) 75 000 mg = 75 ▓
f) 8 000 kg = 8 ▓
g) 3 750 000 mg = $3\frac{3}{4}$ ▓

3 Schreibe in die kleinere Einheit.
Beispiel 5 kg 400 g = 5 400 g
a) 3 kg 200 g   b) 4 t 500 kg
c) 5 g 480 mg   d) 45 t 950 kg
e) 9 kg 90 g   f) 3 t 99 kg

3 Schreibe in die kleinere Einheit.
Beispiel 5 kg 400 g = 5 400 g
a) 30 kg 200 g   b) 4 t 55 kg
c) 750 g 48 mg   d) 909 kg 70 g
e) 5 t 700 g   f) 90 kg 9 g

4 Im Supermarkt

Denke an die Einheiten beim Rechnen mit Gewichten.

Produkt	Gewicht
1 l Mineralwasser	1 kg
Käse	250 g
Gurken	380 g
Zucker	1 kg
Waschmittel	2,5 kg
Tomaten	500 g
Teebeutel	30 g

a) Justus kauft Käse, Gurken, Tomaten und Waschmittel. Wie viel muss er tragen?
b) Peter kauft zwei Liter Mineralwasser, Zucker, Tomaten und Teebeutel. Wie schwer ist sein Einkauf?
c) 👤 Stelle einen eigenen Einkauf zusammen.
👥 Lasse das Gewicht von einem Partner berechnen und kontrolliere sein Ergebnis mit einem Überschlag.
d) Stelle einen eigenen Einkauf zusammen, der möglichst genau 4 kg wiegt. Rechne mit dem Überschlag.

5 Rechne in die in Klammern angegebene Einheit um.
a) 7 g (mg)
b) 20 kg (g)
c) 15 000 kg (t)
d) 75 t (kg)
e) 8 000 000 g (kg)

5 Berechne.
Welche Aufgaben kannst du im Kopf lösen?
a) 8 t – 6 500 kg = ▓ kg
b) 6 g – 3 850 mg = ▓ mg
c) 80 000 g – 45 kg = ▓ kg
d) 0,6 t – 80 kg = ▓ kg
e) 1 kg – 10 g + 1 000 mg = ▓ g

6 Bei normalem Haarwuchs setzt sich das Kopfhaar beim Menschen aus 80 000 bis 100 000 Haaren zusammen. Jedes Haar wiegt ungefähr 1 mg.
Wie viel wiegt das Kopfhaar eines Menschen? Gib dein Ergebnis in einer sinnvollen Einheit an.

Volumen

Entdecken

1 Messbecher

a) 👤 Was könnte man mit dem Messbecher messen?

b) 👥 Beschreibt die Skala auf dem Messbecher.
Was bedeuten die Abkürzungen?
Wie misst man damit?

c) 👥👥 Kennt ihr aus anderen Schulfächern Messbecher? Beschreibt sie.

2 👤 Schätze, wie viel Wasser in die folgenden Gefäße
passt: Tasse, Glas, Brotdose, Blumentopf.

a) 👥 Messt dann mit einem Messbecher ab.

b) 👥👥 Bis wohin müsst ihr den Messbecher füllen?

① ein halber Liter Milch ② $\frac{1}{4}$ Liter Wasser ③ $\frac{3}{4}$ Liter Tee ④ $1\frac{1}{2}$ Liter Saft

3 👥👥 Ordnet die Mengenangaben den entsprechenden Verpackungen zu.

40 ml   10 ml   25 ml

50 ml   1,5 l $\frac{3}{4}$ l

30 ml $\frac{1}{2}$ l   6,5 ml

Verstehen

David und Jelena vergleichen den Rauminhalt von verschiedenen Verpackungen.
Passt überall genau 1 Liter hinein?

Durch Einfüllen in den Messbecher zeigen sie, dass
die Rauminhalte tatsächlich gleich sind, obwohl die
Verpackungen unterschiedlich aussehen.

> **Merke** Das **Volumen** gibt an, wie viel in einen Gegenstand hineinpasst.
> Zwei Gegenstände mit unterschiedlichen Formen können denselben Rauminhalt haben.
> Für Flüssigkeiten verwendet man Hohlmaße.
>
> **Hohlmaße und ihre Umrechnung:** Liter   l
>   Milliliter   ml $1\,l = \mathbf{1\,000}\,ml$

Beispiel Ein Getränkekasten enthält 12 Flaschen Limonade.
In jeder Flasche ist ein Liter. Wie viele Gläser zu je 200 ml kann Jelena
damit füllen?

Umrechnung: 12 l = 12 000 ml

Rechnung: 12 000 : 200 = 60

Antwort: Jelena kann 60 Gläser abfüllen.

Üben und anwenden

1 ♟ Ordne die Gläser nach ihrem Fassungsvermögen. Beginne mit dem kleinsten Volumen.
♟♟ Vergleiche mit deinem Nachbarn und begründet eure Reihenfolgen im Heft.

① ②  ③  ④  ⑤

2 Rechne in die jeweils andere Einheit um.
a) 125 ml
b) 400 ml
c) 1 875 ml
d) 1 000 ml
e) 1,5 l
f) 3,75 l

2 Rechne in die jeweils andere Einheit um.
a) 2 675 ml
b) 3 050 ml
c) 750 ml
d) 320 ml
e) 1,375 l
f) 25,5 l

3 Welche Angabe stimmt? ♟♟ Vergleiche mit deinem Tischnachbarn.
a) 250 ml oder 2 l?   b) 250 l oder 2 500 l?   c) 600 000 ml oder 6 000 l?   d) 80 ml oder 8 ml?

4 Sortiere der Größe nach.
Beginne mit der kleinsten Größe.
Wandle zuerst in eine Einheit um.

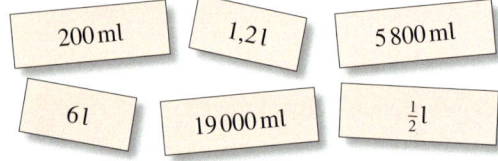

200 ml   1,2 l   5 800 ml
6 l   19 000 ml $\frac{1}{2}$ l

4 Sortiere der Größe nach.
Beginne mit der kleinsten Größe.
Wandle zuerst in eine Einheit um.

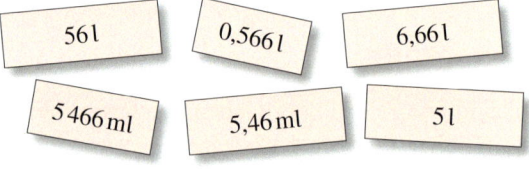

56 l   0,566 l   6,66 l
5 466 ml   5,46 ml   5 l

5 René möchte 5 Liter Spezi mixen.
In seinem Rezept steht, dass er für 1 Liter Spezi 600 ml Orangenlimonade und 400 ml Cola braucht.
Er kauft 3 l Orangenlimonade und 2 l Cola.
Hat er richtig gerechnet? Begründe.

5 Miriam bereitet für ihre Geburtstagsfeier 10 Liter Kinderpunsch vor.
Für $\frac{1}{2}$ l braucht man 300 ml Früchtetee und 200 ml Orangensaft.
Sie kauft 7 l Früchtetee und 3 l Orangensaft.
Hat sie richtig gerechnet? Begründe.

6 Der Hausmeister verkauft in der Pause 35 Milchtüten.
In jeder Milchtüte sind 200 ml Milch.
a) Wie viel Milch verkauft er?
b) In welcher Einheit gibst du das Ergebnis an?
Begründe deine Entscheidung.
c) Wie viel Liter sind das in einem Schuljahr mit 28 Wochen? Runde sinnvoll.

6 Die Kuh von Bauer Hans gibt 8 Liter Milch pro Tag.
a) Wie viel Liter Milch gibt die Kuh in einer Woche, in einem Monat, in einem Jahr? Runde deine Ergebnisse sinnvoll.
b) Eine Ziege gibt ca. 2500 ml Milch am Tag. Vergleiche.
In welcher Einheit gibst du die Ergebnisse an? Begründe.

Zeit

Entdecken

1 👤 Schätze und ordne die Zeitspannen zu. Wie lange dauert …
a) ein 100-Meter-Lauf,
b) der Bau eines Einfamilienhauses,
c) ein Lied deiner Lieblingsband,
d) ein Kinofilm,
e) ein Flug zum Mond?
f) 👥 Überlege dir eigene Schätzaufgaben.
   Tauscht sie untereinander und löst sie gegenseitig.

20 s	1 Jahr
8 h 52 min	3 Tage	100 min
2 min 39 s	

2 👥 Wie lang ist eigentlich eine Minute?
a) Du sitzt und versuchst, möglichst genau nach einer Minute aufzustehen.
   Dein Partner stoppt die Zeit. Wie genau hast du geschätzt? Wechselt euch ab.
b) Probiert auch folgende Aktivitäten aus.
   ① Zähle in einer Minute von 100 rückwärts.
   ② Sage in einer Minute leise das Alphabet auf.
   ③ Mache eine Minute lang Kniebeugen.

NACHGEDACHT
Habt ihr für Aufgabe 2 eine Stoppuhr genommen? Hätte man auch eine Uhr nehmen können? Erkläre.

3 Um 6:45 Uhr ist Sarah aufgestanden.
Um 7:20 Uhr ist sie zur Schule losgefahren und war 15 Minuten unterwegs.
Um 8:00 Uhr fängt die Schule an.
Jede Unterrichtsstunde dauert 45 Minuten.
Nach der Schule hat Sarah eine Stunde Hausaufgaben gemacht. Jetzt ist es 15:10 Uhr.
a) 👤 Notiere alle Zeitangaben, die in dem Text vorkommen.
   Kannst du die Zeitangaben sortieren?
b) 👥 Erklärt euch gegenseitig, nach welchen Gesichtspunkten ihr sortiert habt.
c) 👥👥 Jetzt ist es 15:10 Uhr. Wie lange ist Sarah schon wach?
   Erklärt im Heft, wie ihr vorgeht, um das zu berechnen. Worauf müsst ihr achten?

Verstehen

Max darf 60 Minuten pro Tag fernsehen. Er sucht sich aus dem Fernsehprogramm „Tiere in der Wildnis" aus.

Wann beginnt die Sendung? Wie lange dauert die Sendung?

16.05	Durch Land und Zeit
16.30	Tiere in der Wildnis
17.15	Blickpunkt Sport

Merke Ein **Zeitpunkt** ist ein genau festgelegter Termin.
Eine **Zeitspanne** ist die Dauer zwischen zwei Zeitpunkten.

Beispiel 1
Zeitpunkt: 16:30 Uhr, 24. März

Zeitspanne: 45 Minuten, ein Jahr,
        von 12:55 Uhr bis 13:22 Uhr

Beispiel 2
Rechnung: 16:30 Uhr → 17:00 Uhr → 17:15 Uhr
         30 min + 15 min = 45 min
Antwort: Die Sendung dauert 45 Minuten (eine $\frac{3}{4}$ Stunde).

Merke **Maßeinheiten von Zeitspannen und ihre Umrechnungen:**

Jahr
Monat   1 Jahr = 12 Monate
Woche   1 Monat ≈ 4 Wochen
Tag   1 Woche = 7 Tage
Stunde h   1 Tag = 24 h
Minute min   1 h = 60 min
Sekunde s   1 min = 60 s
Beachte die unterschiedlichen Umrechnungszahlen.

Beispiel 3 Wie viele Stunden haben 2 Jahre?
2 · 365 = 730 Tage
      730 · 24 = 17 520 h

Beispiel 4 Wie viele Stunden sind 21 600 s?
21 600 : 60 = 360 Minuten
        360 : 60 = 6 Stunden

Üben und anwenden

1 Zeiteinheiten umrechnen.
Bei welcher Aufgabe erhältst du die kürzeste (längste) Zeitspanne?
a) in Sekunden:
   45 min; 10 min 15 s
b) in Minuten:
   840 s; $2\frac{1}{2}$ h
c) in Stunden:
   170 min; 2 Tage und 3 h

1 Schreibe in der angegebenen Einheit.
Bei welcher Aufgabe erhältst du die kürzeste (längste) Zeitspanne?
a) 7 min (s)
b) 3 Tage 6 h (h)
c) 28 min 10 s (s)
d) 96 h (Tage)
e) $5\frac{3}{4}$ h (min)
f) 80 Jahre (Tage)

2 Ergänze die Tabelle im Heft.

Zug-Nr.	ab München	an Kempten	Fahrtzeit
ICE 549	14:37	15:28	…
RE 14 211	14:24	15:50	…
RE 29 623	14:49	16:30	…
RE 3726	15:20	16:51	…

2 Ergänze die Tabelle im Heft.

Zug-Nr.	ab München	an Kempten	Fahrtzeit
IR 2645	14:45	15:43	…
ICE 641	16:38	…	50 min
RE 2975	…	16:50	1:26 h
ICE 953	…	18:28	51 min

3 Wie viel Zeit liegt dazwischen?
a)
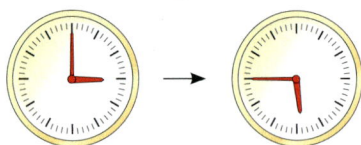
b)
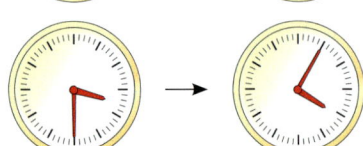

3 Wie lange dauert es …
a) von 8:10 Uhr bis 8:50 Uhr?
b) von 7:24 Uhr bis 8:24 Uhr?
c) von 15:45 Uhr bis 17:30 Uhr?
d) von 7:45 Uhr bis 12:35 Uhr?
e) von 7:20 Uhr bis 21:15 Uhr?
f) von Montag 12:05 Uhr bis Dienstag 13:55 Uhr?
g) Was könnte jeweils so lange dauern?
   👥 Vergleicht eure Ideen untereinander.

4 Kann das sein? Schreibe in eine sinnvolle Einheit.
a) Wellensittiche werden ca. 3 360 Tage alt.
b) In den ersten 4 Wochen schlafen Säuglinge ungefähr 30 240 Minuten.
c) Michael Jackson wurde am 29.08.1958 geboren und starb am 25.06.2009.

5 🔥 Beschreibe, wie viel Zeit du morgens zwischen Aufstehen und Schulbeginn hast.
🔥🔥 Vergleiche mit deinem Partner.

Beispiele

Gizem	
Aufstehen	6:30 Uhr
Bad	10 min
Tasche packen	6:50–7:00 Uhr

Christian	
Aufstehen	7:00 Uhr
Frühstück	$\frac{1}{4}$ Stunde
Duschen	5 min

6 Bäcker Meyer muss jeden Morgen um
4 Uhr in der Backstube sein, am Samstag
sogar schon um 2 Uhr.
Er braucht 15 Minuten im Bad und $\frac{1}{2}$ Stunde
mit dem Fahrrad zur Arbeit.
a) Wann muss Bäcker Meyer jeweils
   aufstehen?
b) Wann muss er ins Bett gehen, wenn er
   mindestens 6 Stunden schlafen will?

6 Familie Hagemann fährt morgen in den
Urlaub. Ihr Zug fährt um 6:32 Uhr.
Sie müssen vorher alle ins Bad, ihre Kultur-
taschen einpacken und frühstücken.
Außerdem müssen sie kontrollieren, ob alle
Fenster und Türen verschlossen sind.
Die Fahrt zum Bahnhof dauert
ca. eine $\frac{3}{4}$ Stunde.
Wann sollten sie aufstehen? Begründe.

7 Noah hat sich eine neue CD gekauft.
a) Überschlage die Spieldauer
   der CD.
   Berechne dann genau.
b) Für die Schulparty stellt Noah
   15 min Lieder von seiner CD
   zusammen.
   Mache drei Vorschläge für
   Noahs Playlist.

Sommer	3:53
Only Boy	3:55
Go	5:15
Bitte hör nicht auf zu singen	3:25
Feuerwerk	3:47
The day	5:08

7 Noah hat sich eine neue CD gekauft.
a) Berechne die Spieldauer
   der CD.
b) Für die Schulparty stellt Noah
   15 min Lieder von seiner CD
   zusammen.
   Noah möchte die 15 min
   besonders gut ausnutzen.
   Schlage eine Playlist vor.

8 Mica und seine Mutter sind um 11:00 Uhr in Günzburg am Stadtpark verabredet.
Mica wohnt in München und seine Mutter in Augsburg.
Sie wollen beide mit dem Fernbus fahren.

Ort, Haltestelle	Fahrplan von München nach Stuttgart					*täglich Montag bis Sonntag*
München, ZOB/Hackerbrücke	ab	–	08:45	13:30	15:45	20:30
Augsburg, P+R Nord	an/ab	–	09:45	14:30	16:45	21:30
Günzburg, Bahnhof	an/ab	08:15	|	15:15	|	22:15
Günzburg, Stadtpark	an/ab	|	10:30	|	17:30	–
Stuttgart, ZOB Obertürkheim	an	09:45	12:00	16:45	19:00	–

Ort, Haltestelle	Fahrplan von München nach Stuttgart					*täglich Montag bis Sonntag*
Stuttgart, ZOB Obertürkheim	ab	–	10:00	12:15	17:00	19:15
Günzburg, Stadtpark	an/ab	–	11:30	|	18:30	20:45
Günzburg, Bahnhof	an/ab	06:45	|	13:45	|	–
Augsburg, P+R Nord	an/ab	07:30	12:15	14:30	19:15	–
München, ZOB/Hackerbrücke	an	08:30	13:15	15:30	20:15	–

a) 🔥 Wann müssen beide in den Bus steigen?
b) 🔥 Welchen Bus müssen sie nehmen, wenn Mica um 20:15 Uhr wieder in München sein will?
c) 🔥🔥 Wie lange sitzen Mica und seine Mutter jeweils insgesamt im Bus?
d) 🔥🔥🔥 Schreibt selbst eine Rechengeschichte. Alle nötigen Informationen findet ihr im Bus- und
   Zugfahrplan eurer Stadt. Präsentiert sie vor der Klasse.

Klar so weit?

→ Seite 81

Geld

1 Wie viel Geld liegt hier? Gib den Betrag einmal mit und einmal ohne Komma an.

1 Wie viel Geld liegt hier? Gib den Betrag einmal mit und einmal ohne Komma an.

2 Berechne das Wechselgeld.

Kaufpreis	gegeben	Wechselgeld
17,00 €	20,00 €	…
3,50 €	10,00 €	…
35,90 €	50,00 €	…
27,30 €	40,00 €	…

2 Übertrage und ergänze die Tabelle im Heft.

Kaufpreis	gegeben	Wechselgeld
…	70,00 €	5,30 €
43,43 €	100,00 €	…
39,87 €	…	10,13 €
…	90,00 €	14,54 €

→ Seite 84

Länge

3 In welcher Einheit würdest du folgende Längen angeben? Schätze dann die Längen.
a) die Breite deines Daumens
b) die Höhe des Schulhauses
c) die Länge einer Ameise
d) die Länge deines Schulweges

4 Rechne die Längenangaben um.
a) in cm:
3 m; 15 m; 2,45 m; 7 dm; $4\frac{1}{2}$ dm
b) in m:
550 cm; 65,3 dm; 36,4 km; 12 500 mm

4 Rechne die Längenangaben in die angegebene Einheit um.
a) 25 cm (m)
b) 750 mm (m)
c) 5005 mm (dm)
d) 433 dm (mm)
e) 2553 m (km)
f) $1\frac{3}{4}$ km (dm)

5 Simone wandert nach Lausche. Insgesamt ist der Wanderweg 10 km lang. Wie viel ist sie bereits gewandert? Gib dein Ergebnis in einer sinnvollen Einheit an.

5 Kevins Vater will im Wohnzimmer neue Fußleisten am Fußboden anbringen. Er hat insgesamt 18,40 m ausgemessen. Im Baumarkt gibt es 2 000 mm lange Leisten. Wie viele Leisten muss er kaufen? In welcher Einheit gibst du dein Ergebnis an? Begründe.

→ Seite 87

Masse (Gewicht)

6 Ordne im Heft den folgenden Tierarten ein passendes Gewicht zu.

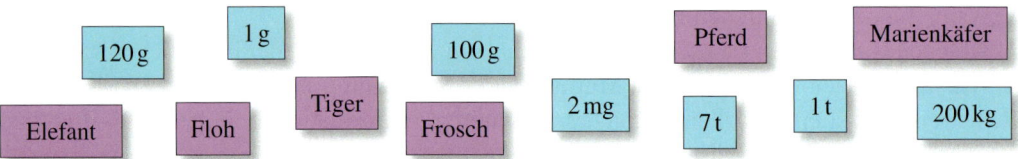

7 Ist alles richtig?
Erkläre falsche Umrechnungen und berichtige sie im Heft.

a) $6\,kg = 600\,g$ b) $500\,g = 50\,kg$

c) $2\,000\,mg = 2\,kg$ d) $2\,g = 200\,000\,mg$

e) $\frac{1}{2}\,kg = 1200\,g$ f) $2500\,t = 2\frac{1}{2}\,kg$

7 Ist alles richtig? Erkläre falsche Umrechnungen und berichtige sie im Heft.

a) $2\frac{3}{4}\,t = 2570\,kg$

b) $7\,500\,g = 7\frac{1}{2}\,mg$

c) $55\frac{1}{4}\,kg = 55\,250\,g$

d) $12\,t\;30\,kg = 1230\,kg$

8 Paul und Paula haben eingekauft.

halbe Melone:	3 kg
2-mal Milch:	jeweils 1 kg

Wie schwer sind ihre Einkäufe?
Überschlage zuerst, berechne dann genau.
Schaffen die beiden es zusammen,
die Einkäufe zu tragen?

8 Paul und Paula haben eingekauft.

Schokocreme:	375 g
Butter:	250 g

Äpfel:	$\frac{1}{2}$ kg
Apfelsaft:	$1\frac{3}{4}$ kg

Paula möchte so viel wie möglich in
eine Plastiktüte packen.
Die Plastiktüte kann bis zu 4 kg tragen.
Überschlage zuerst, berechne dann genau.

Volumen

→ Seite 89

9 Schätze, wie viel Liter oder Milliliter Flüssigkeit in diesen Messbechern sind. Begründe.

a) 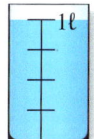   b) 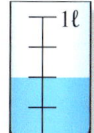   c) 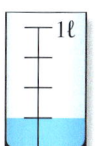   d)    e)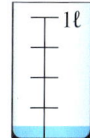

10 Rechne in ml um.

a) 1,5 l   b) 3,4 l   c) 0,75 l

d) 0,25 l   e) 2 l   f) 5,75 l

10 Rechne in die andere Einheit um.

a) 0,5 l   b) 0,02 l   c) 1,75 l

d) 0,3 l   e) 2300 ml   f) 3800 ml

11 Wie viel fehlt zu einem Liter?

a) 200 ml + ▨ = 1 l   b) 67 ml + ▨ = 1 l

c) 365 ml + ▨ = 1 l   d) 550 ml + ▨ = 1 l

11 Wie viel ml wurden entnommen?

a) 1 l − ▨ = 250 ml   b) 1,5 l − ▨ = 1,2 l

c) 1 l − ▨ = 330 ml   d) 150 ml − ▨ = 11 ml

Zeit

→ Seite 91

12 Es ist jetzt 3:00 Uhr. Wie spät ist es …

a) in einer Stunde?

b) in zehn Minuten?

c) in $\frac{1}{2}$ Stunde?

d) in 24 Stunden?

12 Es ist jetzt 13:25 Uhr. Wie spät ist es …

a) in dreieinhalb Stunden?

b) in einer Viertelstunde?

c) in 70 Minuten?

d) in 720 Minuten?

13 Rechne um.

a) 120 Minuten in Stunden

b) $2\frac{3}{4}$ Stunden in Minuten

c) 4 Minuten in Sekunden

d) 3 Tage in Stunden

e) 7 Wochen in Tage

13 Rechne um.

a) fünfeinhalb Tage in Stunden

b) 3 Stunden in Sekunden

c) 14 Minuten in Sekunden

d) 1 Tag in Minuten

e) 2 Wochen in Stunden

Vermischte Übungen

1 Zu welcher Größe gehört welche Angabe? Ordne im Heft richtig zu.

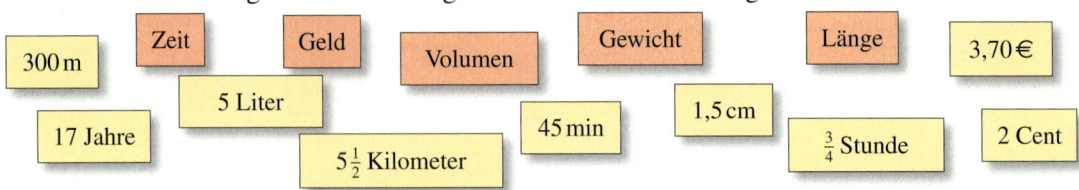

300 m | Zeit | Geld | Volumen | Gewicht | Länge | 3,70 €

17 Jahre | 5 Liter | $5\frac{1}{2}$ Kilometer | 45 min | 1,5 cm | $\frac{3}{4}$ Stunde | 2 Cent

2 In welcher Einheit würdest du die Größen angeben?
Welches Messgerät passt dazu?
a) Höhe beim Hochsprung
b) Inhalt der Sparbüchse
c) Dauer einer Zugfahrt
d) dein Gewicht

2 In welcher Einheit würdest du die Größen angeben?
Mit welchem Messgerät würdest du messen?
a) Länge des Klassenzimmers
b) dein Alter
c) Gewicht deiner Schultasche
d) Geschwindigkeit eines Flugzeuges

NACHGEDACHT
Familie Becker möchte mit einer Gondel fahren. Die Gondel kann nicht mehr als 120 kg tragen. Wie oft muss die Gondel für die Familie Becker fahren? Bei jeder Fahrt muss ein Erwachsener dabei sein.

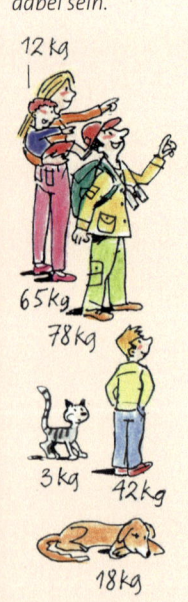

12 kg

65 kg

78 kg

3 kg   42 kg

18 kg

3 Ergänze die Tabelle im Heft.

Zugart	ab Nürnberg	an Würzburg	Fahrtzeit
ICE	08:31	09:28	…
RE	08:52	10:01	…
IC	08:59	10:17	…
ICE	09:31	10:28	…

3 Ergänze die Tabelle im Heft.

Zugart	ab Augsburg	an Nürnberg	Fahrtzeit
ICE	17:17	…	1:10 h
RE	17:29	…	1:29 h
IC	…	19:03	1:18 h
ICE	18:17	19:27	…

4 Übertrage ins Heft.
Ergänze die Zeichen >, < oder =.
a) 40 cm ▪ 4 m
b) 55 cm ▪ 5 dm
c) 60 m 3 cm ▪ 63 m
d) 0,75 km ▪ 75 m
e) 5 km 800 m ▪ 5,08 km
f) 408 m ▪ 400 m 8 cm

4 Übertrage ins Heft.
Ergänze die Zeichen >, < oder =.
a) 55 m ▪ 55 dm
b) 0,8 m ▪ 80 cm
c) 40 mm ▪ 4 dm
d) 38 cm ▪ 3 dm
e) 300 m 33 cm ▪ 330 dm
f) 0,994 km ▪ 900 m 4 dm

5 Schätze, wie schwer die Tiere sind.
a) Überprüfe deine Schätzung mithilfe eines Lexikons oder des Internets.
b) Ordne die Tiere nach ihrem Gewicht.
c) Erstelle ein Diagramm.

Katze | Karpfen | Delfin | Pferd

Braunbär | Huhn | Kaninchen

6 Kann das stimmen? Begründe.
Gib die Größen in einer sinnvollen Einheit an.
a) Babys sind bei der Geburt 50 000 g schwer.
b) Bei einer Schuhgröße von 36 ist der Fuß 7 200 mm lang.
c) Ein Marathonläufer legt 42 000 m zurück.

6 Kann das stimmen? Begründe.
Gib die Größen in einer sinnvollen Einheit an.
a) Ein Schulbuch ist 0,001 m dick.
b) Ein Auto kostet 40 000 Ct.
c) Bei einer Dusche verbrauchst du ca. 30 000 ml Wasser.

7 Schätze, wie lange du für einen 100-m-Sprint benötigst.
Wie lange würde ein 40-km-Lauf bei diesem Tempo dauern? Ist das realistisch?

8 Andreas hat eingekauft.
Die Waren kosten 16,38 €; 3,60 €; 2,02 €;
4,01 € und 0,66 €.
Die Kassiererin tippt die Beträge in die Kasse.
Auf dem Kassenzettel steht als Summe
226,65 €.
a) ♟ Stimmt das? Überschlage die Summe
und rechne dann genau.
b) ♟♟ Überlegt zu zweit.
Wie könnte der Fehler entstanden sein?

9 Im Korb sind:
Tomaten 1 kg 200 g
Salat 400 g
Kohlrabi 800 g
Paprika 1 kg 200 g
Rotkohl 475 g
Artischocke 230 g
Der Korb wiegt leer 425 g.

8 Eine Katze benötigt am Tag eine Dose
Katzenfutter für 49 Cent.
a) ♟ Ruth hat die jährlichen Futterkosten
berechnet: 1788,50 €.
Kann das stimmen?
b) ♟♟ Natalie hat so gerechnet:
365 · 50 = 18 250
18 250 − 365 = 17 885
17 885 Ct = 178,85 €
Erklärt euch gegenseitig ihr Vorgehen.

9 In ein Päckchen werden gepackt:
2 Tafeln Schokolade (je 100 g), 3 Schoko-
riegel (je 75 g), einmal Kekse (375 g), 2 Tüten
Bonbons (125 g), einmal Pralinen (450 g),
eine Tüte Fruchtgummi (80 g), 5 Dauer-
lutscher (je 15 g).
Die Verpackung wiegt 282 g.
Ein Päckchen darf nicht mehr als 2 kg wiegen.

**ZUM
WEITERARBEITEN**
*Finde zuhause
Gegenstände,
die für eine be-
stimmte Größe
stehen.
Fotografiere sie
und gestalte da-
mit ein Plakat.*

10 Katja, Fabian und Erdem wollen zusammen mit Katjas Vater zu einem Spiel des
FC Augsburg gehen.
a) Katjas Vater hat 150 € dabei.
Welche Karten können sie sich kaufen?
b) In der Halbzeitpause wollen sie Bratwurstsemmeln
kaufen. Eine Semmel kostet 3 €. Reicht das Geld?
c) Welche Karten könnten sie kaufen, wenn sie nicht
unbedingt zusammensitzen wollen?
♟♟ Beschreibt euer Vorgehen im Heft.

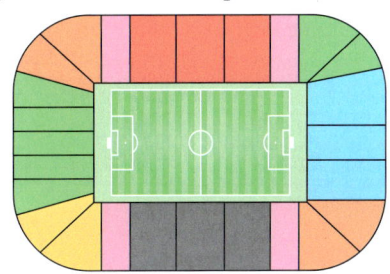

Kategorie	Preis
1b	36,00 €
2	32,00 €
3	25,00 €

11 Schätze die Höhen mithilfe der Skala.

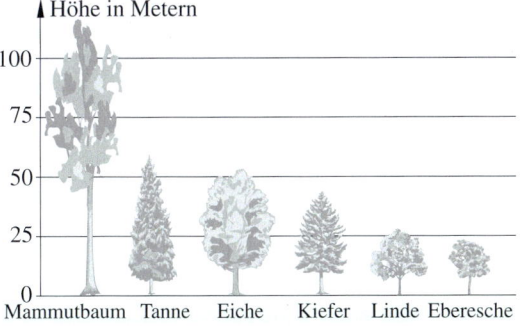

11 Du brauchst nicht exakt zu rechnen,
arbeite mit dem Überschlag.
a) Ein vierstöckiges Haus ist 12 m hoch.
Wie viele Stockwerke müsste ein Haus ca.
haben, damit es etwa so hoch ist wie der
Regensburger Dom (Höhe 105 m)?
b) Der höchste Berg in den Alpen ist
der Montblanc mit 4 807 m Höhe.
Wie oft müsste man den Regensburger
Dom ungefähr übereinandersetzen, um die
Höhe des Montblancs zu erreichen?

12 ♟♟ In der Glasflasche ist 1 l Saft.
a) Füllt nur mithilfe der abgebildeten
Gefäße 800 ml Saft in die Glasflasche.
Beschreibt euren Lösungsweg im Heft.
b) Geht das auch, wenn ihr keinen Saft wegschütten
dürft und auch keinen neuen Saft bekommt?
Begründet.

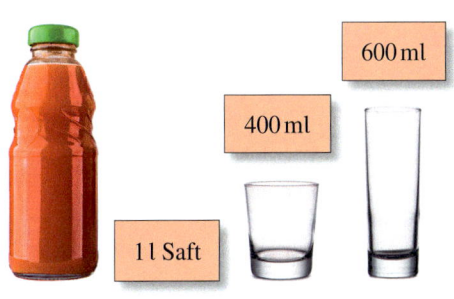

13 Ein Garten soll eingezäunt werden.
a) Wie viel Meter Zaun werden benötigt?
b) Im Baumarkt:

> **Angebot A:**
> 1 m Zaun für 10,80 €
> **Angebot B:**
> 10 m Zaun für 99 €

Für welches Angebot entscheidest du dich?

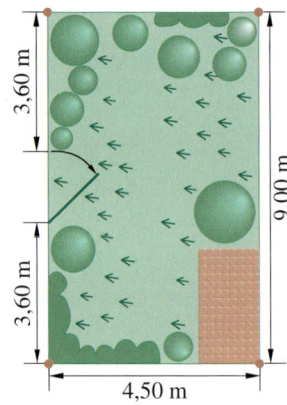

3,60 m
9,00 m
3,60 m
4,50 m

13 Ein Garten soll eingezäunt werden. Alle Pfähle sollen die gleiche Entfernung haben.
a) Welche Entfernung ist möglich: 1,20 m, 90 cm oder 130 cm?
b) Wie viele Pfähle werden gebraucht? Erstelle eine Skizze.
c) Reichen zum Einzäunen zwei Rollen Maschendraht zu je 13 m aus?

NACHGEDACHT
Esra überlegt:
„Beim Kurznach-richten-Schreiben braucht mein Opa pro Buchstabe 1 Sekunde.
Wie lange braucht er für 3 Kurznach-richten mit ins-gesamt 480 Zei-chen? Und wie viele Buchstaben schafft er in 5 Minuten?"

14 So kann man berechnen, wie weit ein Gewitter entfernt ist:
„Wenn du den Blitz siehst, dann zählst du die Sekunden, bis du den Donner hörst. Rechne die Sekundenzahl mal 300, dann weißt du, wie viel Meter der Blitz ungefähr entfernt war."
Lea sagt: „Ich teile die Sekundenzahl durch 3. Dann erhalte ich die Entfernung in km."
Vergleiche die beiden Faustregeln.

15 Juliette ist mit ihrer Familie in den Urlaub gefahren. Beschreibe ihre Fahrt.

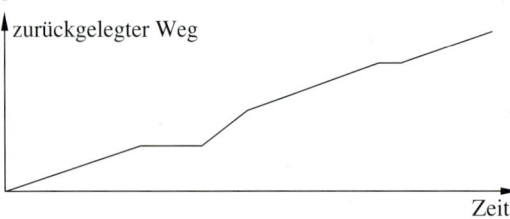

zurückgelegter Weg
Zeit

15 Das Schaubild zeigt, wie viel Kaffee in einer Tasse ist. Was ist passiert?

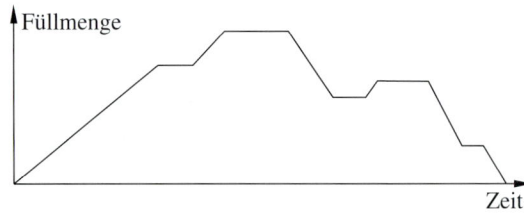

Füllmenge
Zeit

HINWEIS
zu Aufgabe 16
Wenn du Hilfe brauchst, schlage im Stich-wortverzeichnis unter „Fermi" nach.

16 🧍 Beschreibe für alle Aufgaben deine Lösungsideen im Heft.
🧍🧍 Sucht euch eine Aufgabe aus und bearbeitet sie.
Denkt dabei daran, …
– die Größen in sinnvollen Einheiten anzugeben,
– die Größen sinnvoll zu runden,
– eure Arbeitsschritte und Ergebnisse aufzuschreiben und zu begründen.
🧍🧍🧍 Vergleicht eure Ergebnisse.
Präsentiert sie vor der Klasse.

> Wie hoch wird ein Papiersta-pel, wenn man 1 000 000 Blatt Papier aufeinanderlegt?

> Wie viel Minuten Pause hattet ihr bis jetzt in eurem Schulleben?

> Alle Menschen deiner Schule bilden eine Kette.
> Wie oft reicht die Kette um die Schule herum?

> Das menschliche Herz schlägt ungefähr 60 – 80 Mal pro Minute.
> Bei jedem Herzschlag pumpt das Herz 70 – 100 ml Blut durch den Körper.
> Wie viel Liter Blut hat dein Herz bereits gepumpt?

> Wie hoch ist der Bücherstapel?

Teste dich!

1 In diesem Kapitel wurden verschiedene Größen behandelt. *(2 Punkte)*
a) Nenne fünf verschiedene Größen.
b) Nenne zu den fünf genannten Größen jeweils zwei verschiedene Einheiten.

2 In welcher Einheit würdest du die Größen angeben? *(3 Punkte)*
① Laufzeit beim 100-m-Lauf   ② Gewicht eines Menschen
③ Fassungsvermögen einer Gießkanne ④ Weite beim Weitsprung
⑤ Gewicht der Zutaten beim Kuchenbacken ⑥ Breite einer Buchseite

3 Übertrage die Tabelle ins Heft und ergänze fehlende Werte. *(4 Punkte)*

a)

Kaufpreis	gegeben	Wechselgeld
34,50 €	50,00 €	…
17,80 €	20,00 €	…

b)

Kaufpreis	gegeben	Wechselgeld
…	50,00 €	23,50 €
82,65 €	…	17,35 €

4 Wie viel Zeit vergeht … *(4 Punkte)*
a) von 8:12 Uhr bis 11:26 Uhr?   b) von 5:55 Uhr bis 6:44 Uhr?
c) von 16:35 Uhr bis 18:12 Uhr?   d) von 8:05 Uhr bis 0:04 Uhr?

5 Rechne die Größenangaben in die jeweils angegebene Einheit um. *(8 Punkte)*
a) 4 km   (in m)   b) 3 450 Ct   (in €)
c) 3,60 €   (in Ct)   d) 3 l 400 ml   (in l)
e) 3,5 g   (in mg)   f) $3\frac{1}{2}$ Tage   (in h)
g) 1,6 m   (in dm)   h) 5 000 mm   (in cm)

6 Lisa hat 3 l Orangensaft gekauft. Wie viel bleibt jeweils übrig? *(4 Punkte)*

a) 2 Gläser mit jeweils 200 ml	b) 1 Glas mit 0,5 l	c) 3 Gläser mit jeweils 125 ml	d) 4 Gläser mit jeweils 250 ml

7 In den Alpen bei Oberstdorf haben die Berge unübliche Höhenangaben. *(6 Punkte)*
a) Schreibe die Höhen der Berge in einer sinnvollen Einheit. Begründe deine Wahl.
b) Ordne die Berge nach ihrer Höhe.
c) Wie groß ist der Höhenunterschied zwischen dem höchsten und dem niedrigsten Berg?

Berg	Höhe
Öfnerspitze	2,578 km
Kreuzeck	2,375 km
Höpats	2,258 km
Großer Krottenkopf	2,657 km
Kegelkopf	1,960 km
Riffenkopf	1,749 km
Strahlkopf	2,351 km
Kratzer	2,424 km
Spielmannsau	0,983 km

8 Der Airbus A340-600 wiegt ohne Passagiere, Gepäck und Treibstoff 177 t. *(5 Punkte)*
In das Flugzeug steigen 400 Passagiere ein, die durchschnittlich etwa 70 kg wiegen.
Jeder Passagier hat 20 kg Gepäck bei sich.
Vor dem Start wird das Flugzeug mit 120 t Treibstoff betankt.
Das maximale Startgewicht beträgt 365 t.
Darf der Airbus starten? Begründe.

Zusammenfassung

→ Seite 81

Geld

Eine Größe besteht immer aus einer **Maßzahl** und der **Maßeinheit**.

$$7{,}32\,€$$

Maßzahl   Maßeinheit

Geld ist eine Größe, die angibt, wie viel eine Sache wert ist.

Einheiten von Geld:

1 € = 100 Ct

Vor dem Rechnen müssen die Größenangaben dieselbe Maßeinheit haben.

5 € + 7 Ct = 500 Ct + 7 Ct =
507 Ct = 5,07 €

→ Seite 84

Länge

Die **Länge** ist eine Größe, die angibt, wie weit zwei Orte voneinander entfernt sind.

Einheiten der Länge:

1 km = 1 000 m
1 m = 10 dm
1 dm = 10 cm
1 cm = 10 mm

5 km   + 350 m + 40 cm =
5000 m + 350 m + 0,4 m = 5350,4 m

→ Seite 87

Masse (Gewicht)

Das **Gewicht** ist eine Größe, die angibt, wie schwer etwas ist.

In der Wissenschaft heißt diese Größe nicht Gewicht, sondern **Masse**.

Einheiten des Gewichtes:

1 t = 1 000 kg
1 kg = 1 000 g
1 g = 1 000 mg

2 t   + 280 kg + 3000 g =
2000 kg + 280 kg + 3 kg   = 2283 kg

→ Seite 89

Volumen

Das **Volumen** gibt an, wie viel in einen Gegenstand hineinpasst.
Zwei Gegenstände mit unterschiedlichen Formen können dasselbe Volumen haben.

Für Flüssigkeiten verwendet man **Hohlmaße**.

Einheiten des Volumens:

1 l = 1 000 ml

→ Seite 91

Zeit

Ein **Zeitpunkt** ist ein genau festgelegter Termin, z. B. 6. Mai oder 9:12 Uhr.

Eine **Zeitspanne** ist die Dauer zwischen zwei Zeitpunkten, z. B. 30 Sekunden oder die Sommerferien.

Einheiten der Zeit:

1 Jahr = 12 Monate
1 Monat ≈ 4 Wochen
1 Woche = 7 Tage
1 Tag = 24 h
1 h = 60 min
1 min = 60 s

Grundbegriffe der Geometrie

In vielen bayerischen Städten findest du Fachwerkhäuser.

Die Holzbalken stützen die Hauswände und bilden dabei verschiedene Muster.

Wie stehen die Holzbalken aufeinander?
Kannst du dir vorstellen, warum man einige Formen so häufig antrifft?
Welche Formen sind das?

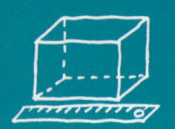

Noch fit?

Einstieg	Aufstieg

Einstieg

1 Ablesen vom Lineal

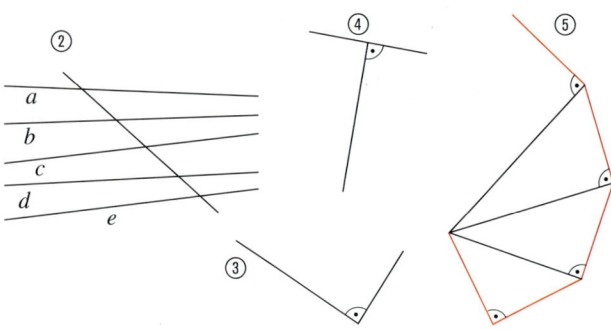

Wie lang ist eine gerade Linie …
a) von 0 bis *B*?   **b)** von 0 bis *D*?
c) von 0 bis *F*?   **d)** von 0 bis *C*?

2 Mit dem Lineal zeichnen
Zeichne eine gerade Linie, die …
a) 6 cm lang ist.   **b)** 10 cm lang ist.

Aufstieg

1 Ablesen vom Lineal

Wie lang ist eine gerade Linie …
a) von 0 bis *A*?   **b)** von *B* bis *C*?
c) von 0 bis *E*?   **d)** von *B* bis *F*?

2 Mit dem Lineal zeichnen
Zeichne eine gerade Linie, die …
a) 12,8 cm lang ist.   **b)** 25 mm lang ist.

3 Ähnliche Figuren zuordnen
Welche Bilder gehören zusammen? Begründe deine Auswahl.

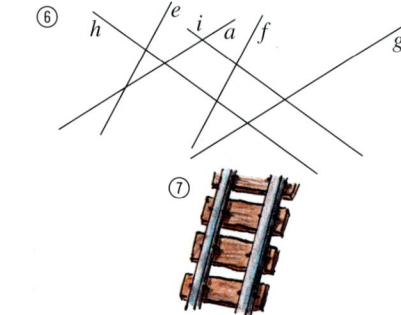

4 Beispiele für Formen
Zeichne jeweils ein Beispiel.
a) Dreieck
b) Quadrat
c) Kreis

4 Beispiele für Formen
Zeichne jeweils ein Beispiel.
a) Fünfeck
b) Rechteck
c) Sechseck

5 Figuren abzeichnen
Zeichne ordentlich mithilfe eines Lineals.

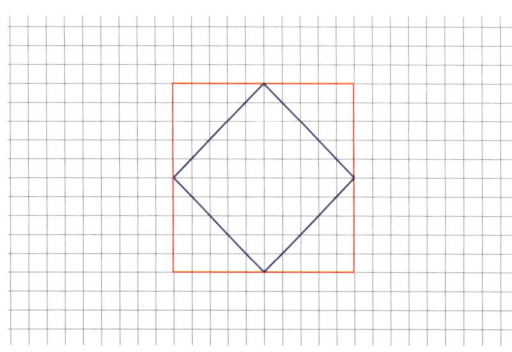

5 Figuren abzeichnen
Zeichne ordentlich mithilfe eines Lineals.

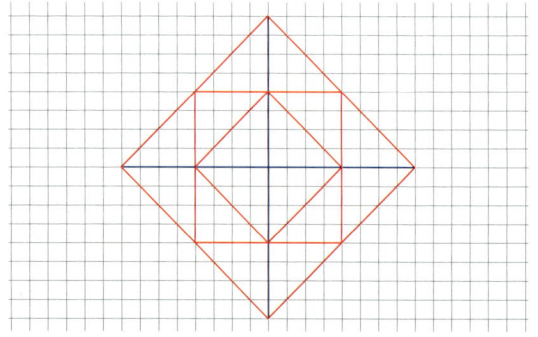

Lösungen ab Seite 190

Gerade Linien und ihre Lagebeziehungen

Entdecken

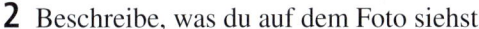

1 Versuche, nur mit einem Bleistift eine möglichst gerade Linie ins Heft zu zeichnen.
Ist die Linie wirklich gerade?
Welche Hilfsmittel fallen dir ein, um eine gerade Linie zu zeichnen?

2 Beschreibe, was du auf dem Foto siehst.
👥 Warum spannt der Platzwart auf dem Fußballfeld eine Schnur?

3 Nimm ein Blatt Papier und falte es zweimal, wie es in den Bildern unten dargestellt ist.
a) Beschreibe im Heft die Lage der beiden Faltlinien zueinander (Bild ④).

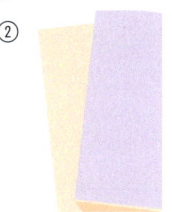

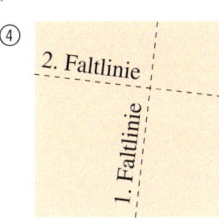

b) Falte das Blatt noch einmal, so wie in den folgenden Bildern.
Beschreibe die Lage der 2. und 3. Faltlinie zueinander.

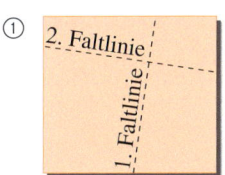

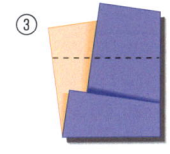
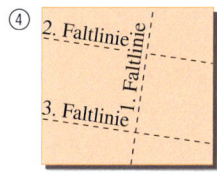

4 Der Bilderrahmen hat verschiedene Formen für Fotos.
a) 👤 Wähle eine Form aus.
   Beschreibe sie in deinem Heft.
b) 👥 Kann dein Tischnachbar mithilfe deiner Beschreibung die Form finden?
c) 👥👥 Mit welchen Eigenschaften habt ihr die Formen beschrieben?
   Sortiert die Formen danach.

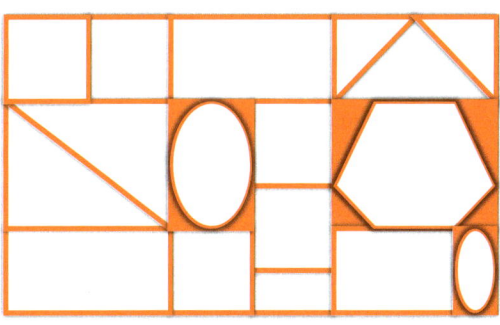

5 Johann (blauer Pullover) überquert die Straße.
a) 👤 Welcher Weg ist der kürzeste?
   Schätze zuerst.
b) 👥 Vergleicht eure Schätzung.
   Messt dann nach.
c) 👥👥 Beschreibt die Lage der Linien zueinander mit dem kürzesten Abstand.

Verstehen

Nadine faltet aus einem Blatt Papier ein Boot.
Dabei entstehen Faltkanten.
Wird das Blatt wieder aufgeklappt, sind
gerade Linien zu erkennen.

Gerade Linien kann man mit einem Lineal oder Geodreieck auf Papier zeichnen.
Nadine zeichnet zunächst zwei Punkte A und B in ihr Heft.

Besondere gerade Linien sind die Strecke und die Gerade.

ERINNERE DICH
*Punkte werden
mit Großbuch-
staben bezeich-
net und **gerade
Linien** mit klei-
nen Buchstaben.*

Merke Eine **Strecke** ist eine gerade Linie,
die an beiden Enden durch Punkte begrenzt
ist.
Sie ist also die kürzeste Verbindung
zwischen diesen beiden Punkten.

Beispiel 1 Strecke vom Punkt A nach B: $\overline{AB}$

Länge der
Strecke:
$|\overline{AB}| = 3{,}5\,\text{cm}$

Merke Eine **Gerade** hat keinen Anfangspunkt und keinen Endpunkt.

Beispiel 2 Gerade g

Gibt es auch eine kürzeste Verbindung zwischen einem Punkt und einer Linie?

Beispiel 3

Louis steht am 11-Meterpunkt E des Fußball-
feldes und zielt auf das Tor.
Welches ist die kürzeste Entfernung zur
Torlinie t?

Die kürzeste Entfernung vom Punkt E zur
Torlinie t ist die Strecke $\overline{EC}$.
$\overline{EC}$ und t bilden einen rechten Winkel,
sie stehen **senkrecht** aufeinander.

Die Länge der Strecke $\overline{EC}$ nennt man den **Abstand** des Punkts E zur Strecke t.

HINWEIS
*Eine Linie, die
senkrecht zu
einer anderen
steht, nennt
man auch
Senkrechte.
Rechte Winkel
werden mit ⦜
gekennzeichnet.*

Die Torlinie t hat zur Linie s einen gleich bleibenden Abstand, s und t sind **parallel** zueinander.

Merke Geraden g und h, die einen rechten
Winkel bilden, sind **senkrecht zueinander**,
kurz: $g \perp h$.

Merke Geraden k und l, deren Abstand
zueinander überall gleich bleibt,
sind **parallel zueinander**, kurz: $k \parallel l$.

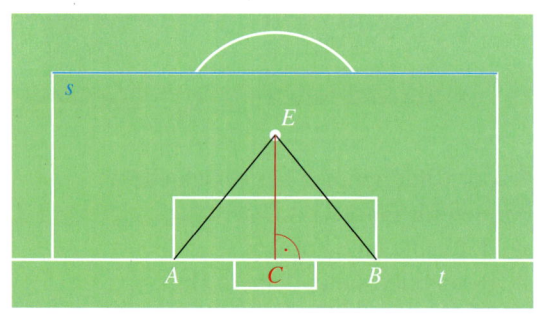

Auch bei fast allen Gebäuden stehen die Wände senkrecht oder parallel zueinander.

Die Abbildung zeigt den Grundriss eines Pferdehofs.
Die einzelnen Bereiche bestehen aus verschiedenen geometrischen Figuren:
z. B. Dreieck, Viereck, Fünfeck.

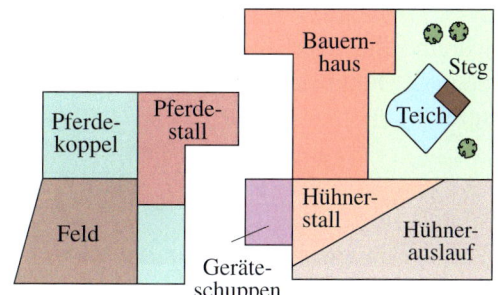

Beispiel 1

Dreieck

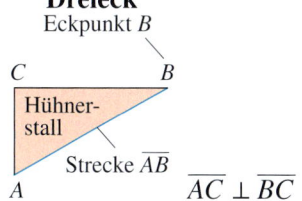

$\overline{AC} \perp \overline{BC}$

Viereck

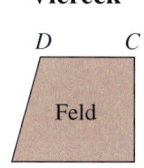

z. B.
$\overline{AB} \perp \overline{BC}$
$\overline{AB} \parallel \overline{CD}$

Sechseck

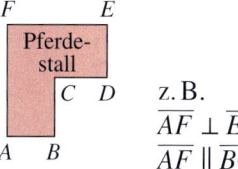

z. B.
$\overline{AF} \perp \overline{EF}$
$\overline{AF} \parallel \overline{BC}$

Jede geometrische Figur, die nur von Strecken begrenzt wird, heißt **Vieleck**.
Die Anzahl der Eckpunkte bestimmt den Namen. Die Strecken werden **Seiten** genannt.

Rechtecke und Quadrate sind besondere Vierecke.

Merke Bei einem **Rechteck** sind die jeweils gegenüberliegenden Seiten gleich lang und stehen senkrecht aufeinander.

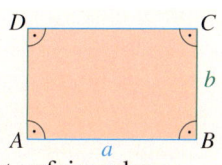

Merke Bei einem **Quadrat** sind alle vier Seiten gleich lang und stehen senkrecht aufeinander.

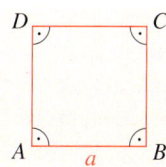

Üben und anwenden

1 Welche der Linien sind Strecken, welche Geraden?
Begründe.

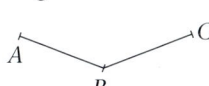

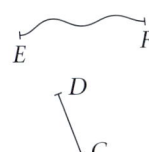
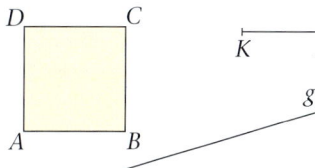

2 Falte jeweils ein Stück Papier so, dass zwei Faltlinien entstehen, die...
a) zueinander parallel sind,
b) senkrecht aufeinander stehen.

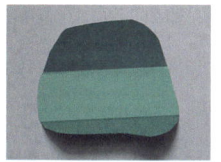

2 Halte deine Finger oder Arme so, dass sie zueinander parallel und zueinander senkrecht stehen.
Finde verschiedene Möglichkeiten.

3 🔾 Sucht zueinander parallele und senkrecht verlaufende Linien in eurem Klassenzimmer.
Beschreibt im Heft, wie ihr die Lage der Linien überprüft habt.
Verwende die richtigen Fachbegriffe.

4 Schreibe alle Strecken auf, die du in der Figur siehst.
Beispiel
$\overline{AB}$; $\overline{AC}$; …

4 Wie viele Strecken und Geraden sind abgebildet?

5 Welche Pflasterritzen sind parallel zueinander, welche senkrecht aufeinander?

5 Welche Pflasterritzen sind parallel zueinander, welche senkrecht aufeinander?

6 Punkte kann man zu Strecken verbinden.
a) Wie viele Strecken entstehen, wenn du alle drei Punkte miteinander verbindest?

b) Wenn du vier Punkte miteinander verbindest, wie viele Strecken entstehen dann?
c) Ordne die Punkte so an, dass nur eine Strecke entsteht.
🔦 Beschreibt die Lage der Punkte. Verwende dabei die richtigen Fachbegriffe.

6 Zeichne fünf (sechs) beliebige Punkte in dein Heft und verbinde alle Punkte miteinander.
a) Wie musst du die Punkte anordnen, so dass möglichst viele Strecken entstehen? Wie viele Strecken sind es jeweils?
b) Und wenn du noch mehr Punkte miteinander verbindest, wie viele Strecken entstehen dann? Erkennst du eine Regelmäßigkeit?
🔦 Vergleiche mit deinem Nachbarn. Verwende dabei die richtigen Fachbegriffe.

7 Wie heißen die Vielecke bei diesen Verkehrszeichen?
Beschreibe die Vielecke mit Fachbegriffen in deinem Heft.
a)

b)

c)

d)

8 Wo findest du an dieser Fensterfront Rechtecke, wo Quadrate? Begründe.
Verwende dabei die richtigen Fachbegriffe.

8 Wo findest du an dieser Fensterfront Rechtecke, wo Quadrate? Begründe.
Verwende dabei die richtigen Fachbegriffe.

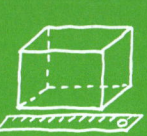

Werkzeug Parallele Linien erkennen und zeichnen

Beispiel 1 **Erkennen**
Durch Anlegen des Geodreiecks kannst du überprüfen, ob zwei Geraden parallel zueinander sind.
Die Geraden a und b sind parallel zueinander und haben einen Abstand von 3 cm.

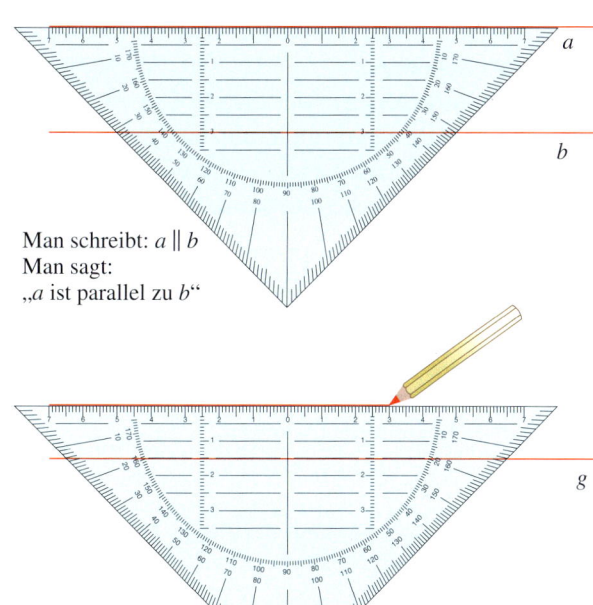

Man schreibt: $a \parallel b$
Man sagt:
„a ist parallel zu b"

Beispiel 2 **Zeichnen**
a) Mit deinem Geodreieck kannst du auch selbst Parallelen zeichnen. Hier wird eine Parallele zur Geraden g im Abstand von 1,5 cm gezeichnet.

b) Bei diesem Beispiel wird eine Parallele zur Geraden f gezeichnet, die durch den Punkt P geht.

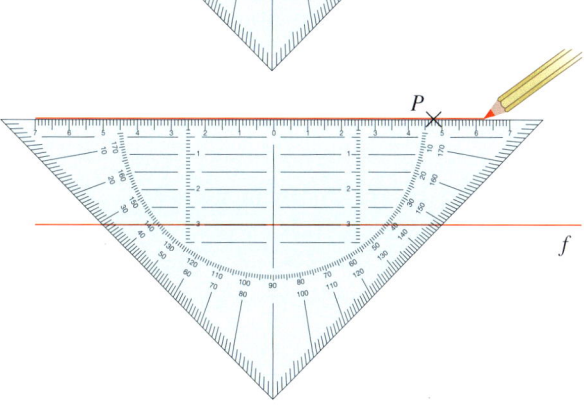

HINWEIS
Beachte beim Zeichnen Folgendes:
① *Geodreieck vollständig auflegen*
② *Geodreieck festhalten, so dass es nicht verrutscht*
③ *sauber an der Messkante entlang zeichnen*

Üben und anwenden

1 Überprüfe, ob die Geraden f, g, h und i zueinander parallel sind.
Notiere dein Ergebnis wie oben.
Beschreibe mit Fachbegriffen dein Vorgehen.

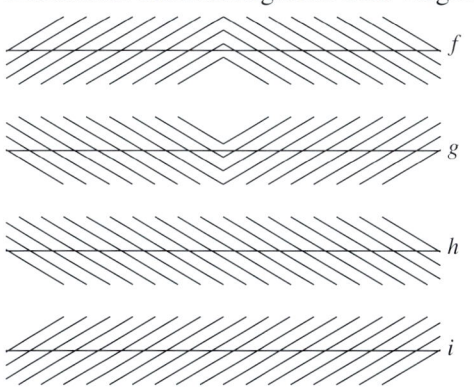

2 Übertrage ins Heft.
Zeichne Parallelen zu g und h durch die markierten Punkte.
Beschreibe mit Fachbegriffen dein Vorgehen.

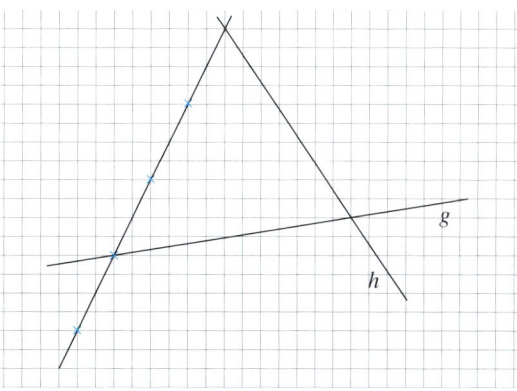

HINWEIS
Achte auf die Fachbegriffe: Punkt, Gerade, Strecke, senkrecht, parallel, rechter Winkel und Abstand.

107

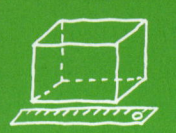

Werkzeug Senkrechte Linien erkennen und zeichnen

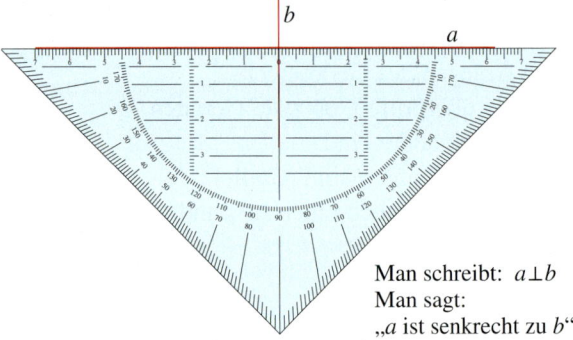

Beispiel 1 Erkennen

Du kannst durch Anlegen des Geodreiecks ebenfalls überprüfen, ob zwei Geraden senkrecht zueinander stehen. Die Geraden a und b stehen hier senkrecht aufeinander.

Man schreibt: $a \perp b$
Man sagt:
„a ist senkrecht zu b"

Beispiel 2 Zeichnen

a) Mit deinem Geodreieck kannst du auch selbst eine Senkrechte zeichnen.
    Bei diesem Beispiel liegt der Punkt P auf der Geraden g.
    Es wird eine Gerade durch P gezeichnet, die senkrecht zu g ist.

b) Hier liegt der Punkt P nicht auf der Geraden g.
    Auch hier wird durch P eine Gerade gezeichnet, die senkrecht zu g ist.

Üben und anwenden

1 Überprüfe mit dem Geodreieck, welche Linien zueinander senkrecht stehen. Beschreibe mit Fachbegriffen dein Vorgehen.

a)   b)

c)   d)

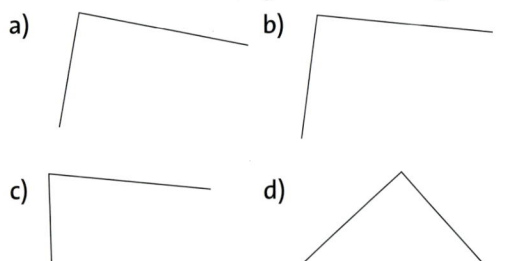

2 Übertrage ins Heft. Zeichne zu g senkrechte Geraden durch die Punkte A, B und C. Beschreibe mit Fachbegriffen dein Vorgehen.

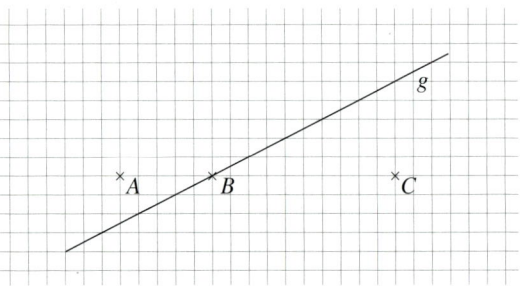

3 Zeichne eine Gerade und einen beliebigen Punkt in dein Heft. Miss den Abstand. Beschreibe dein Vorgehen mit Fachbegriffen.

9 Zueinander parallel und senkrecht: Überprüfe mit dem Geodreieck.

a) Welche Geraden sind parallel zueinander? Notiere die Ergebnisse in der Form $f_1 \parallel \blacksquare$.

b) Welche Geraden stehen senkrecht aufeinander? Notiere in der Form $h_1 \perp \blacksquare$.

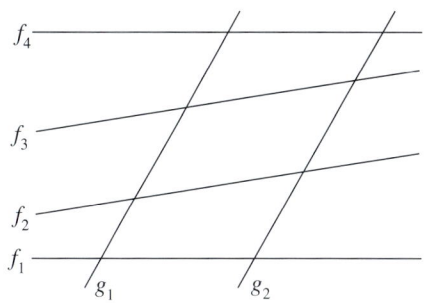

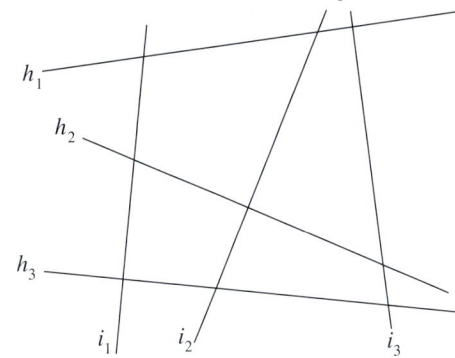

10 Miss den Abstand.

a)

b)   × P

c)

d)

10 Miss den Abstand.

Punkt	A	B	C	D	E
Abstand von g	…	…	…	…	…

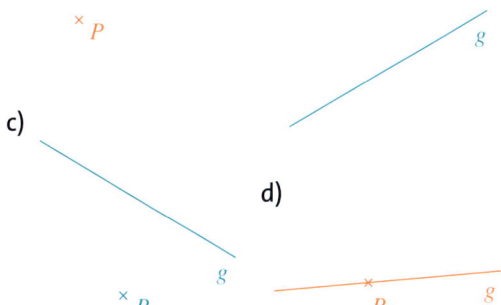

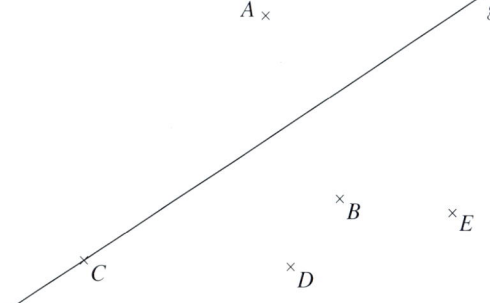

ZUM WEITERARBEITEN
Sind die Seiten des Vierecks gerade Linien?

11 Zeichne eine Gerade g ins Heft.
Zeichne sechs parallele Geraden zu g mit dem angegebenen Abstand.
Beschreibe, wie du dabei vorgehst.

a) 2 cm
b) 5 cm
c) 1 cm
d) 2,5 cm
e) 3,5 cm
f) 4,1 cm

11 Zeichne eine Gerade g ins Heft.

a) Zeichne die Punkte A bis D im jeweils angegebenen Abstand zu g:
A (3 cm);   B (4 cm);
C (2,5 cm);   D (2,3 cm)

b) Zeichne durch die Punkte A, B, C und D jeweils die Parallele zu g.

12 Beschreibe das Muster des Teppichs.
Verwende dabei die Fachbegriffe.

Entwirf ein eigenes Teppichmuster und beschreibe es im Heft.

12 Beschreibe das Muster des Glasfensters.
Verwende dabei die Fachbegriffe.

Entwirf ein eigenes Glasfenster und beschreibe es im Heft.

13 Beschreibe die Bildfolge im Heft.
Verwende dabei die Fachbegriffe.

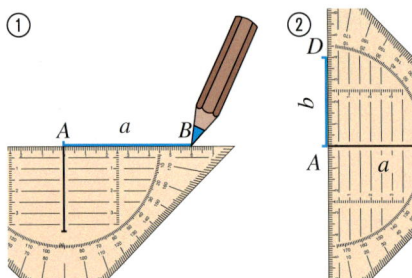 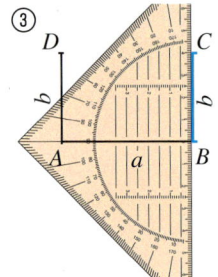 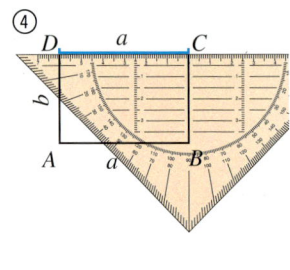

14 Zeichne die Rechtecke.
a) Länge 6 cm; Breite 4 cm
b) Länge 7 cm; Breite 2,5 cm
c) Länge 3,5 cm; Breite 8 cm
d) Länge 4,8 cm; Breite 4,8 cm
e) Länge 108 mm; Breite 105 mm

14 Zeichne ein Rechteck, …
a) das 2,8 cm lang und 4 cm breit ist.
b) das 4 cm lang und halb so breit ist.
c) das 2 cm lang und dreimal so breit ist.
d) das 8,5 cm lang und 0,5 dm breit ist.
e) das 128 mm lang und 0,45 dm breit ist.

15 Wie zeichnet man Quadrate?
a) ♟ Zeichne eine Bildfolge wie bei Aufgabe 13.
b) ♟♟ Vergleicht eure Bildfolgen.
c) ♟♟♟ Schreibt eine Anleitung, wie man Quadrate zeichnet. Verwendet dabei die Fachbegriffe.

16 Zeichne die Quadrate.
a) Seitenlänge $a = 5$ cm
b) Seitenlänge $a = 10$ mm
c) Seitenlänge $a = 3,5$ cm
d) Seitenlänge $a = 5,5$ cm
e) Seitenlänge $a = 1,1$ dm

16 Zeichne ein Quadrat mit der Seitenlänge 8 cm. Dann halbiere die Seiten und verbinde die Punkte auf den Seitenmitten zu einem neuen Quadrat.
Versuche auf diese Weise, möglichst viele Quadrate ineinander zu zeichnen.

17 Die Figuren sind jeweils aus den Vielecken aus der Randspalte zusammengesetzt.

 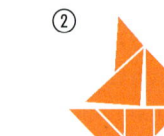

a) Wie sind die Vielecke angeordnet?
b) Zeichne die Figuren mit dem Lineal in dein Heft.

17 Die Figuren sind jeweils aus den Vielecken aus der Randspalte zusammengesetzt.

a) Wie sind die Vielecke angeordnet?
b) Zeichne die Figuren mit dem Lineal in dein Heft.

18 Zeichne eine Gerade h in dein Heft.
a) Zeichne eine Gerade g, die senkrecht auf der Geraden h steht.
b) Zeichne eine dritte Gerade k, die senkrecht auf der Geraden g steht.
c) Wie verläuft die Gerade k zur Geraden h? Überprüfe mit deinem Geodreieck.
d) ♟♟ Ist das immer so?
Vergleicht eure Zeichnungen untereinander.
Überprüft eure Vermutungen an weiteren Beispielen.

Umfänge messen und berechnen

Entdecken

1 Gestalte deinen eigenen Bilderrahmen mit geometrischen Formen.
a) Male die einzelnen Flächen farbig aus.
b) Trenne die einzelnen Flächenformen durch Rahmen voneinander ab und zeichne den Rahmen braun ein.
c) Präsentiere deinen Rahmen der Klasse und beschreibe die Formen.

2 Rahmen für Briefmarken

a) 🗣 Zeichne Rahmen in dein Heft, in die diese Briefmarken genau passen.
b) 🗣🗣 Erklärt euch gegenseitig euer Vorgehen.
c) 🗣🗣 Bei welchen Briefmarken war es einfach? Bei welchen schwieriger?
Erklärt euch gegenseitig, woran das liegt.

3 🗣🗣 Ein Briefmarkensammler möchte Rahmen für die Briefmarken aus Aufgabe 2 herstellen.
Er hat Leisten gekauft.
Wie lang müssen die Leisten jeweils sein?
a) Michael behauptet: „Ich muss nicht alle Seiten messen, um das herauszufinden."
Was meint Michael damit?
b) Bei welchen Briefmarken stimmt Michaels Behauptung?
Bei welchen stimmt sie nicht?
c) Wie viele Seiten müsst ihr jeweils mindestens zur Berechnung messen?
Überprüft eure Vermutung an weiteren Formen.

4 Übertrage die Form genau in dein Heft.
a) 🗣 Miss und berechne die Länge der orangefarbenen Linie.
b) 🗣🗣 Vergleicht eure Rechenwege und Ergebnisse.
Welcher Rechenweg ist besser?
c) 🗣🗣 Zeichnet andere Flächen mit einer Umrandung, die genauso lang sind.
Beschreibt euer Vorgehen im Heft.

Verstehen

Laura macht Ferien auf einem Reiterhof.
Sie führt ihr Pony einmal um den Hof.

Wie viel Meter sind das insgesamt?

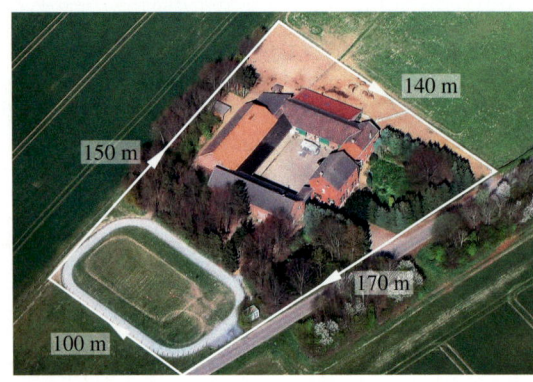

Laura rechnet:
140 + 170 + 100 + 150 = 560
Es sind insgesamt 560 m.

HINWEIS
*Der Umfang
wird in der
Mathematik mit
einem kleinen u
abgekürzt.*

> **Merke**
> Addiert man die Seitenlängen eines Vielecks, so erhält man den **Umfang u**.

Ist die Fläche ein Rechteck, lässt sich der Umfang durch geschicktes Zusammenfassen
schneller berechnen.

Beispiel 1   Eine rechteckige Koppel soll neu eingezäunt werden.
Die Koppel ist 80 lang und 35 m breit.
Wie viel Meter Zaun wird benötigt?

u = Länge + Breite + Länge + Breite
  =   80   +   35   +   80   +   35   = 230

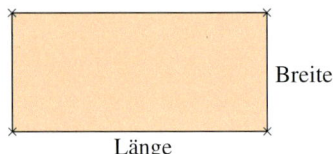

Da bei einem Rechteck die gegenüberliegenden
Seiten gleich lang sind, kann man auch so
zusammenfassen:

u = 2 · Länge + 2 · Breite
  = 2 ·   80   + 2 ·   35   = 230
Für die Koppel werden 230 m Zaun benötigt.

> **Merke** Bei **Rechtecken** lässt sich der **Umfang** durch eine einfache Formel angeben:
>
> Umfang = Länge + Breite + Länge + Breite
>
> oder
>
> Umfang = 2 · Länge + 2 · Breite
>
>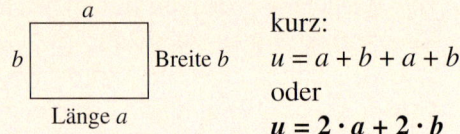
>
> kurz:
> $u = a + b + a + b$
> oder
> $u = 2 · a + 2 · b$

Beispiel 2   Eine quadratische Koppel hat eine Seitenlänge von $a = 35$ m.
Wie viel Meter Zaun wird benötigt?

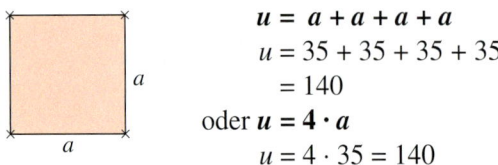

$u = a + a + a + a$
$u = 35 + 35 + 35 + 35$
   = 140
oder $u = 4 · a$
$u = 4 · 35 = 140$

Es wird 140 m Zaun benötigt.

> **Merke** Für den **Umfang eines Quadrats**
> gilt die Formel:
>
>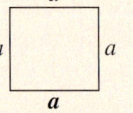
>
> $u = a + a + a + a$
> oder
> $u = 4 · a$

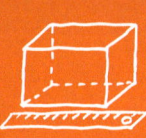

Üben und anwenden

1 Bestimme den Umfang der Flächen.
Bei welchen Flächen muss man zur Bestimmung des Umfangs nicht alle Seiten messen? Begründe deine Antwort.

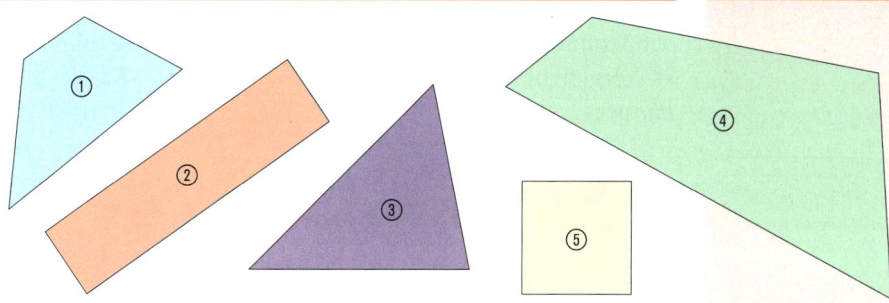

2 Bestimme den Umfang der Flächen.

a)

b)

c)

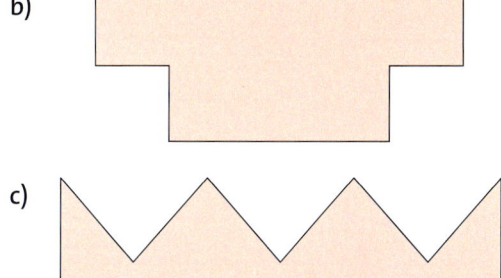

2 Bestimme den Umfang der Flächen.

a)

b)

c)

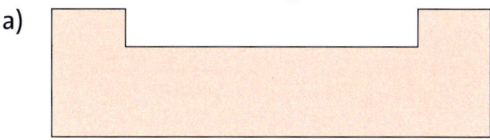
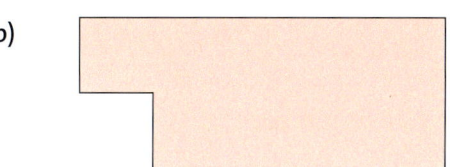
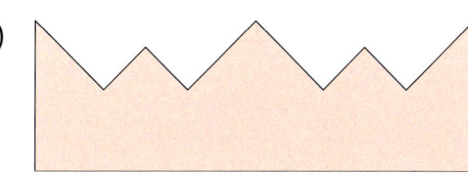

3 Zeichne eine eigene Figur in dein Heft, die einen Umfang von 20 cm hat.

3 Zeichne unterschiedliche Figuren in dein Heft, die einen Umfang von 25 cm haben.

ZUM WEITERARBEITEN
👥 Sucht Rechtecke und Quadrate in eurem Klassenzimmer. Messt den Umfang. Beschreibt euer Vorgehen.

4 Zeichne die Rechtecke in dein Heft.
Trage die Seiten nebeneinander an. Zeichne gleich lange Seiten mit derselben Farbe.

Beispiel

1 cm

2 cm

Miss den Umfang und notiere eine Rechnung.
Beschreibe dein Vorgehen im Heft.
a) Länge 4 cm   Breite 2 cm
b) Länge 4,5 cm   Breite 1,5 cm
c) Länge 3 cm   Breite 3 cm

4 Zeichne die Rechtecke in dein Heft.
Trage die Seiten nebeneinander an. Zeichne gleich lange Seiten mit derselben Farbe.
Miss den Umfang und notiere eine Rechnung.
Beschreibe dein Vorgehen im Heft.
a) Länge 3 cm   Breite 0,5 dm
b) Länge 6 cm   Breite 0,2 dm
c) Länge 20 mm   Breite 6 cm

5 Zeichne die Quadrate mit der angegebenen Seitenlänge a.
Berechne ihren Umfang.
Kontrolliere durch Messen.
a) $a = 40$ mm   b) $a = 1$ dm
c) $a = 2,5$ cm   d) $a = 0,9$ dm

5 Zeichne die Quadrate mit der angegebenen Seitenlänge a.
Berechne ihren Umfang in cm.
Kontrolliere durch Messen.
a) $a = 49$ mm   b) $a = 0,1$ m
c) $a = 0,5$ dm   d) $a = 0,01$ dm

6 Berechne die fehlenden Maße und gib den Umfang der Figur an.
👥 Vergleiche dein Ergebnis mit deinem Partner.

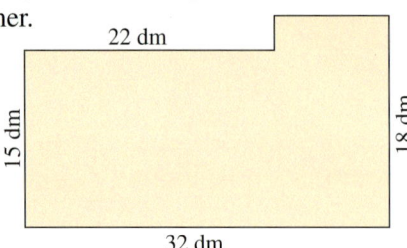

6 Berechne die fehlenden Maße und gib den Umfang der Figur an.
👥 Vergleiche dein Ergebnis mit deinem Partner.

(alle Angaben in km)

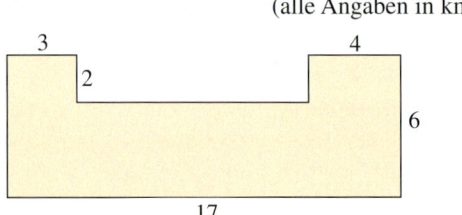

7 Das Grundstück von Familie Breuer bekommt einen neuen Zaun. Stelle eine sinnvolle Frage und beantworte sie. Beschreibe dein Vorgehen im Heft.

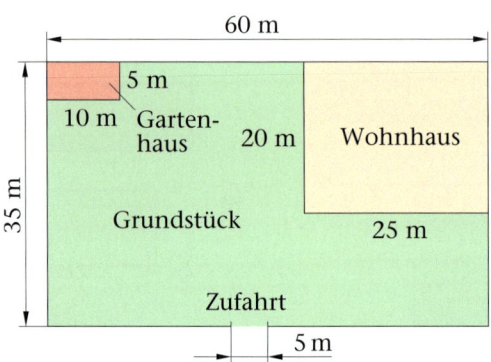

7 Um das Grundstück von Familie Breuer sollen Bäume im Abstand von 5 m gepflanzt werden. Stelle eine sinnvolle Frage. Beschreibe dein Vorgehen im Heft.

HINWEIS
zu Aufgabe 8:
Achte auf die Einheiten.

8 Berechne den Umfang des Rechtecks.

	Länge a	Breite b
a)	4 cm	3 dm
b)	2 m	50 cm
c)	1 km	500 m
d)	20 mm	4 cm

8 Berechne den Umfang des Rechtecks.

	Länge a	Breite b
a)	3 cm	20 mm
b)	2,5 m	30 cm
c)	5,5 km	250 m
d)	0,5 m	12 mm

HINWEIS
Mehr Aufgaben wie bei Aufgabe 9 findest du im Kapitel „Gleichungen und Formeln".

9 Zeichne die Vierecke. Beschreibe jeweils, wie du vorgehst.
a) Quadrat mit $u = 36$ cm
b) Rechteck mit $u = 16$ cm
c) Rechteck mit einer Länge $a = 5$ cm und einem Umfang $u = 28$ cm
👥 Vergleiche deine Zeichnung mit deinem Partner.
👥 Gibt es mehrere Möglichkeiten? Begründet jeweils.

10 Der Zaun einer rechteckigen Pferdekoppel mit den Maßen 84 m und 33 m muss erneuert werden. Wie viel Meter Holzstangen muss der Reitklub mindestens bestellen?

10 Ein Zimmer von 5 m Länge und 3 m 50 cm Breite soll an der Decke an den Kanten entlang eine Zierbordüre erhalten. Wie viel Meter der Bordüre werden benötigt?

11 Vergleiche und erkläre die Rechenwege von Lukas, Mirja und Thomas. Wie rechnest du?

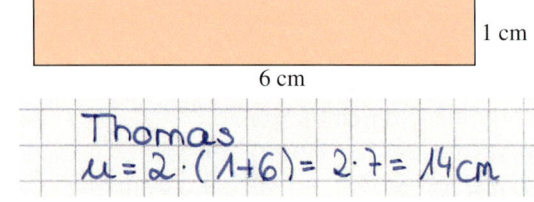

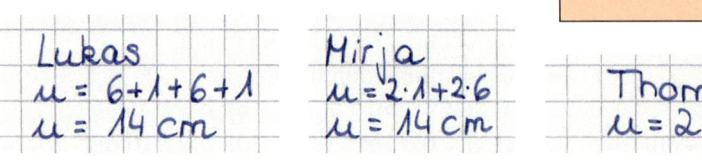

Lukas
$u = 6+1+6+1$
$u = 14$ cm

Mirja
$u = 2 \cdot 1 + 2 \cdot 6$
$u = 14$ cm

Thomas
$u = 2 \cdot (1+6) = 2 \cdot 7 = 14$ cm

Das Koordinatensystem

Entdecken

1 Kapitän Joe hat eine Schatzkarte gefunden. Er legt an der Delphinbucht an und erkundet die Insel. Dabei kommt er an dem Blumenbeet und an den heißen Quellen vorbei. Dann findet er den Schatz. Bestimme die Lage der Delphinbucht, des Blumenbeets, der heißen Quelle und des Schatzes.

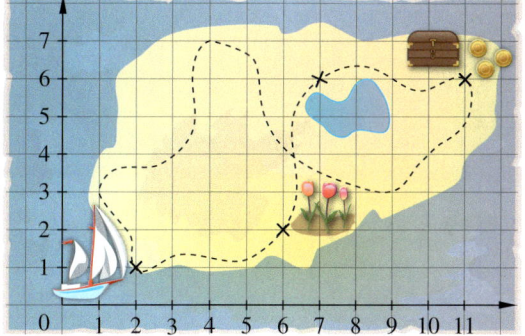

2 Auf dem Rückweg trifft Kapitän Joe auf eine Elefantenherde (10|4), einen Papagei (4|7) und eine Echse (1|3). Übertrage die Schatzkarte in dein Heft und zeichne die Orte ein.

3 Weitere Abenteuer von Kapitän Joe
a) 👤 Erfinde deine eigene Geschichte zu Kapitän Joe.
b) 👥 Stelle deine Geschichte einem Lernpartner vor und er soll die Lage bestimmen.
c) 👥 Arbeitet in kleinen Gruppen.
Entwickelt eine eigene Schatzkarte und erklärt, wie man die Lage der Punkte bestimmt.

Verstehen

Die Kinovorstellung ist fast ausverkauft.
Welche Reihe und welcher Platz stehen auf der grünen Eintrittskarte?

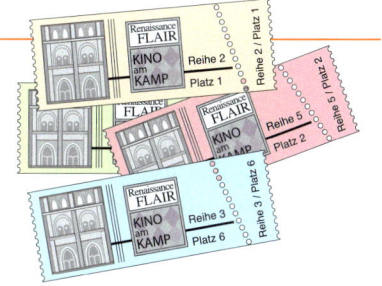

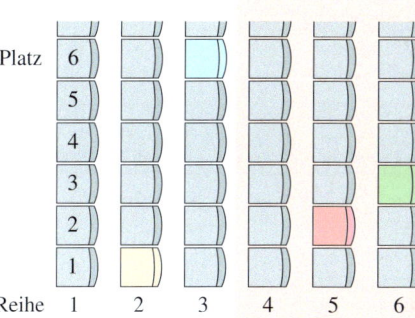

Merke In einem **Koordinatensystem** kann man Punkte durch die Angabe des Rechtswerts und des Hochwerts (die beiden **Koordinaten**) genau angeben.

Dabei zeichnet man zwei Achsen: Die Achsen stehen senkrecht aufeinander und beginnen im gemeinsamen Anfangspunkt, dem **Ursprung**.
Die x-Achse zeigt nach rechts (**Rechtswertachse**).
Die y-Achse zeigt nach oben (**Hochwertachse**).

Beispiel So bestimmt man die Lage des Punkts P:

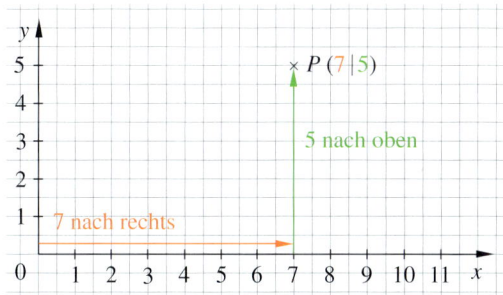

Gehe vom Ursprung (0|0)
7 Einheiten nach rechts
in Richtung der x-Achse,
5 Einheiten nach oben
in Richtung der y-Achse.
Der Punkt P hat die Koordinaten (7|5).
Kurz: $P(7|5)$

x-Koordinate y-Koordinate

115

Üben und anwenden

1 Welcher Punkt hat diese Koordinaten?

a) $(5|6)$ b) $(2|3)$ c) $(3|2)$

d) $(0|6)$ e) $(9|0)$ f) $(7|2)$

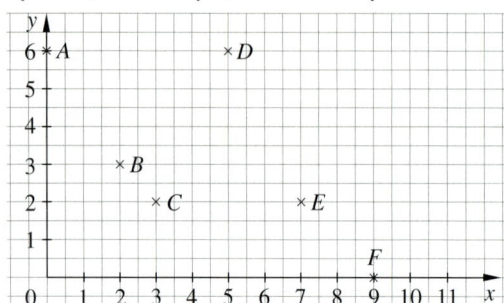

1 Gib die Koordinaten der Punkte an.

2 Benenne die Eckpunkte der Hausfront mit einem großen Buchstaben. Gib die Koordinaten der Punkte an.

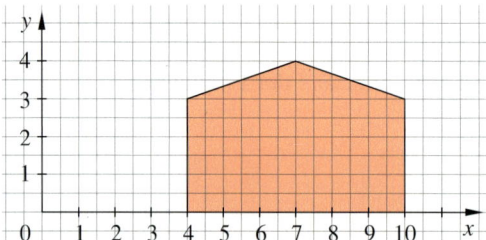

2 Zeichne ein passendes Koordinatensystem in dein Heft.

a) Trage die folgenden Punkte ein.

$A(2|3)$ $B(5|1)$ $C(8|7)$

$D(2,5|3)$ $E(1|1)$ $F(6|4)$

$G(0|9)$ $H(7,5|0)$ $I(1|5)$

$J(4|8)$ $K(2|3,5)$ $L(1,5|6,5)$

b) Trage zusätzlich den Punkt $Z(10|5)$ ein. Welche Koordinaten hat der Punkt M, der genau in der Mitte zwischen A und Z liegt?

3 Beim Zeichnen des Koordinatensystems wurden Fehler gemacht. Beschreibe die Fehler im Heft mit Fachbegriffen. Berichtige sie.

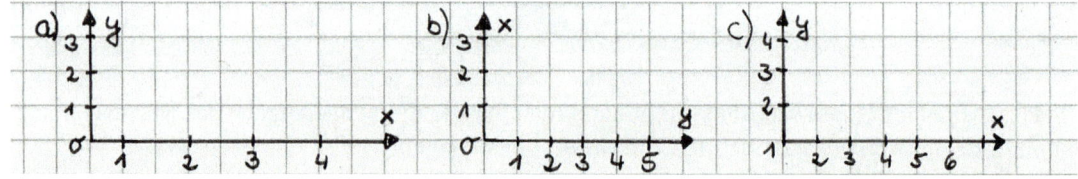

ZUM WEITERARBEITEN

👥 Denkt euch selbst Figuren wie in Aufgabe 4 aus. Tauscht anschließend die Koordinaten aus und versucht herauszufinden, welche Figuren gemeint waren.

4 Zeichne ein passendes Koordinatensystem in dein Heft.

Zeichne aus den folgenden Punkten ein Segelboot.

Boot: $(6|0)$; $(12|0)$; $(15|2)$; $(3|2)$

Mast: $(7|2)$; $(7|10)$

Segel: $(7|9)$; $(7|2)$; $(13|3)$

5 Zeichne das Muster in dein Heft.

a) 👤 Bestimme die Koordinaten der Punkte.

b) 👥 Setzt das Muster rechts weiter fort. Bestimmt die Koordinaten der neuen Punkte. Was fällt euch auf?

c) 👥👥 Entwerfe eigene Muster im Koordinatensystem und stelle sie in der Gruppe vor.

4 Verbinde die Punkte in der angegebenen Reihenfolge. Welches Bild ergibt sich?

a) $A(2|1)$; $B(2|6)$; $C(4|9)$; $D(6|6)$; $E(6|1)$
Reihenfolge: $ABCDBEADE$

b) $A(3|1)$; $B(5|1)$; $C(1|3)$; $D(7|3)$; $E(1|5)$;
$F(7|5)$; $G(3|7)$; $H(5|7)$
Reihenfolge: $AGDCHBEFA$

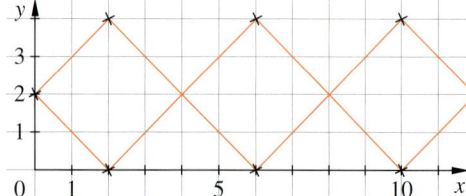

Winkel erkennen und bezeichnen

Entdecken

1 👥 Auf den Bildern findet ihr Winkel.
Zeigt euch gegenseitig möglichst viele Winkel.

2 Du kannst durch Falten Winkel selbst erzeugen. Falte ein Blatt Papier zweimal,
sodass sich die Faltlinien schneiden.
a) 👤 Wie viele Winkel erkennst du?
b) 👥 Vergleiche mit deinem Nachbarn die entstandenen Winkel.
    Was fällt euch auf?
c) 👥 Wie müsst ihr das Papier falten, damit …
    – gleich große Winkel entstehen?
    – unterschiedlich große Winkel entstehen?

3 Mithilfe eines DIN-A4-Blatts kannst du Winkelgrößen vergleichen.
Schneide eine Ecke ab und vergleiche deren Winkelgröße mit
den abgebildeten Winkeln.
Welche Winkel sind gleich groß,
größer oder kleiner?
Notiere deine Ergebnisse.

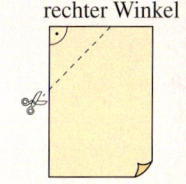

rechter Winkel

4 👥 Arbeiten mit einem Winkelmodell
Material:
Für den Bau des Winkelmodells benötigt ihr
– Pappe für zwei rechteckige Pappstreifen
– eine Musterbeutelklammer
Anleitung:
① Zeichnet zwei unterschiedlich lange, rechteckige Streifen auf einen Bogen Pappe.
② Schneidet die Streifen aus.
③ Beschriftet die beiden Streifen mit „1. Schenkel" und „2. Schenkel".
④ Verbindet beide Streifen mithilfe der Klammer.

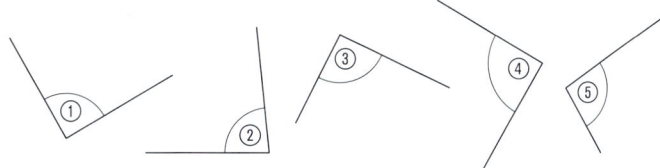

HINWEIS
*So sehen
Musterbeutel-
klammern aus.*

Stellt einen rechten Winkel am Winkelmodell ein. Verändert den Winkel wie unten beschrieben.
Stellt einen Winkel ein, der …
a) halb so groß ist wie ein rechter Winkel.
b) doppelt so groß ist wie ein rechter Winkel.
c) größer, aber nicht doppelt so groß ist wie ein rechter Winkel.
d) dreimal so groß ist wie ein rechter Winkel.
👥 Diskutiert miteinander, welche Bezeichnung ihr jeweils dem neuen Winkel geben könnt.

Verstehen

Winkel findest du überall in deiner Umgebung.
Stellt man z. B. eine Leiter auf, so darf der Winkel zwischen den beiden Hälften nicht zu klein werden. Sonst besteht die Gefahr, dass man mit der Leiter umkippt.

Beispiel 1

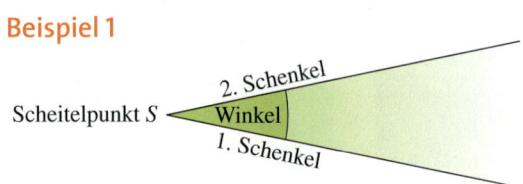

Scheitelpunkt S
2. Schenkel
Winkel
1. Schenkel

> **Merke** Ein **Winkel** wird durch zwei **Schenkel** begrenzt, die von einem gemeinsamen Punkt ausgehen. Diesen Anfangspunkt nennt man **Scheitelpunkt S**.

Winkel werden meistens mit griechischen Buchstaben bezeichnet.

alpha: beta: gamma: delta: epsilon:

α β γ δ ε

Für einen sicheren Stand der Leiter sollte der Winkel α zwischen den beiden Schenkeln der Leiter mindestens 40° betragen.

Beispiel 2

90°
$\alpha = 40°$
0°
180°
360°
270°

Bei einem Winkel α von 40 Grad schreibt man $\alpha = 40°$.

> **Merke** Die Größe eines Winkels wird im Winkelmaß **Grad** (°) angegeben. Einen Winkel von 1° erhält man, wenn ein Kreis in 360 gleich große Teile geteilt wird.

Mithilfe des Winkelmodells können Winkel dargestellt werden.
Je nach Größe des Winkels unterscheidet man verschiedene Winkelarten.

Beispiel 3

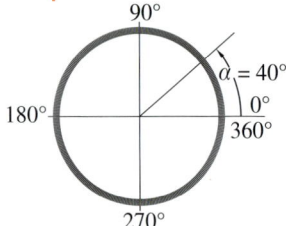

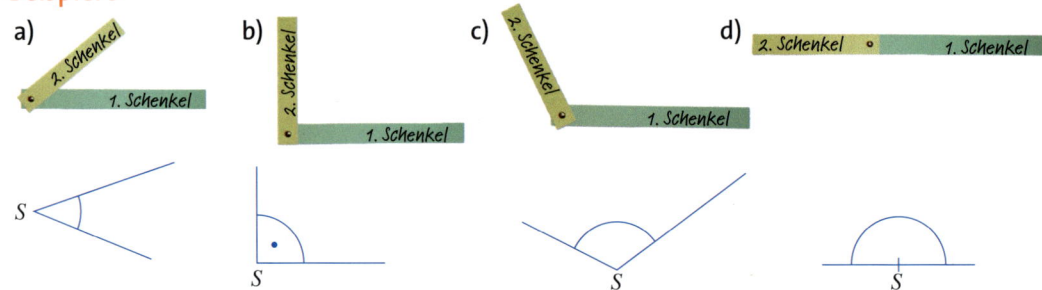

a) 2. Schenkel, 1. Schenkel, S
b) 2. Schenkel, 1. Schenkel, S
c) 2. Schenkel, 1. Schenkel, S
d) 2. Schenkel, 1. Schenkel, S

> **Merke** **Winkelarten** im Überblick
>
> | **spitzer Winkel** | **rechter Winkel** | **stumpfer Winkel** | **gestreckter Winkel** |
> |---|---|---|---|
> | größer als 0°, aber kleiner als 90° | genau 90°, Schenkel sind senkrecht zueinander | größer als 90°, aber kleiner als 180° | genau 180° |

Üben und anwenden

1 👥 Zeigt euch gegenseitig auf den Bildern möglichst viele Winkel und beschreibt sie.
Verwendet dabei die Fachbegriffe „Scheitelpunkt" und „Schenkel".

a) b) c) d)

2 👥 Zeige mit den Armen, einem Zirkel, einem Meterstab oder einem gebastelten Winkelmodell spitze, rechte, stumpfe und gestreckte Winkel.
Dein Lernpartner muss die Winkel erkennen und benennen.
Wechselt euch gegenseitig ab.

2 Suche in deinem Klassenzimmer Winkel.
a) Wo findest du rechte Winkel?
Überlege dir, wie du ohne ein Geodreieck überprüfen kannst, ob es sich um einen rechten Winkel handelt.
b) Suche auch Beispiele für spitze, stumpfe, und gestreckte Winkel.

3 Gib zu den Winkeln α, β, γ und δ die Winkelart an. Begründe.
Schätze danach die Winkelgrößen.

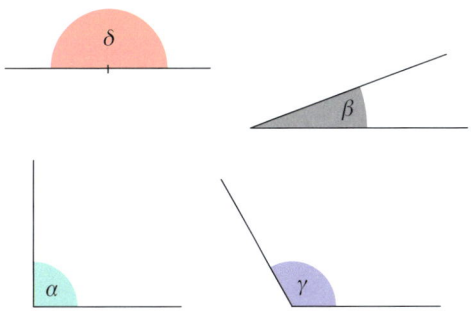

3 Gib zu jedem Winkel die Winkelart an. Begründe.
Schätze danach die Winkelgröße.

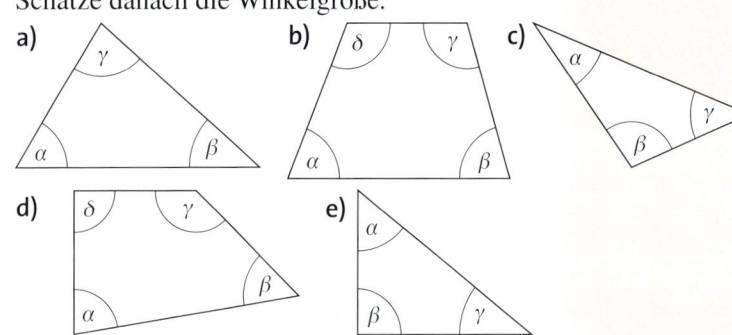

4 Ordne die Winkelgrößen den Winkeln zu:
120°; 90°; 45°; 20°
Du musst dazu keine Winkel messen.
Begründe deine Vorgehensweise.

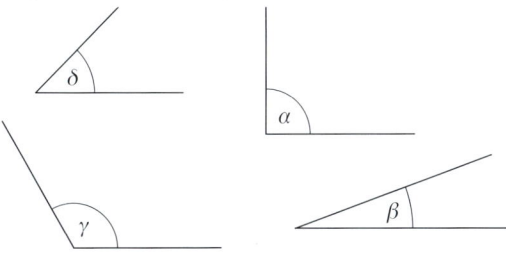

4 Gib für die Winkel die Winkelart an.
Schätze die Größe der Winkel.

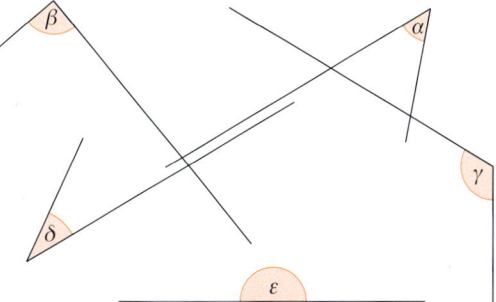

5 Ordne die Winkelgrößen den entsprechenden Winkelarten zu:
45°; 138°; 17°; 90°; 179°; 180°; 89°; 91°.

Werkzeug Winkel messen

Um 15 Uhr erkennt man zwischen dem Stundenzeiger und dem Minutenzeiger genau einen rechten Winkel.

Sven möchte von Kai wissen, wie viel Grad der Winkel zwischen den beiden Zeigern um 15.05 Uhr beträgt.

Kai zeigt Sven sein Geodreieck.
Die Grundkante des Geodreiecks zeigt eine **Zentimeter-Einteilung**, damit können Längen gemessen werden.
Die beiden kürzeren Kanten des Geodreiecks haben eine **Grad-Einteilung**, damit können Winkel gemessen werden:
Bei diesem Geodreieck läuft die **äußere Skala** gegen den Uhrzeigersinn, die **innere Skala** läuft mit dem Uhrzeigersinn.
Einige besondere Winkelgrößen sind markiert.

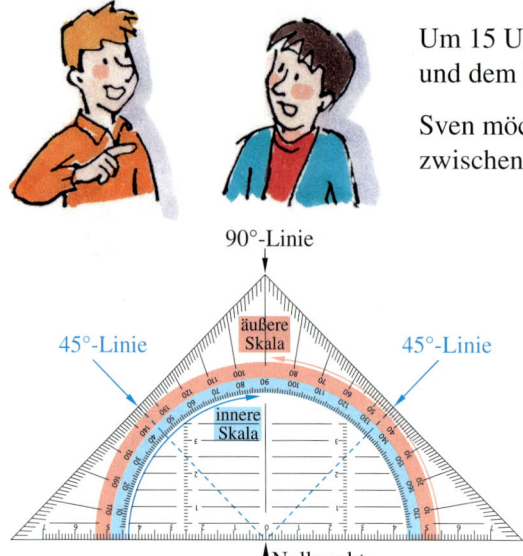

Kai legt das Geodreieck mit dem Nullpunkt auf den Scheitelpunkt und liest eine Winkelgröße von 60° auf der äußeren Skala ab.

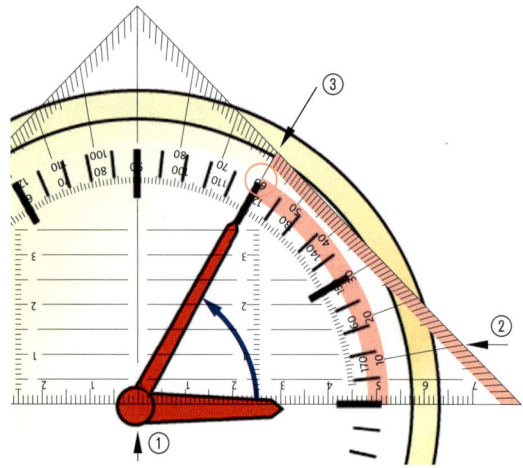

Winkel werden mit dem Geodreieck gemessen.
Dabei geht man in drei Schritten vor.
① **Anlegen:** Der Nullpunkt des Geodreiecks und der Scheitelpunkt des Winkels liegen genau übereinander. Die Kante des Geodreiecks liegt genau auf dem 1. Schenkel.

② **Skala wählen:** Die äußere Skala beginnt am 1. Schenkel mit 0°, also wird an der äußeren Skala abgelesen.

③ **Ablesen:** Die Winkelgröße beträgt 60°.

Um 21.05 Uhr kann zwischen den Zeigern ein stumpfer Winkel gemessen werden. Dabei kann der Winkel auf der äußeren oder der inneren Skala abgelesen werden.

Beispiel 1

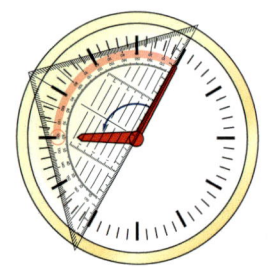

Die Grundkante liegt auf dem 1. Schenkel.

Der Winkel wird auf der **äußeren Skala** abgelesen.

Beispiel 2

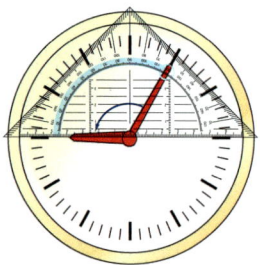

Die Grundkante liegt auf dem 2. Schenkel.

Der Winkel wird auf der **inneren Skala** abgelesen.

Werkzeug **Winkel zeichnen**

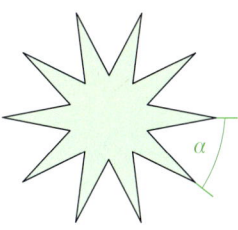

Die Theater-AG braucht für das Bühnenbild ihrer nächsten Aufführung viele regelmäßige Sterne.
Rainer und Jeanine haben eine Vorlage bekommen und wollen einige Sterne auf Tonpapier zeichnen.

Dafür messen sie zuerst alle benötigten Winkel und zeichnen mit dem Geodreieck.

Winkel werden mit dem Geodreieck gezeichnet.
Dabei geht man nach dem **Markierungsverfahren** oder dem **Drehverfahren** vor.

Beispiel 1
Markierungsverfahren

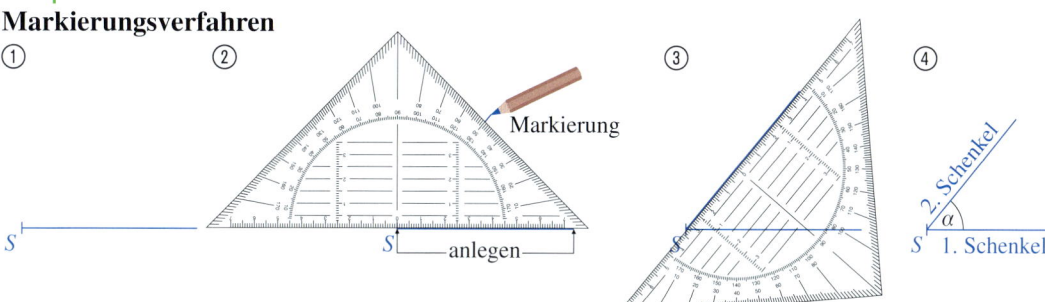

① Zeichne den 1. Schenkel und markiere den Scheitelpunkt.

② Lege die Grundkante des Geodreiecks an den 1. Schenkel. Achte darauf, dass der Nullpunkt genau auf dem Scheitelpunkt liegt. Markiere die Winkelgröße an der richtigen Winkelskala.

③ Verbinde deine Markierung mit dem Scheitelpunkt.

④ Beschrifte beide Schenkel und den Winkel.

HINWEIS
Überprüfe deine gezeichneten Winkel stets mit deinem Wissen über Winkelarten.

Beispiel 2
Drehverfahren

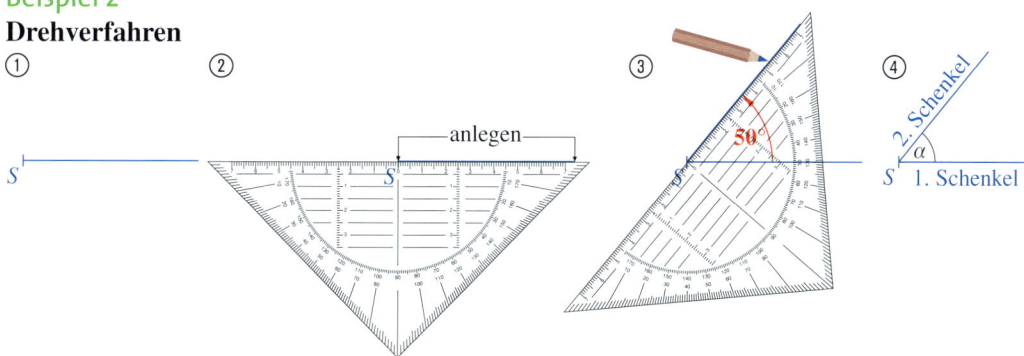

① Zeichne den 1. Schenkel und markiere den Scheitelpunkt.

② Lege die Grundkante des Geodreiecks an den 1. Schenkel. Das Geodreieck zeigt dabei nach unten. Achte darauf, dass der Nullpunkt genau auf dem Scheitelpunkt liegt.

③ Drehe das Geodreieck so weit, bis die Winkelgröße auf der Skala am 1. Schenkel erscheint. Zeichne vom Scheitelpunkt aus den 2. Schenkel.

④ Beschrifte beide Schenkel und den Winkel.

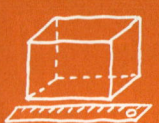

6 Wie groß sind die Winkel? Lies die Größe am Geodreieck ab.

a)
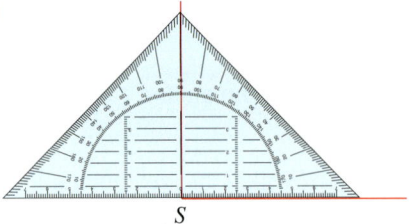

b)

7 Schätze erst die Winkelgröße und miss dann.
Bestimme die Winkelart. Überprüfe, ob das Ergebnis zur Winkelart passt.

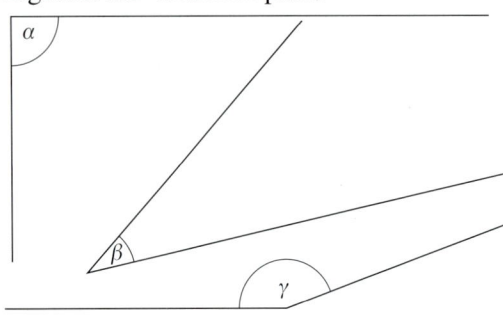

7 Schätze erst die Winkelgröße und miss dann.
Bestimme die Winkelart. Überprüfe, ob das Ergebnis zur Winkelart passt.

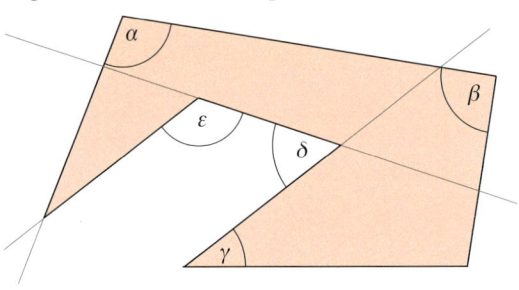

8 Zeichne einen spitzen, rechten, stumpfen und gestreckten Winkel ins Heft.
Beschrifte die Winkel und gib die Winkelgröße an.

HINWEIS
Überprüfe deine gezeichneten Winkel stets mit deinem Wissen über Winkelarten.

9 Zeichne die Winkel ins Heft.
Beginne deine Zeichnung mit dem ersten Schenkel, markiere den Scheitelpunkt, …
a) 30°   b) 65°   c) 27°
d) 105°   e) 135°   f) 6°

9 Zeichne eine Gerade g und einen Punkt P auf der Geraden g. Trage den angegebenen Winkel im Scheitelpunkt P an.
a) 37°   b) 156°   c) 129°
d) 91°   e) 55°   f) 7°

10 Übertrage in dein Heft.
Trage im Scheitelpunkt die Winkel an.

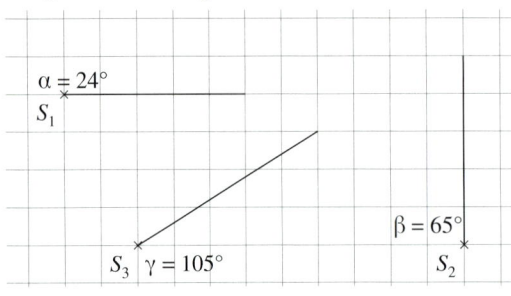

10 Übertrage in dein Heft.
Trage im Scheitelpunkt die Winkel an.

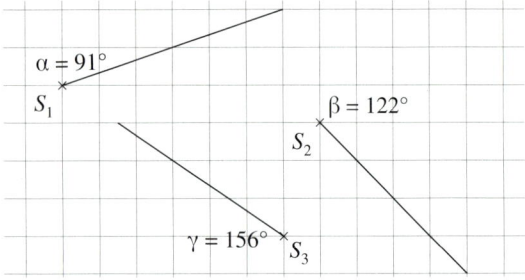

11 Zeichne ins Heft.
a) Die Straßen kreuzen sich in einem Winkel von 90°.
b) Die Pizza hat sechs gleich große Stücke.
c) Das Flugzeug hebt mit einem Winkel von 30° ab.

11 Zeichne ins Heft.
a) Er schießt in einem Winkel von 20° auf das Tor.
b) Die Torte hat zehn gleich große Stücke.
c) Der schiefe Turm von Pisa ist 55 m hoch und neigt sich um 4°.

Werkzeug Dynamische Geometrie-Software

Geometrische Figuren kann man auch mit verschiedenen Computerprogrammen zeichnen.
Diese Programme nennt man dynamische Geometrie-Software (DGS).
Figuren können schnell und genau gezeichnet, bewegt und verändert werden.
Die fertigen Zeichnungen kann man speichern und ausdrucken.

1 ♟♟ Grundwerkzeuge

Macht euch mit den Grundwerkzeugen der dynamischen Geometrie-Software vertraut.
Zeichnet Grundelemente wie Punkte, Strecken, Dreiecke oder andere Vielecke.
Probiert die einzelnen Werkzeuge aus.

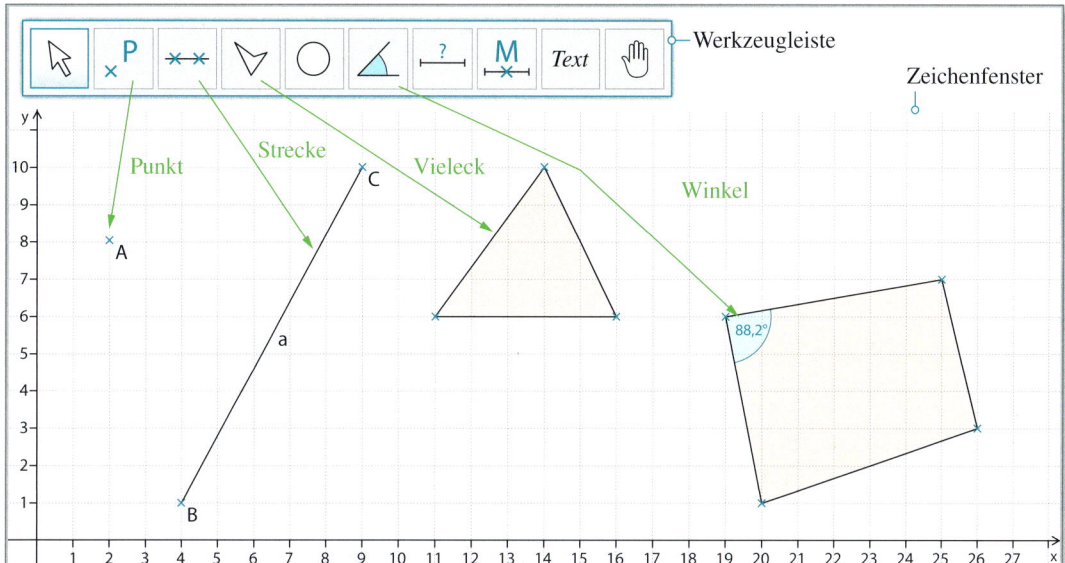

2 Figuren zeichnen

a) Zeichne verschiedene Dreiecke, Vierecke, Fünfecke und Sechsecke.

b) Zeichne einen spitzen Winkel. Bewege einen Schenkel so, dass aus dem spitzen Winkel ein rechter (stumpfer, spitzer) Winkel wird.

3 Koordinatensystem

Suche die Einstellung, mit der man ein Koordinatensystem und Gitterlinien auf der Zeichenfläche einblenden kann.

a) Zeichne das nebenstehende Dreieck ab.

b) Zeichne diese Dreiecke.

  ① △ABC mit
    $A(2|1)$; $B(4|2)$; $C(2|6)$

  ② △DEF mit
    $D(4|5)$; $E(7|7)$; $F(5|10)$

  ③ △GHI mit
    $G(8|4)$; $H(10|4)$; $I(9|0)$

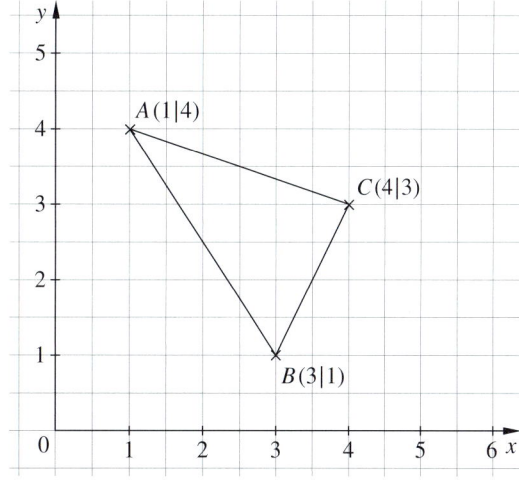

4 ♟♟ Winkel messen

Mithilfe der dynamischen Geometrie-Software kann man auch Winkel messen.
Findet heraus, wie das geht.

Klar so weit?

→ Seite 104

Gerade Linien und ihre Lagebeziehungen

1 Übertrage das Muster ins Heft.
Markiere je zwei zueinander …
a) parallele Linien (rot).
b) senkrechte Linien (∟).

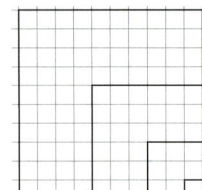

1 Zeichne das Muster vergrößert ins Heft.
Markiere je zwei zueinander …
a) parallele Linien (rot).
b) senkrechte Linien (∟).

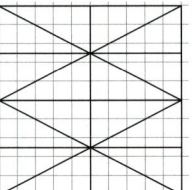

2 Bestimme jeweils den Abstand der Parallelen g und h.

a)
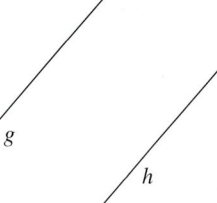

b)
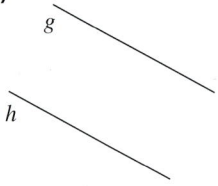

c)
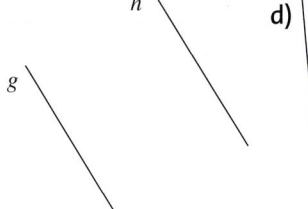

d)

3 Bestimme jeweils den Abstand der Punkte von der Geraden g.
Beschreibe dein Vorgehen mit Fachbegriffen.

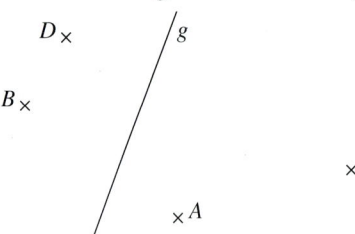

3 Übertrage ins Heft. Miss jeweils den Abstand des gegenüberliegenden Punktes zur jeweiligen Strecke.
Beschreibe, wie du dabei vorgehst. Verwende dabei die richtigen Fachbegriffe.

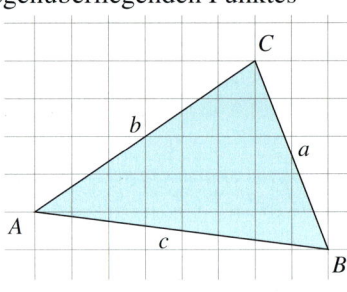

→ Seite 112

Umfänge messen und berechnen

4 Miss und berechne den Umfang.

a)
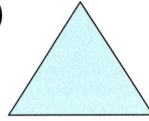

b)

c)

d)

5 Wie viel cm Draht brauchst du, um ein Quadrat mit einer Seitenlänge von 4 cm zu formen?
Begründe deine Antwort.

5 Wie viel cm Draht brauchst du, um ein Quadrat mit einer Seitenlänge von 3 m 50 cm zu formen?
Begründe deine Antwort.

6 Berechne den Umfang der Figur.

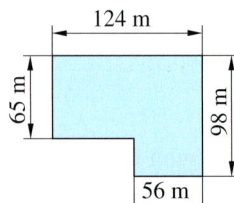

6 Berechne den Umfang (Angaben in mm).

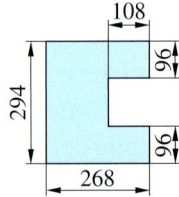

7 Ein Rechteck hat die Länge a und die Breite b. Berechne den Umfang.

a) $a = 4\,\text{cm}; b = 9\,\text{cm}$ **b)** $a = 22\,\text{m}; b = 41\,\text{m}$ **c)** $a = 13{,}0\,\text{cm}; b = 150\,\text{mm}$

Das Koordinatensystem

→ Seite 115

8 Gib die fehlenden Koordinaten im Heft an.

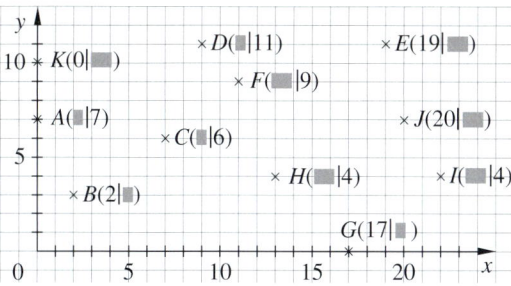

8 Gib jeweils die Koordinaten der Punkte an.

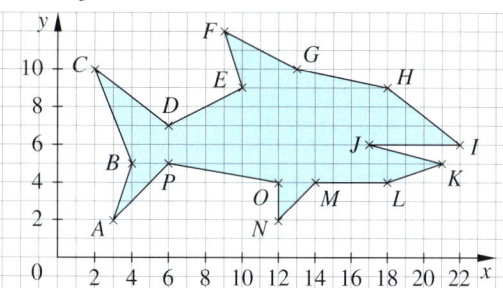

9 Zeichne ein Koordinatensystem mit x- und y-Werten von 0 bis 6.

a) Beschreibe, wie man den Punkt $P(1|1)$ ins Koordinatensystem einträgt.

b) Trage die Punkte $Q(2|2); R(3|3); S(4|4)$ und $T(5|5)$ ein. Was fällt dir auf?

9 Zeichne ein Koordinatensystem mit x- und y-Werten von 0 bis 8. Trage die Punkte ein. Verbinde sie in der angegebenen Reihenfolge.
$A(2|0); B(4|0); C(0|2); D(2|2);$
$E(4|2); F(6|2); G(3|7)$
Reihenfolge: $ADCGFEBA$

Winkel erkennen und bezeichnen

→ Seite 118

10 Finde jeweils einen spitzen, eine rechten, einen stumpfen und einen gestreckten Winkel in den Sternbildern aus der Randspalte. Schätze anschließend die Winkelgröße.

11 Du brauchst nicht zu messen.

a) Gib die jeweilige Winkelart an.

b) Zeichne zu jeder Winkelart zwei weitere Vertreter in dein Heft.

11 Zeichne die Figur in dein Heft. Beschrifte alle Winkel innerhalb der Figur an den Punkten A bis E mit α_1 bis α_5 und gib jeweils die Winkelart an. Schätze ihre Größe.

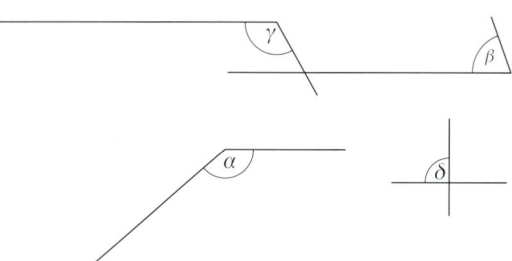

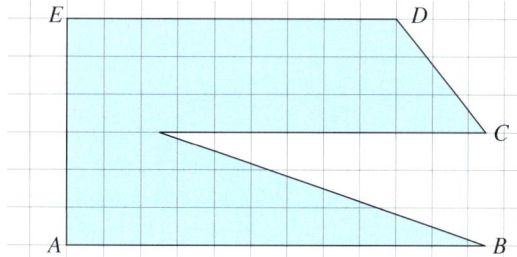

12 Miss die Winkel und zeichne sie in dein Heft. Überprüfe deine Messung mit deinem Wissen über Winkelarten.

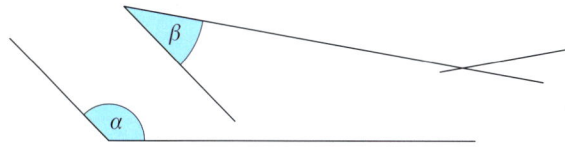

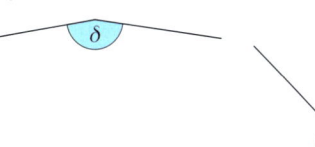

Vermischte Übungen

1 Welcher Weg bringt Lukas am schnellsten nach Hause?
a) Schätze zuerst, dann kontrolliere deine Schätzung durch Messen.
b) Zeichne im Heft ein ähnliches Bild mit verschiedenen Wegen. Wie lang ist jeder Weg?

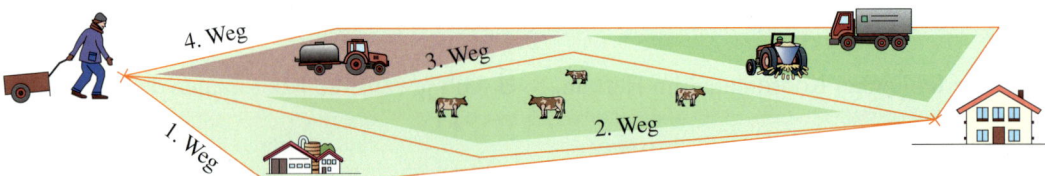

2 Falte aus Papier verschiedene Rechtecke. Zeige mit dem Geodreieck, welche Faltlinien senkrecht aufeinander stehen und welche zueinander parallel sind.

2 Versuche, aus einem Blatt Papier ein Quadrat zu falten.
Jede Seite soll 4 cm lang sein.
Prüfe mit dem Geodreieck.

3 Vergleiche die Winkel der Größe nach wie im Beispiel.
Beispiel $\alpha = \beta$ $\quad \alpha < \gamma$ $\quad \dots$
$\quad\quad\quad\quad \beta \blacksquare \dots \quad \beta \blacksquare \dots$
$\quad\quad\quad\quad \dots$
Gib jeweils die Winkelart an.

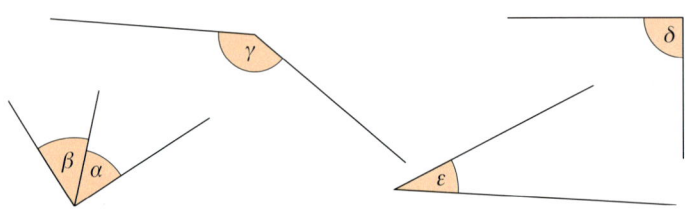

ZUM WEITERARBEITEN
♟ *Erfinde eigene halbe Figuren im Koordinatensystem.*
♟♟ *Lasse sie von deinem Lernpartner ergänzen.*

4 Übertrage und ergänze den halben Stern in einem Koordinatensystem.
Gib die Koordinaten aller Punkte an.

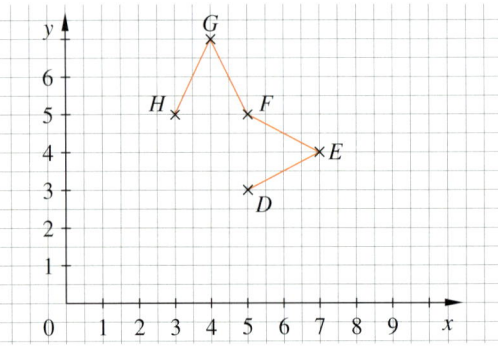

4 Übertrage und ergänze den halben Tannenbaum in einem Koordinatensystem.
Gib die Koordinaten aller Punkte an.

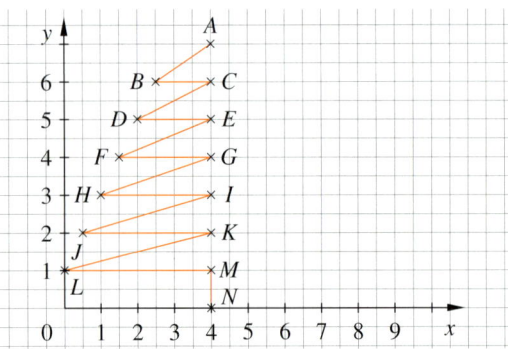

5 Zeichne eine Leiter mit einer Länge von 10 cm und einer Breite von 2 cm von vorne in dein Heft. Die Leiter soll 8 Sprossen besitzen, immer im Abstand von 1 cm.
Die unterste Sprosse beginnt in einer Höhe von 1,5 cm.
Beschreibe dein Vorgehen. Verwende dabei die richtigen Fachbegriffe.

6 Berechne den Umfang der Rechtecke.
In welcher Einheit gibst du das Ergebnis an?
Begründe.

	a)	b)	c)	d)
Länge	6 cm	23 mm	2 m	1,4 km
Breite	4 cm	12 mm	37 dm	700 m

6 Berechne den Umfang der Rechtecke.
In welcher Einheit gibst du das Ergebnis an?
Begründe.

	a)	b)	c)	d)
Länge	8,3 cm	6,6 m	22 mm	2,8 km
Breite	1,7 cm	49 dm	0,4 dm	1200 cm

7 Berechne jeweils den Umfang.

a) 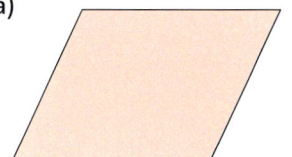   b)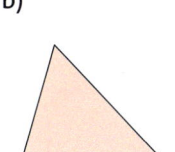

7 Berechne jeweils den Umfang.

a)    b)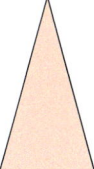

8 Zeichne die Winkel ins Heft.
a) 180°; 30°; 90°; 120°
b) Zwei der Winkel ergeben zusammen einen weiteren der angegebenen Winkel. Zeichne die beiden Winkel so nebeneinander, dass dieser Winkel entsteht.

8 Zeichne die Winkel aneinanderliegend ins Heft. Gib die Winkelgrößen an.
a) zwei Winkel, die zusammen 160° ergeben
b) drei Winkel, die zusammen 45° ergeben
c) fünf gleichgroße Winkel, die zusammen 120° ergeben

9 Berechne jeweils den Umfang der Figuren (alle Angaben in dm).

① 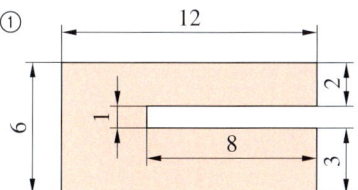   ② 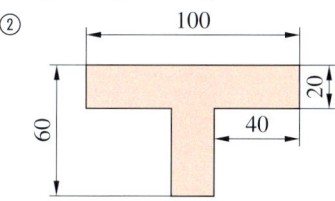   ③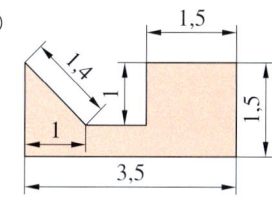

a) ♟ Erkläre, wie du dazu die fehlenden Seitenlängen berechnet hast.
b) ♟♟ Vergleicht eure Ergebnisse und Rechenwege.
c) ♟♟ Welcher Rechenweg ist für euch am einfachsten?

10 Berechne die Größe des Winkels. ♟♟ Beschreibt euch gegenseitig euer Vorgehen.

a)    b)    c)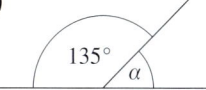

11 Julia und Patrick spielen Käsekästchen.
a) ♟ Wo muss Julia ihr Kreuz setzen, um im nächsten Zug zu gewinnen?
b) ♟♟ Beschreibt im Heft Gemeinsamkeiten und Unterschiede zwischen einem Koordinatensystem und dem Spielfeld. Verwende dabei die richtigen Fachbegriffe.

11 Auch Stadtpläne haben Gitternetze wie Koordinatensysteme.
a) ♟ Beschreibe das Gitternetz des Stadtplans.
b) ♟♟ Vegleicht die Gitternetze bei einem Stadtplan und einem Koordinatensystem. Verwende dabei die richtigen Fachbegriffe.

12 Beim Speerwurf ist es wichtig, einen bestimmten Abwurfwinkel zu erreichen.
a) ♟ Miss, in welchem Winkel die drei Sportlerinnen den Speer werfen.
b) ♟♟ Welcher Speer wird am weitesten fliegen? Diskutiert zu zweit und begründet eure Vermutung.
c) ♟♟ Nennt weitere Sportarten, bei denen Winkel eine Rolle spielen. Um welche Winkelart handelt es sich jeweils?

127

13 Amphore mit geometrischen Mustern:

a) Welches Muster findest du auf der Amphore wieder?

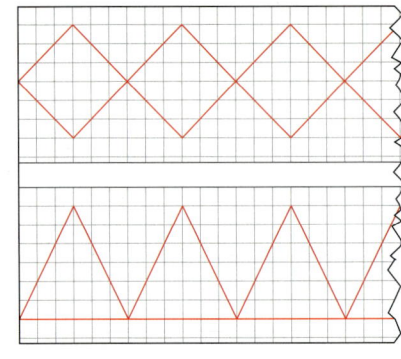

b) Zeichne die beiden Muster auf ein kariertes Blatt Papier. Färbe die Flächen ein.

c) ♄ Schneide dein Muster aus. Klebe es mit den Mustern deiner Mitschüler zu einem langen Band zusammen.

d) Zeichne ein weiteres Muster von der Amphore ab. Präsentiere es der Klasse.

13 Amphore mit geometrischen Mustern:

a) Zeichne zwei Parallelen im Abstand von 2 cm. Markiere auf einer Parallelen Punkte, die einen Abstand von 1,5 cm haben. Zeichne nach diesen Angaben das Muster.

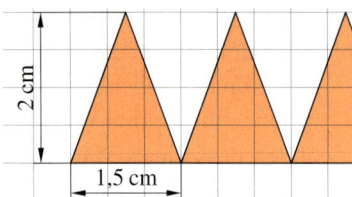

b) Zeichne das Muster ins Heft. Die Maße stehen in der Zeichnung.

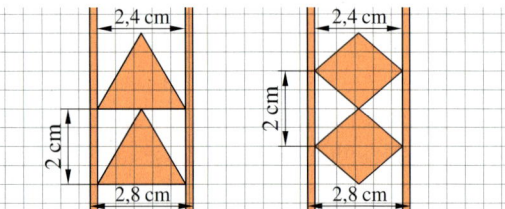

14 Übertrage das Bandornament in dein Heft und setzte es fort. Schreibe eine Zeichenanleitung. Verwende dabei die richtigen Fachbegriffe.

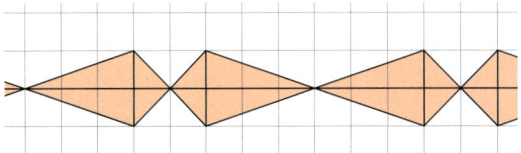

14 Übertrage das Bandornament in dein Heft und setzte es fort. Schreibe eine Zeichenanleitung. Verwende dabei die richtigen Fachbegriffe.

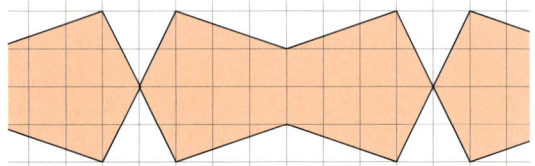

15 Zeichne die Figur in dein Heft. Beschreibe dein Vorgehen mit Fachbegriffen.

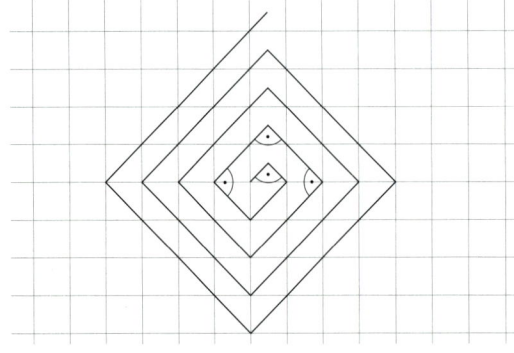

15 Zeichne die Figur in dein Heft. Beschreibe dein Vorgehen im Heft mit Fachbegriffen.

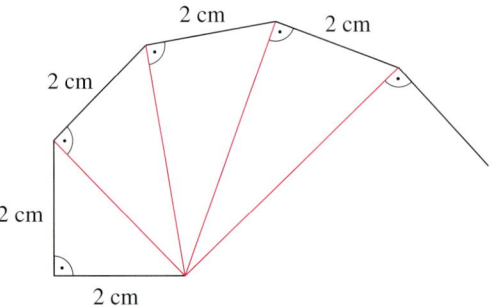

Teste dich!

1 Das Koordinatensystem   *(7 Punkte)*

a) Gib die Koordinaten der Punkte an.

b) Zeichne ein Koordinatensystem ins Heft.
   Trage die angegebenen Punkte ein und
   verbinde sie in alphabetischer Reihenfolge.
   Verbinde auch H mit A.
   Was für eine Figur entsteht?
   $A(5|1)$; $B(9|4)$; $C(9|6)$; $D(7|7)$;
   $E(5|6)$; $F(3|7)$; $G(1|6)$; $H(1|4)$

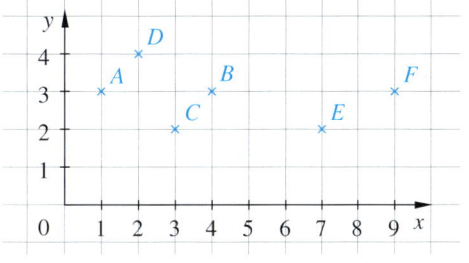

2 Zeige im Bild Parallele und Senkrechte.   *(4 Punkte)*

3 Miss die Abstände der Punkte zur Geraden g.   *(5 Punkte)*

Punkt	A	B	C	D	E
Abstand von g in mm	…	…	…	…	…

4 Zeichne eine beliebige Gerade h ins Heft.   *(5 Punkte)*
Zeichne zu h Parallelen mit dem
angegebenen Abstand.

g_1: 1 cm g_2: 3 cm g_3: 25 mm g_4: 24 mm g_5: 13 mm

5 Miss die Seitenlängen und berechne jeweils den Umfang.   *(4 Punkte)*

a)    b)    c)    d)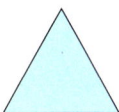

6 Ordne den Winkeln α, β und γ die zugehörige Winkelgröße zu.   *(3 Punkte)*

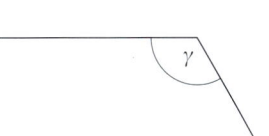

70°

120°

20°

7 Zeichne die gegebenen Winkel in dein Heft. Beschrifte sie und gib die Winkelart an.   *(5 Punkte)*
a) 15°   b) 35°   c) 99°   d) 120°   e) 147°

8 Um ein rechteckiges Sportgelände, das 110 m lang und 95 m breit ist, sollen Pflastersteine   *(6 Punkte)*
gelegt werden. Ein Pflasterstein ist 25 cm lang, 17 cm breit und 5 cm hoch.
Wie viele Pflastersteine werden mindestens gebraucht? Begründe.

Zusammenfassung

→ Seite 104

Gerade Linien und ihre Lagebeziehungen

Eine **Strecke** hat einen Anfangspunkt und einen Endpunkt. Sie ist die kürzeste Verbindung zwischen den Punkten.

Eine **Gerade** hat keinen Anfangspunkt und keinen Endpunkt.

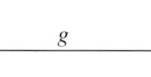

Der **Abstand** ist die kürzeste Verbindung von einem Punkt zu einer Geraden. Die kürzeste Verbindung steht senkrecht zur Geraden.

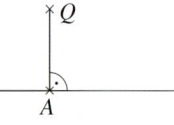

Geraden, die einen rechten Winkel bilden, sind **senkrecht zueinander**.
kurz: $g \perp h$.

Geraden, deren Abstand überall gleich bleibt, sind **parallel zueinander**.
kurz: $s \parallel t$.

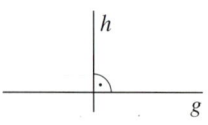

Jede geometrische Figur, die nur von Strecken begrenzt wird, heißt **Vieleck**. Die Anzahl der Eckpunkte bestimmt den Namen der Fläche.

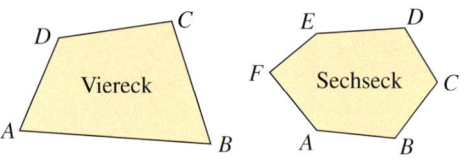

→ Seite 112

Umfänge messen und berechnen

Addiert man alle Seiten eines Vielecks, so erhält man den **Umfang u**.
Bei **Rechtecken** und **Quadraten** lässt sich der Umfang durch Formeln angeben.

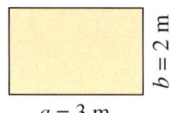

$$u = a + b + a + b$$
$$\mathbf{u = 2 \cdot a + 2 \cdot b}$$
$$u = 2 \cdot 3 + 2 \cdot 2$$
$$= 6 + 4 = 10 \ [m]$$

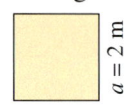

$$u = a + a + a + a$$
$$\mathbf{u = 4 \cdot a}$$
$$u = 4 \cdot 2 = 8 \ [m]$$

→ Seite 115

Das Koordinatensystem

Im **Koordinatensystem** wird die Lage von Punkten mithilfe der x-Achse und der y-Achse angegeben.
Jeder Punkt wird durch zwei **Koordinaten** bestimmt: der x-Koordinate und der y-Koordinate.

Man schreibt kurz: $P(7|5)$.

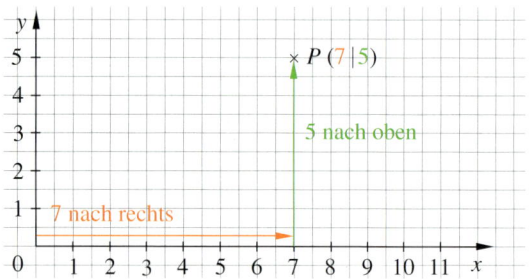

→ Seite 118

Winkel erkennen und bezeichnen

Ein **Winkel** wird durch zwei **Schenkel**, die vom **Scheitelpunkt** ausgehen, begrenzt. Die Größe eines Winkels wird in **Grad** (°) angegeben.

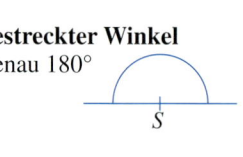

spitzer Winkel
größer als 0°,
kleiner als 90°

rechter Winkel
genau 90°

stumpfer Winkel
größer als 90°, kleiner als 180°

gestreckter Winkel
genau 180°

Die ganzen Zahlen

In der Tiefgarage im 2. Untergeschoss steigt
Frau Wolff in den Fahrstuhl.
Sie fährt bis in das 4. Obergeschoss.
Wie viele Ebenen ist sie insgesamt hochgefahren?

Noch fit?

Einstieg

Aufstieg

1 Die vier Jahreszeiten

a) Ordne die Jahreszeiten Frühling, Sommer, Herbst und Winter den Bildern zu.
b) Welche Kleidung ist geeignet für die jeweiligen Jahreszeiten? Begründe im Heft.
c) Schätze jeweils die Temperaturen.

2 Temperaturen

Wie warm ist es
in welcher Stadt?
Wo ist es am
wärmsten?
Wo ist es am
kältesten?

2 Temperaturen

Beschreibe die Temperaturveränderungen.

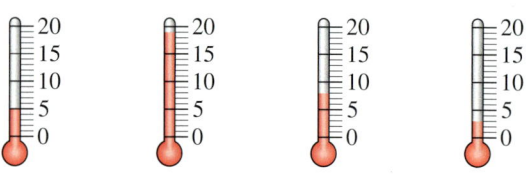

3 Zahlenstrahl

Welche Zahlen sind auf dem Zahlenstrahl
gekennzeichnet?

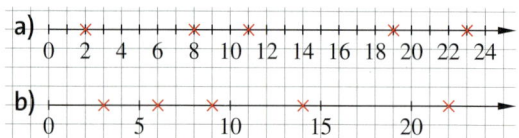

3 Zahlenstrahl

Welche Zahlen sind auf dem Zahlenstrahl
gekennzeichnet?

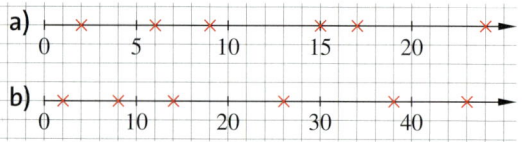

4 Zahlenstrahl zeichnen

Stelle die Temperaturen aus Aufgabe **2**
mithilfe eines Zahlenstrahls dar.

4 Zahlenstrahl zeichnen

Stelle die Temperaturveränderungen aus Aufgabe **2** mithilfe eines Zahlenstrahls dar.

5 Kopfrechnen

Berechne im Kopf.
a) 750 + 23   b) 702 + 136
c) 300 − 55   d) 852 − 362

5 Kopfrechnen

Berechne im Kopf.
a) 58 − 29   b) 85 + 56   c) 265 + 72
d) 439 − 142   e) 542 − 218   f) 785 + 391

6 Größer oder kleiner?

Übertrage ins Heft und ergänze das richtige
Zeichen (< oder >).
a) 989 ▨ 898   b) 10 000 ▨ 9 999
c) 15 151 ▨ 11 515   d) 600 007 ▨ 70 006

6 Größer oder kleiner?

Übertrage ins Heft und ergänze das richtige
Zeichen (< oder >).
a) 740 − 630 ▨ 801 − 690
b) 215 + 114 ▨ 583 − 125

Lösungen ab Seite 190

Negative und positive Zahlen

Entdecken

1 Zahlenangaben: Was bedeuten die Zahlen?

a) 👥 Erklärt sie euch gegenseitig.   **b)** 👥 Stellt in kleinen Gruppen eure Ergebnisse vor.

2 👤 Wie warm oder kalt ist es?
Welche Informationen kannst du den Grafiken noch entnehmen?
👥 Tauscht euch untereinander aus.

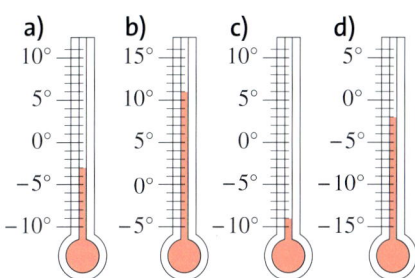

Mittwoch	Donnerstag	Freitag
🌤	🌧	☁
−3°/−8°	**1°/−6°**	**3°/−4°**

3 👥 „Positiv und negativ", ein Spiel für zwei Personen
Ihr benötigt:
– einen Spielplan wie abgebildet
– zwei verschieden aussehende
  Spielsteine
– einen Würfel

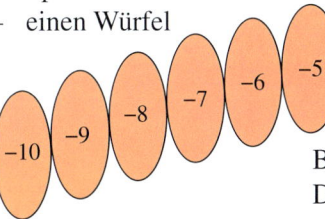

Beide Spielsteine werden auf das Feld 0 gestellt.
Der Spieler, der an der Reihe ist, würfelt zweimal nacheinander:
– Der erste Wurf gibt an, wie viele Schritte er nach rechts zieht,
– der zweite Wurf gibt an, wie viele Schritte er nach links zieht.
Wer zuerst das rechte oder das linke Ende des Spielplans erreicht
oder überschreitet, hat gewonnen.

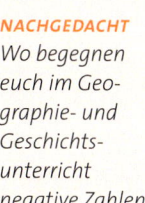

NACHGEDACHT
*Wo begegnen
euch im Geo-
graphie- und
Geschichts-
unterricht
negative Zahlen?*

Verstehen

Messungen werden häufig an Skalen dargestellt. Diese können verschieden aussehen.
Die „Nullmarke" liegt manchmal an unterschiedlichen Stellen der Skala.

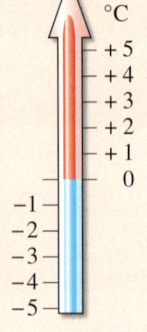

Beispiel 1

Skalen, die bei „Null"
beginnen

*Beim **Weitsprung** liegt die
Nullmarke am Absprung-
balken.*

Beispiel 2

Skalen, die *nicht* bei
„Null" beginnen

*Das Thermometer zeigt
25 Grad unter Null an.
Man sagt dazu auch
minus 25 Grad Celsius
und schreibt −25 °C.*

Dreht man das Thermometer, erinnert die Darstellung an einen Zahlenstrahl, der links über die
Null hinaus erweitert wurde.

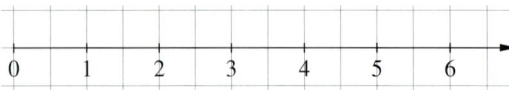

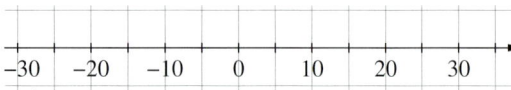

Der Zahlenstrahl reicht nicht aus, um alle Temperaturen oder Höhen anzuzeigen.
Um auch kleinere Zahlen als Null darstellen zu können, muss der Zahlenstrahl über die Null
hinaus nach links erweitert werden.
So wird aus dem Zahlenstrahl eine **Zahlengerade**.

> **Merke** Negative Zahlen sind kleiner als Null und werden mit einem Minuszeichen (−)
> gekennzeichnet. Sie stehen auf der Zahlengeraden links von der Null.
>
> Positive Zahlen sind größer als Null und können mit einem Pluszeichen (+) gekennzeichnet
> werden. Sie stehen auf der Zahlengeraden rechts von der Null.
>
>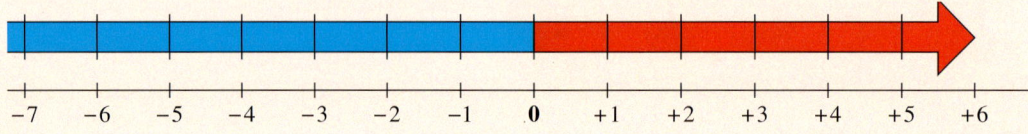
>
> Zusammen mit der Null bilden die negativen und die positiven Zahlen die **ganzen Zahlen**.

Beispiel 3

a) -4 liegt links von der Null.
    Es ist eine negative Zahl.

b) $+2$ liegt rechts von der Null.
    Es ist eine positive Zahl.

Positive und negative Zahlen kann man an der Zahlengeraden ordnen und vergleichen.

Beispiel 4

$+5\,°C$ ist wärmer als $-5\,°C$, also gilt $+5 > -5$ und $-5 < +5$.
$+5$ liegt weiter rechts von -5, also ist sie größer.

Von zwei Zahlen ist diejenige größer, die auf der Zahlengeraden weiter rechts liegt.

Üben und anwenden

1 Temperaturen im Alltag:
Ordne den Temperaturen das passende Foto zu: −20 °C; 0 °C; +15 °C; +40 °C

2 👥 Was bedeuten in den Beispielen „Minus" und „−"? Erklärt es euch gegenseitig.
a) Im Auto zeigt das Navigationssystem eine Höhe von −12 m an.
b) Am Freitag erreichen die Temperaturen Höchstwerte von −3 bis 0 Grad.
c) Die Handballmannschaft HC Hantem hat eine Tordifferenz von −96 Toren.
d) Deutschlands tiefste begehbare Landstelle liegt bei −3,54 m.
e) Die Zeitverschiebung von New York im Verhältnis zu Berlin beträgt −6 Stunden.

2 Schreibe die Zahlenangaben mit dem entsprechenden Vorzeichen in dein Heft. Was ist am tiefsten?
a) Fische gibt es bis in 7190 m Meerestiefe.
b) Die Stadt Kempten liegt 674 m über dem Meeresspiegel.
c) Das Kaspische Meer liegt 28 m unter dem Meeresspiegel.
d) Der Wendelstein in den Bayerischen Alpen ist 1838 m hoch.
e) Die tiefste Bohrung in Deutschland endet bei 9101 m unter dem Meeresspiegel.

3 Gib die kälteste und die wärmste Temperatur an.

a)   b)   c)   d)

3 Schreibe die Temperaturen der Größe nach geordnet in dein Heft.

a)   b)   c)   d)   e)

4 An dem Pegel kann man den Wasserstand des Flusses ablesen. Erkläre im Heft. Wie hoch steht das Wasser?

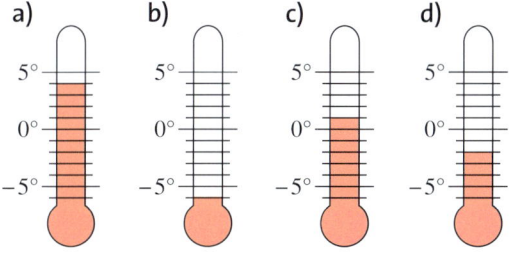

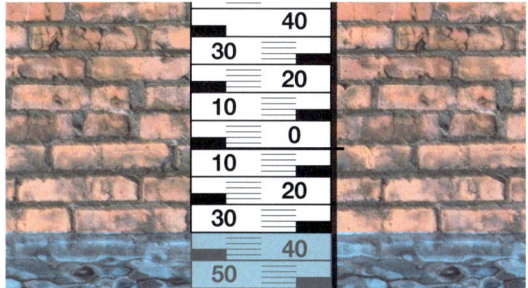

4 Ein Lift hat neben den Bedienungsknöpfen auch die Angabe der Stockwerke.
Wie können die Bedienungsknöpfe beschriftet werden, die in die Tiefgarage führen?
Begründe deine Wahl schriftlich.

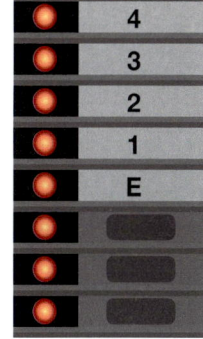

5 👥 Was bedeuten die negativen Zahlen auf dem Kassenbon? Erklärt sie euch gegenseitig.

```
EUR
APFELSAFT      * 4    4,00
PFAND          * 4    1,00
LEERGUT  BON * 1    –7,00
---------------------------
       Summe EUR     –2,00
---------------------------
     Rückgeld EUR    –2,00
```

5 👥 Was bedeuten die Zahlen in der Grafik? Erklärt sie euch gegenseitig.

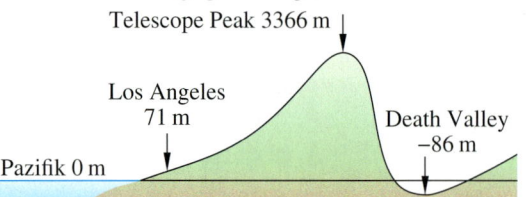

6 Welche Zahlen sind hier mit Kreuzen bezeichnet?

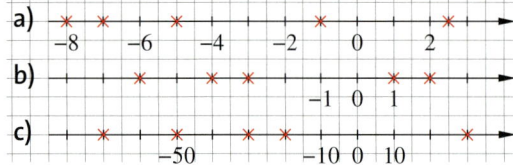

6 Welche Zahlen sind hier mit Kreuzen bezeichnet?

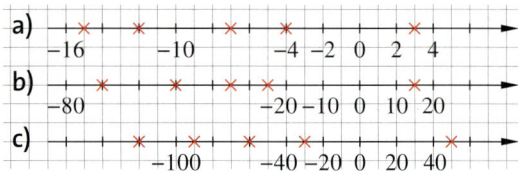

7 Übertrage die Zahlengeraden in dein Heft. Beschrifte die markierten Zahlen.

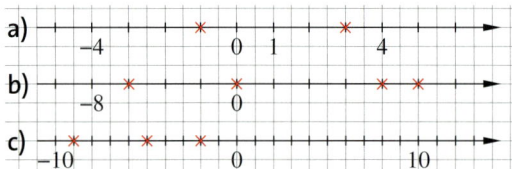

7 Übertrage die Zahlengeraden in dein Heft. Beschrifte die markierten Zahlen.

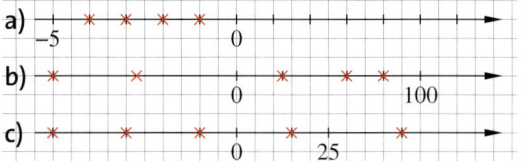

8 Stelle die Zahlen an einer Zahlengeraden dar. Überlege zuerst:
① Wie lang muss die Zahlengerade sein, wenn du 1 cm als Einteilung wählst?
② Wo muss dann die 0 liegen?
a) −5; −3; −1; 0; 2; 5; 9
b) −12; −8; −6; −2; 0; 2

8 Stelle die Zahlen an einer Zahlengeraden dar. Überlege zuerst:
① Wie lang muss die Zahlengerade sein, wenn du 1 cm als Einteilung wählst?
② Wo muss dann die 0 liegen?
a) −7; −4; −1; 0; 3; 5; 9;
b) −13; −9; −5; −1; 0; 1; 3

9 Übertrage die Zahlengerade in dein Heft. Ordne die Fahrstuhlanzeigen zu.

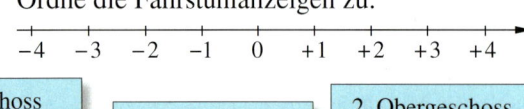

Erdgeschoss

1. Untergeschoss

2. Obergeschoss

2. Untergeschoss

3. Obergeschoss

1. Obergeschoss

9 Sortiere die Kontostände aufsteigend.

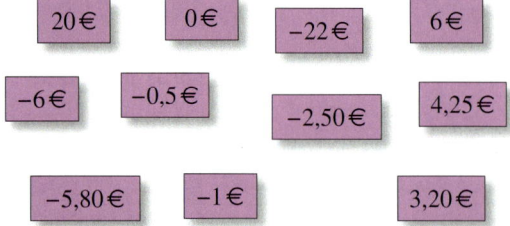

20 €   0 €   −22 €   6 €

−6 €   −0,5 €   −2,50 €   4,25 €

−5,80 €   −1 €   3,20 €

10 Übertrage ins Heft. Setze das richtige Zeichen ein: größer, kleiner, gleich (>; <; =). Begründe mithilfe einer Zahlengeraden.
a) −2 ▦ 6
b) 3 ▦ −4
c) 0 ▦ −8
d) −7 ▦ 7
e) −7 ▦ −6
f) −12 ▦ −2

10 Ordne. Beginne mit der kleinsten Zahl. Begründe deine Reihenfolge schriftlich.
a) −1; 0; 13; −3; −6; −4; 9; −5; 17
b) 1; −7; 3; 5; −2; −8; 7; −12; 12
c) −1; −7; 3; 5; −2; −8; 7; −2; 12
d) 12; −2; 1; 0; −13; 13; −5; 2; −3

Zustandsänderungen

Entdecken

1 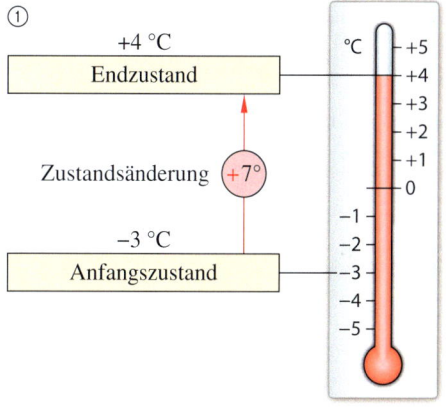 Spiel „Im Fahrstuhl"

Ihr benötigt: einen Spielplan, zwei Würfel und jeder eine Spielfigur.

Beklebt einen Würfel so, dass drei Seiten ein „+" zeigen, die anderen ein „−". Beklebt den anderen Würfel so, dass die Seiten 1 und 6 eine „1" zeigen, die Seiten 2 und 5 eine „2" und die Seiten 3 und 4 eine „3".

Zu Beginn stehen alle Figuren im Erdgeschoss auf der 0.
Man würfelt mit beiden Würfeln.
Wirft man „+" und „2", fährt der Fahrstuhl zwei Stockwerke nach oben.
Würfelt man „−", fährt der Fahrstuhl nach unten.
Gewonnen hat, wer nach drei Spielrunden dem Erdgeschoss am nächsten steht.

♟ Schreibe jeden deiner Züge als Rechnung in dein Heft.
Beachte das Beispiel in der Tabelle.

Stockwerk alt	gewürfelt	Veränderung	Stockwerk neu
0	⊟ ②	2 nach unten	−2
−2	⊞ ①	1 nach oben	−1

2 Temperaturveränderungen

①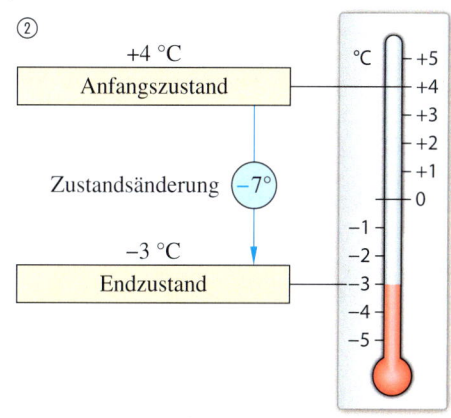

②

a) ♟ Beschreibe jeweils den Anfangszustand, die Veränderung und den Endzustand.
b) ♟ An welchen Tagen und zu welchen Tageszeiten könnten diese Veränderungen auftreten?
c) ♟ Zeichne jeweils eine Zahlengerade und trage die Zustandsveränderungen ein.
d) ♟♟ Besprecht eure Zahlengeraden. Was ist gleich? Was ist anders?
   Erstellt eine Zahlengerade und stellt sie der Klasse vor.
e) Übertrage die Tabelle und ergänze den Endzustand. Stelle dazu die Temperaturveränderungen jeweils an einer Zahlengeraden dar. ♟♟ Vergleicht eure Ergebnisse.

Anfangszustand	Zustandsänderung	Endzustand
−4 °C	+9 Grad	…
4 °C	−9 Grad	…
5 °C	−5 Grad	…
−1 °C	−3 Grad	…

Verstehen

Vadim und Anna bewegen sich auf der Zahlengeraden.
Anna steht auf dem Feld +3.
Vadim steht auf dem Feld −3.
Beide würfeln abwechselnd und bewegen sich auf der Zahlengeraden hin und her.

Bewegt man sich auf der Zahlengeraden nach rechts, entspricht das der **Addition**.
Bewegt man sich auf der Zahlengeraden nach links, entspricht das der **Subtraktion**.

> **Merke** Die Bewegung nach rechts oder links auf der Zahlengeraden geben wir mit einem **Rechenzeichen** an.
> Das Feld, auf dem man steht, geben wir mit dem **Vorzeichen** an.

Beispiel 1 Anna steht auf der +3. Sie geht 2 Schritte nach links. Nun steht sie auf der +1.

Vorzeichen

$$+3 - 2 = +1$$

Rechenzeichen

Beispiel 2

Anna steht auf der +1.

 Sie geht 2 Felder nach rechts.

Sie steht nun auf dem Feld +3.

> **Merke** Beim **Addieren einer positiven Zahl** bewegt man sich auf der Zahlengeraden nach rechts.

Beispiel 3

Vadim steht auf der −5.

 Er geht 3 Felder nach rechts.

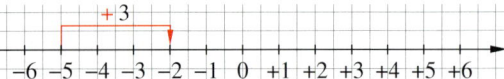

Er steht nun auf dem Feld −2.

Beispiel 4 $-4 + 6 = +2$

Beispiel 5

Anna steht auf der +3.

  Sie geht 2 Felder nach links.

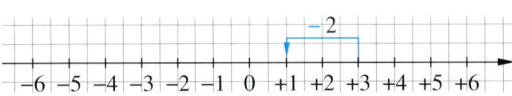

Sie steht nun auf dem Feld +1.

> **Merke** Beim **Subtrahieren einer positiven Zahl** bewegt man sich auf der Zahlengeraden nach links.

Beispiel 6

Vadim steht auf der −1.

 Er geht 3 Felder nach links.

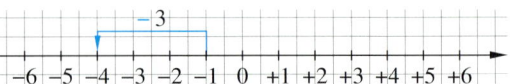

Er steht nun auf dem Feld −4.

Beispiel 7 $+4 - 6 = -2$

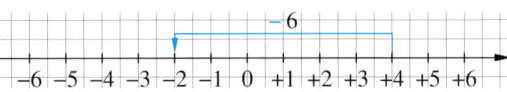

Üben und anwenden

1 Ordne den Beschreibungen eine Darstellung an der Zahlengeraden zu. Begründe im Heft.

a) Marco steht auf der +5.
Er geht 3 Schritte nach links.
Nun steht er auf der +2.

b) Mesut steht auf der +2, er geht
3 Schritte nach rechts.
Nun steht er auf der +5.

c) Sophia steht auf der −5.
Sie geht 7 Schritte nach rechts.
Nun steht sie auf der +2.

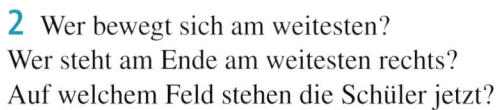

ZUM
WEITERARBEITEN
Eine Zahlengerade bei Aufgabe 1 bleibt übrig. Welche Bewegung passt zu der Zahlengeraden?

2 Wer bewegt sich am weitesten?
Wer steht am Ende am weitesten rechts?
Auf welchem Feld stehen die Schüler jetzt?

a) Klara steht auf der −2.
Sie geht 4 Schritte nach rechts.

b) Samuel steht auf der +5.
Er geht 5 Schritte nach links.

c) Timo steht auf der −5.
Er geht 4 Schritte nach rechts.

2 Wer steht am Anfang am weitesten links?
Wer steht am Ende am weitesten links?
Welche Rechnungen gehören dazu?

a) Anna steht auf der −3.
Sie geht 5 Schritte nach rechts.

b) Franco steht auf der +6.
Er geht 10 Schritte nach links.

c) Mustafa steht auf der −8.
Er geht 11 Schritte nach rechts.

3 Bei welchen Rechnungen bewegst du dich auf der Zahlengeraden nach links, bei welchen nach rechts? Begründe im Heft.

$-3 + 4$ $+5 - 2$ $-10 + 6$ $+2 - 4$ $-5 + 9$ $-3 - 7$

4 Zeichne eine Zahlengerade von −10 bis +10. Löse mit der Zahlengeraden oder im Kopf.

a) $0\,°C$ $\xrightarrow{5\,°\text{ wärmer}}$ ▢

c) $+3\,°C$ $\xrightarrow{7\,°\text{ wärmer}}$ ▢

e) $-5\,°C$ $\xrightarrow{7\,°\text{ wärmer}}$ ▢

b) ▢ $\xleftarrow{5\,°\text{ kälter}}$ $0\,°C$

d) ▢ $\xleftarrow{7\,°\text{ kälter}}$ $-5\,°C$

f) $0\,°C$ $\xleftarrow{4\,°\text{ kälter}}$ ▢

5 Notiere die passenden Rechnungen zu Aufgabe 4.
Schreibe dabei den Anfangs- und Endzustand in einer Farbe, die Zustandsänderung in einer anderen Farbe.

5 Notiere die passenden Rechnungen zu Aufgabe 4.
Kennzeichne Vorzeichen und Rechenzeichen mit verschiedenen Farben.
Begründe deine Antwort im Heft.

6 Notiere Aufgabe und Ergebnisse.

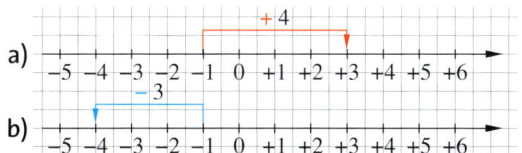

c) Kennzeichne Vorzeichen und Rechenzeichen. Begründe dein Vorgehen.

6 Notiere Aufgabe und Ergebnisse.

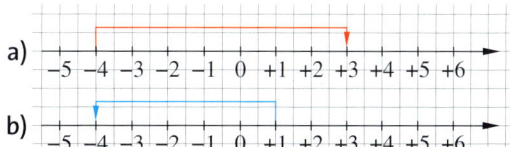

c) Kennzeichne Vorzeichen und Rechenzeichen. Begründe dein Vorgehen.

7 Erfinde kleine Geschichten zu den Veränderungen.
Stelle sie jeweils an einer Zahlengeraden dar.

a) −7 € $\xrightarrow{\text{5 € mehr}}$ −2 €

b) −1 Punkt $\xrightarrow{\text{4 Punkte dazu}}$ 3 Punkte

c) −6 °C $\xrightarrow{\text{6 Grad wärmer}}$ 0 °C

7 Erfinde kleine Geschichten zu den Veränderungen. Stelle sie an jeweils einer Zahlengeraden dar und gib das Ergebnis an.

a) −12 € $\xrightarrow{\text{20 € mehr}}$ ▨ €

b) −2 Tore $\xrightarrow{\text{7 Tore dazu}}$ ▨ Tore

c) −200 m $\xrightarrow{\text{+ 150 m}}$ ▨ m

HINWEIS
*Eine Zahlengerade kann dir helfen.
Überlege dir, welche Zahl den Zustand und welche die Zustandsänderung beschreibt.*

8 Ergänze die Tabelle im Heft.

alte Temperatur	Temperaturänderung	neue Temperatur
2 °C	4 Grad kälter	…
−7 °C	8 Grad wärmer	…
−3 °C	6 Grad kälter	…
6 °C	4 Grad wärmer	…

8 Ergänze die Tabelle im Heft.

alte Temperatur	Temperaturänderung	neue Temperatur
−7 °C	5 Grad wärmer	…
−12 °C	25 Grad wärmer	…
20 °C	19 Grad kälter	…
22 °C	24 Grad kälter	…

9 Stelle die Fahrt mit dem Lift je in einer Zeichnung dar.
a) Peter befindet sich im dritten Stock und fährt 5 Stockwerke nach unten.
b) Melanie steigt im vierten Stock ein und fährt 7 Stockwerke nach unten.

9 Emir steigt in der Tiefgarage bei −1 in den Lift, doch der bewegt sich zuerst noch eine Etage nach unten.
Dann fährt der Lift 5 Stockwerke nach oben. Wo steigt Emir aus?
Stelle die Fahrt in einer Zeichnung dar.

10 Notiere jeweils Rechnung und Ergebnis. Begründe dein Vorgehen im Heft.
a) In Passau zeigt das Thermometer am Morgen −5 °C. Der Wetterbericht meldet einen Temperaturanstieg um 20 Grad.
b) Sami steigt im zweiten Untergeschoss in den Lift und fährt 10 Stockwerke nach oben.
c) Der FC Frankenburg hat im ersten Spiel 0 : 5 verloren. Im zweiten Spiel gewann die Mannschaft 7 : 0.

10 Notiere jeweils Rechnung und Ergebnis. Begründe dein Vorgehen im Heft.
a) Auf der Zugspitze zeigt das Thermometer −12 °C. Es wird für die Nacht ein Temperaturabfall um 15 Grad gemeldet.
b) Ben steigt im dritten Untergeschoss in den Lift. Zuerst fährt der Lift fünf Stockwerke nach oben, danach noch einmal drei.
c) Im ersten Spiel verlor der FC Holzhäuser 2 : 3, im zweiten 0 : 2. Erst im dritten Spiel gewann die Mannschaft mit 5 : 0.

11 Beim Sportfest
Max sagt:

Ich habe 18 m weit geworfen. Nur zwei haben weiter geworfen als ich.

Name	Unterschied
Laura M.	+3 m
Aylin K.	+1 m
Sven N.	−1 m
Anna S.	−2 m

11 Querschnitt der Riesending-Schachthöhle:

Erstelle eigene Aufgaben zu der Grafik.
👥 Löst sie gegenseitig.

12 Kontoauszug

a) 👤 Was bedeuten die negativen und die positiven Zahlen?

b) 👥 Erklärt euch gegenseitig die einzelnen Buchungen.

c) Wie viel ist momentan auf dem Konto?
👫 Vergleicht eure Ergebnisse innerhalb der Klasse.

Kontonummer 123 456 789	
Verwendungszweck	**Betrag**
Alter Kontostand	− 700,00 €
Gehalt	+ 2000,00 €
Reparaturdienst Merle	− 100,00 €
Miete	− 900,00 €
Strom	− 50,00 €

12 Kontoauszug
Übertrage die Tabelle ins Heft.
Ergänze die Buchungen aus dem Kontoauszug.

Kontostand alt	Einzahlung (+) Auszahlung (−)	neuer Kontostand
− 700 €	…	…

13 Kontobewegungen

a) Frau Maier ist am Ende des Monats mit 150 Euro im Minus. Sie bekommt ein Gehalt von 1900 Euro.
Wie viel bleibt ihr für den nächsten Monat?

b) Herr Groß hat 120 € Schulden und verdient 1800 €. Wie viel Geld hat er nach Bezahlen seiner Schulden?

13 Kontobewegungen
Stelle eine sinnvolle Frage und beantworte sie.
Notiere auch deinen Lösungsweg.

a) Nach einer Auszahlung von 17 € beträgt der Kontostand 32 €.

b) Herr Huber hat 220 € Guthaben.
Er überweist folgende Beträge:
70 €, 150 € und 18 €.

14 Wie geht es weiter?
Notiere die Zahlenfolgen und ergänze drei weitere Zahlen.

a)
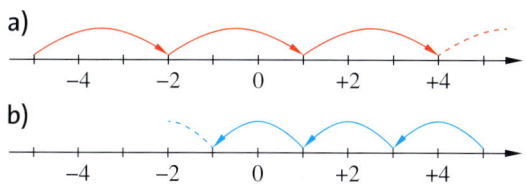

b)

14 Wie geht es weiter?
Notiere die Zahlenfolgen und ergänze mindestens drei weitere Zahlen.

a)
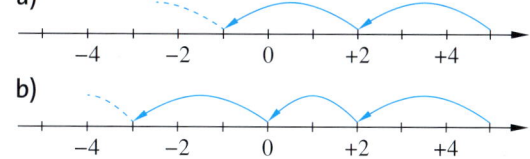

b)

Bunt gemischt

1 Übertrage und ergänze die Tabelle mit den Längenangaben im Heft.

m	dm	cm	mm
…	…	120	…
…	15	…	…
2	…	…	…
…	…	…	30

2 Umfang von Rechtecken

a) Übertrage die Tabelle in dein Heft und ergänze sie. Was fällt dir auf?

a	9 cm	8 cm	7 cm	6 cm
b	1 cm	2 cm	3 cm	4 cm
u	▦ cm	…	…	…

b) Finde verschiedene Rechtecke mit einem Umfang von 12 cm.

3 Schreibe wie im Beispiel.
Beispiel 1,580 km = 1580 m

a) 1,249 km = ▦ m;
2,029 km = ▦ m

b) 2340 m = ▦ km;
1290 m = ▦ km

c) 5,9 km = ▦ m;
5,09 km = ▦ m

4 Ein Zimmer soll neue Fußbodenleisten erhalten.
Es ist 8 m lang und 6 m breit.

a) Wie viel Meter Fußbodenleisten werden benötigt, wenn die Türen des Zimmers zusammen 2 m breit sind?

b) Ein Meter Fußleiste kostet 2,99 €.
Überschlage den Preis für das Zimmer.

Strategie Informationen aus Texten und Schaubildern entnehmen

Um Aufgaben zu lösen, musst du oft Informationen aus Texten und Schaubildern entnehmen.

Das Tote Meer

Das Tote Meer ist eigentlich gar kein Meer Es ist ein See zwischen Israel und Jordanien.

Viele Urlauber besuchen den See, da er etwas ganz Besonderes ist:
Er liegt 427 m unter dem Meeresspiegel.

Außerdem ist der Salzgehalt etwa 10-mal so hoch wie der des Mittelmeeres.
Deswegen kann man auch ganz gemütlich auf dem Rücken schwimmen und Zeitung lesen.

Information zur Masada-Seilbahn	
Talstation	−257 m u. NN
Höhenunterschied: Tal-/Bergstation	290 m
Strecke	900 m

In der Nähe des Toten Meeres gibt es eine Seilbahn, die zur Festung Masada führt.
Hier hat man einen tollen Ausblick auf das Tote Meer.
Das Tote Meer ist aber in Gefahr.
Es ist dort so heiß, dass sehr viel Wasser verdunstet.
Jedes Jahr sinkt der Wasserstand um etwa 1 m.
Forscher befürchten, dass das Tote Meer irgendwann komplett austrocknet.

Beispiel Auf welcher Meereshöhe liegt die tiefste Stelle im Toten Meer?

Benötigte Angaben aus dem Text, der Tabelle und dem Schaubild entnehmen:
- In welcher Höhe liegt die Wasseroberfläche des Toten Meers?
  −427 m unter dem Meeresspiegel.
- Wie tief ist das Tote Meer?
  380 m

> *Lies genau. Achte auf die Vorzeichen.*

> *Einige Wörter können dir helfen, die richtigen Rechenzeichen zu finden, z. B. sinkt um, kaufen, tiefer, höher.*

Rechnung aufstellen und lösen:

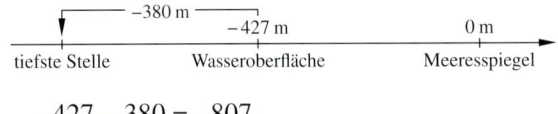

> *Skizzen können helfen.*

> *Manchmal muss man erst unterschiedliche Einheiten umrechnen.*

$$-427 - 380 = -807$$

Antwortsatz schreiben:
Die tiefste Stelle des Toten Meeres liegt bei −807 m (unter der Meereshöhe).

HINWEIS
Wie du Ergebnisse prüfen kannst, kannst du auf S. 70 nachlesen.

Üben und anwenden

1 Wichtige Wörter

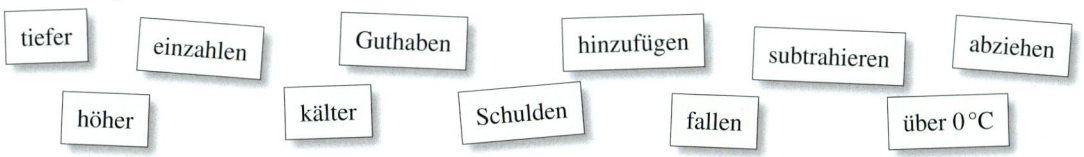

tiefer einzahlen Guthaben hinzufügen subtrahieren abziehen

höher kälter Schulden fallen über 0 °C

HINWEIS
Auf Seite 71 ging es auch schon einmal um wichtige Wörter.

a) 🔒 Übertrage die Tabellen in dein Heft und ordne die Begriffe ein.

Vorzeichen +	Vorzeichen −		Rechenzeichen +	Rechenzeichen −

b) 👥 Findet Paare, z. B. höher und tiefer. Ergänzt fehlende Begriffe.

c) 👥 Ergänzt die Liste mit eigenen Wörtern und Wörtern aus dem Text "Das Tote Meer". Erstellt ein Lernplakat für die Klasse.

2 Schreibe heraus, was jeweils gegeben und was gesucht ist.

① Am 15. Januar waren es um 5 Uhr −10 °C. Bis um 12 Uhr stieg die Temperatur um 5 °C. Wie warm war es um 12 Uhr?

② Tim steigt im 4. Stock in den Fahrstuhl. Er möchte ins 2. Untergeschoss fahren. Im 2. Stock steigt Maria dazu. Wie viele Stockwerke fährt Tim nach unten?

a) Welche Größenangaben werden nicht gebraucht?

b) Zeichne jeweils eine Skizze.

c) 👥 Vergleiche die Skizzen mit deinem Nachbarn.

3 👥 Auf welcher Meereshöhe liegt die Bergstation der Masada-Seilbahn am Toten Meer? Beschreibt eurer Vorgehen im Heft und vergleicht es mit den anderen Gruppen.

HINWEIS
Für die Aufgaben 3 bis 5 benötigt ihr den Text auf S. 142.

4 Auf welcher Meereshöhe wird das Tote Meer in 10 Jahren etwa liegen?

a) 👥 Prüft die Ergebnisse von Celina, David und Meret.

Celina: $427 − 10 = 417$ Meret: $−427 − 1 = −428$ David: $−427 + 10 = −417$

b) 👥 Sammelt Tipps, wie man Fehler vermeiden kann.

5 👥 Wie groß ist der Höhenunterschied zwischen der Bergstation der Seilbahn und dem Toten Meer? Beschreibt und vergleicht die Skizzen im Heft.

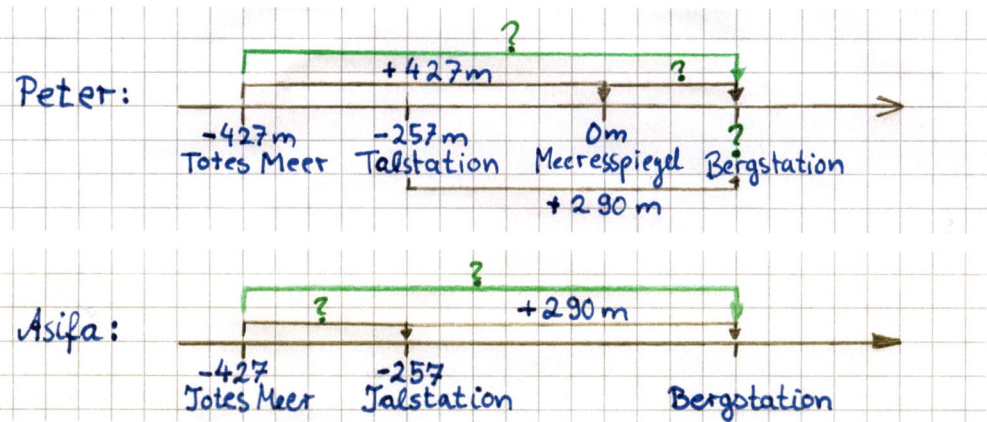

6 👥 Sucht nach Artikeln mit Schaubildern (z. B. im Internet, in Zeitungen, in Geschichts- und Geographiebüchern). Erstellt eigene Aufgaben zu den Artikeln und löst sie.

Klar so weit?

→ Seite 134

Negative und positive Zahlen

1 Betrachte die Wetterkarte.

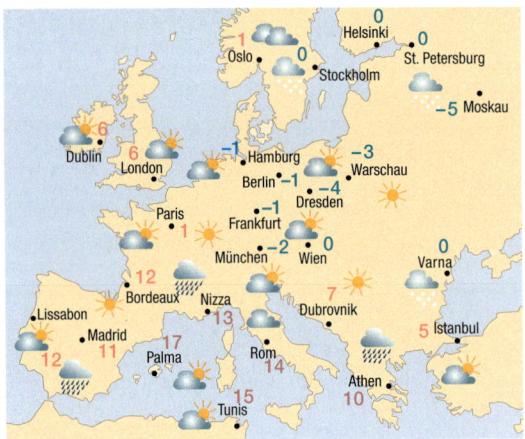

In welchen Städten sank die Temperatur unter den Gefrierpunkt?

2 Welche Werte kannst du hier ablesen?

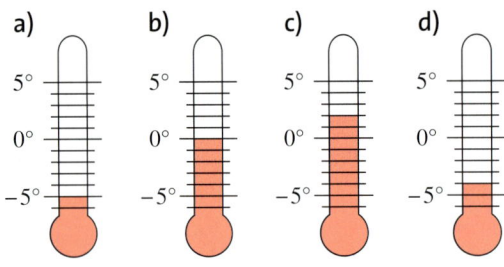

a) b) c) d)

e) Zeichne eine Zahlengerade von −5 bis 5 in dein Heft. Wähle pro Einheit 2 Kästchen. Markiere die Zahlen, die auf den Thermometern angezeigt sind.

1 Lies die Temperaturen ab.

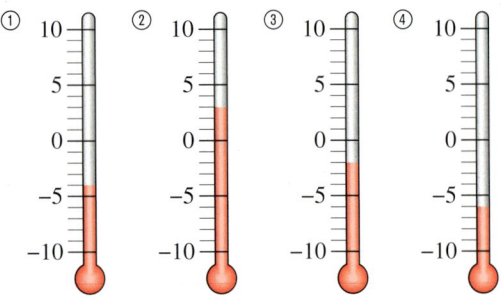

a) Sortiere die Temperaturen im Heft: von der kältesten bis zur wärmsten.
b) Zeichne die Temperaturen auf einer Zahlengeraden ein.
c) Nenne ein Datum und eine Uhrzeit, die zu den Temperaturen passt.

2 Negative Zahlen an der Zahlengeraden
a) Welche Zahlen sind blau markiert?

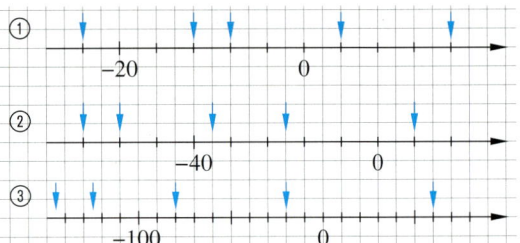

b) Zeichne eine Zahlengerade von −8 bis 8 in dein Heft. Wähle pro Einheit 2 Kästchen. Markiere folgende Zahlen:
−6; 0; 3; −4; 7; 1; −3; 6

3 Ordne die Zahlen an einer Zahlengeraden und schreibe die entsprechenden Buchstaben dazu. Bei richtiger Lösung erhältst du einen Lösungssatz.

G	H	R	R	S	C	T	W	A	D	A	I	I
8	5	0	−1	−4	3	6	−3	−5	−6	−2	1	7

4 Übertrage in dein Heft und ergänze das richtige Zeichen: >, < oder =.
Begründe jeweils im Heft.
a) −4 ▮ 8
b) −11 ▮ 0
c) 17 ▮ − 71
d) 133 ▮ − 133
e) 474 ▮ − 747

4 Ordne die Zahlen der Größe nach in deinem Heft.
Beginne mit der kleinsten.
Begründe jeweils im Heft.
a) 3; −8; 5; −3; −9; 10; −12
b) −1; 5; 16; −71; −17; 12; −5
c) 14; −411; 41; −114; −441; −414; 141
d) −99; 99 999; −9 999; −999 999

Zustandsänderungen

→ Seite 138

5 Bei welchen Rechnungen bewegst du dich auf der Zahlengeraden nach links, bei welchen nach rechts? Begründe im Heft.

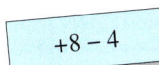 +8 – 4   –7 + 2   +7 – 2   –4 + 8   –59 + 19   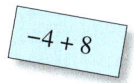 –33 – 17

6 Gib die höchste Temperatur und die niedrigste an. Wie groß ist der Unterschied zwischen beiden Werten? Welche Fachbegriffe kannst du verwenden?

AUSSICHTEN FÜR DIE NÄCHSTEN TAGE

| °C 9 –5 | °C 10 0 | °C 12 –1 | °C 9 –3 |
| Dienstag | Mittwoch | Donnerstag | Freitag |

6 Dies sind Höchst- und Tiefsttemperaturen an einem Wintertag. In welcher Stadt gab es den höchsten Temperaturunterschied, in welcher den geringsten?

Amsterdam	3	–1	London	5	2
Athen	12	6	Moskau	–7	–7
Berlin	0	–9	Norderney	3	–2
Brüssel	2	–4	Rom	14	2
Dresden	–3	–10	Sylt	2	–2
Düsseldorf	1	–6	Warschau	–2	–10
Istanbul	2	–1	Wien	–2	–11

7 Ergänze im Heft. Stelle die Temperaturänderung an einer Zahlengeraden dar.

alte Temperatur	Temperatur-änderung	neue Temperatur
–3 °C	5 Grad wärmer	…
8 °C	6 Grad kälter	…
4 °C	10 Grad kälter	…
–9 °C	4 Grad wärmer	…

7 Ergänze im Heft. Stelle die Temperaturänderung an einer Zahlengeraden dar.

alte Temperatur	Temperatur-änderung	neue Temperatur
2 °C	…	4 °C
…	8 Grad wärmer	3 °C
…	6 Grad wärmer	–1 °C
–7 °C	…	–20 °C

8 Übertrage die Tabelle ins Heft und fülle aus.

altes Guthaben	Zahlungseingang oder Zahlungsausgang	neues Guthaben
+22 €	+85 €	…
+15 €	–30 €	…
–10 €	+55 €	…
–65 €	+33 €	…
–87 €	–21 €	…

8 Übertrage die Tabelle ins Heft und fülle aus.

altes Guthaben	Zahlungseingang oder Zahlungsausgang	neues Guthaben
+19,00 €	+23,00 €	…
…	+23,00 €	+ 6,00 €
–17,00 €	…	+12,00 €
…	–11,00 €	+44,00 €
–31,50 €	–49,00 €	…

9 Notiere Rechnung und Ergebnis. Markiere in den Rechnungen alle Vorzeichen grün und die Rechenzeichen orange.

a)
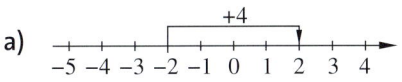

b)
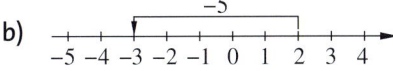

9 Notiere Rechnung und Ergebnisse. Erkläre deine Rechnung. Benutze dabei die Begriffe Vorzeichen und Rechenzeichnen.

a)
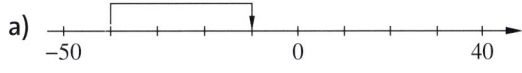

b)
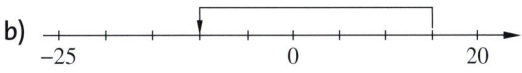

Vermischte Übungen

1 Lies die Temperaturen ab.

a) 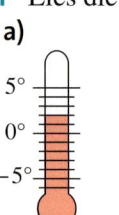   b) 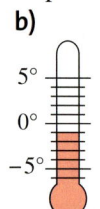   c) 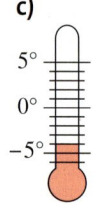   d)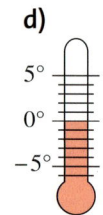

1 Lies die Temperaturen ab.
Wann könnten sie gemessen worden sein?

a) 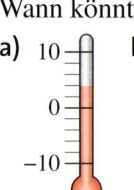   b) 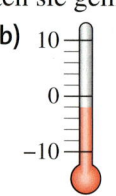   c) 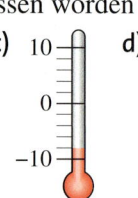   d)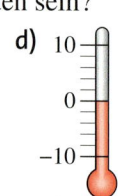

2 Welche Zahlen sind markiert?

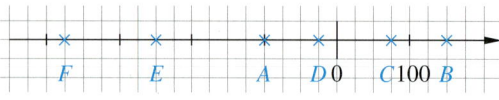

2 Welche Zahlen sind markiert?

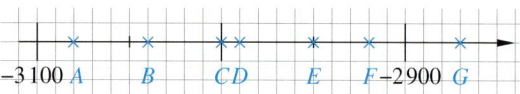

3 Ordne. Beginne mit der kleinsten Zahl.
Die Zahlengerade kann dir dabei helfen.
a) 0; −5; 2; 20; −15; −8; −6; 7; 1
b) −2; 6; −9; 7; −4; 9; 3; −12; 11
c) 7; −5; −10; 12; −9; 8; −4; 13

3 Ordne. Beginne mit der kleinsten Zahl.
a) −2; 12; 0; −4; −7; 8; −3; 14
b) −8; 5; 1; −2; 7; −13; 13; 0
c) −1; 3; 7; 10; −2; 5; 13; −4
d) 30; −33; −3; −303; 303; −330

4 Beantworte mithilfe einer Zahlengeraden.
Beschreibe dein Vorgehen im Heft.
a) Liegt −1 näher an −3 oder +3?
b) Liegt 0 näher an −5 oder +5?
c) Liegt +2 näher an −2 oder +3?
d) Liegt −2 näher an 0 oder −3?

4 Welche Zahl liegt auf der Zahlengeraden in
der Mitte zwischen den beiden Zahlen?
Beschreibe dein Vorgehen im Heft.
a) 2; 4   b) −1; 3
c) −3; 3   d) −5; 1
e) −10; −2   f) −9; 7

5 Mesut will die Zahlen 100; −500; 450; −200 und −150 auf einer Zahlengeraden
einzeichnen. Er fängt an zu zeichnen:

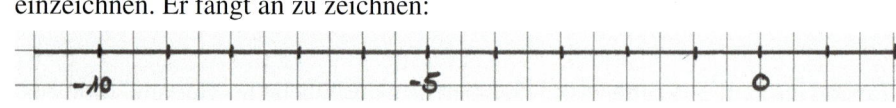

a) 🯅 Bewerte seinen Lösungsweg im Heft. Welche Tipps kannst du Mesut geben?
b) 🯅🯅 Arbeitet zu zweit.
  Zeichnet eine passende Zahlengerade ins Heft und trage Mesuts Zahlen ein.

6 Zeichne eine passende Zahlengerade und
trage die Zahlen ein.
a) −500; −300; −100; 0; 200; 400
b) 0; −30; −10; 10; 20; 50
c) 5; −25; 45; −15; 0; −30

6 Zeichne eine passende Zahlengerade und
trage die Zahlen ein.
a) 40; −25; 20; −10; −45
b) 3; −27; −33; 9; −18
c) −48; 16; −56; 40; 24

7 Timm hat zu den Rechengeschichten Rechnungen geschrieben. Hat er alles richtig gemacht?
Erkläre und berichtige seine Fehler im Heft.
a) Es sind 2 °C. Dann wird es 8 Grad kälter.
b) Mirja steht an einer Zahlengerade auf der −5.
  Sie geht drei Felder nach rechts.
c) Ein Fahrstuhl ist in der Tiefgarage. Er fährt drei Stockwerke nach oben.

$2 + 8 = 10$

$1 + 3 = 4$

$3 − 5 = −2$

*Schaue dir die
Zahlen genau
an, bevor du
anfängst, eine
Zahlengerade zu
zeichnen.*

HINWEIS
Die Lösungen zu Aufgabe 8 sind unter folgenden Zahlen:

$-3\,°C$ $+2\,°C$

$+12\,°C$

$-11\,°C$

8 Welche Temperatur ist nach dem Anstieg ablesbar? Schreibe eine Aufgabe.
Beschreibe die Zustandsänderung.
Beispiel von $-2\,°C$ um $7°$: $-2 + 7 = +5$
  Jetzt ist es $5\,°C$ warm.
a) von $-6\,°C$ um $3°$
b) von $-12\,°C$ um $14°$
c) von $-5\,°C$ um $17°$

8 Welche Temperatur ist nach dem Temperaturabfall ablesbar?
Schreibe eine Aufgabe in dein Heft.
Beschreibe den Anfangszustand, die Veränderung und den Endzustand.
a) von $4\,°C$ um $7°$
b) von $1\,°C$ um $12°$
c) von $-3\,°C$ um $8°$

9 Setze die Zahlenfolgen um 3 Zahlen fort. Zeichne dazu eine Zahlengerade in dein Heft und trage die Zahlen ein.
a) $15;\ 10;\ 5;\ 0;\ -5;\ …$
b) $12;\ 9;\ 6;\ 3;\ 0;\ …$
c) $14;\ 10;\ 6;\ 2;\ …$
d) $-12;\ -20;\ -27;\ -33;\ …$

9 Setze die Zahlenfolgen um 3 Zahlen fort. Nimm dabei die Zahlengerade zuhilfe. Welche Gesetzmäßigkeiten stellst du fest?
a) $11;\ 8;\ 5;\ …$ b) $9;\ 8;\ 6;\ …$
c) $-13;\ -9;\ -5;\ …$ d) $-8;\ -7;\ -5;\ …$
e) $12;\ 9;\ 8;\ 5;\ …$
f) $1;\ 2;\ -2;\ -1;\ -5;\ …$

10 Immer im Kreis
a) ♟ Mit welchen Startzahlen erhält man ein positives Endergebnis, mit welchen ein negatives?
  ♟♟ Vergleicht eure Lösungen.
  ♟♟♟ Könnt ihr alle möglichen Startzahlen nennen? Begründet schriftlich.
b) Mit welcher Startzahl zwischen -5 und 5 erhält man als Endergebnis -12?

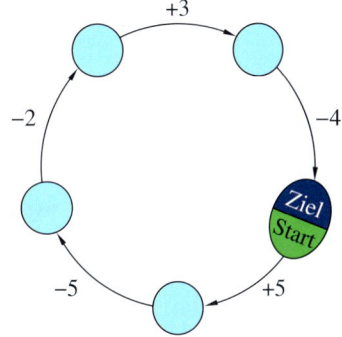

11 ♟♟ Arbeitet zu zweit.
Schreibe jeweils Rechengeschichten zu den Angaben.
Tauscht sie untereinander und berechnet das Ergebnis.
a) $-5\,°C;\ +15\,°C;\ -10\,°C$
b) $200\,€;\ -100\,€;\ -150\,€$
c) $400\,m;\ +700\,m;\ -1000\,m$

11 ♟♟ Arbeitet zu zweit.
Schreibe jeweils Rechengeschichten zu den Zahlen. Wähle dazu passende Maßeinheiten.
Tauscht die Geschichten und berechnet das Ergebnis.
a) $+15;\ -20;\ +10$
b) $-1100;\ +1000;\ -200$
c) $39;\ -105;\ -507;\ 88$

12 Lies aus dem Diagramm die monatlichen Lufttemperaturen des Ortes Inari (Finnland) ab. Erstelle eine Tabelle mit Spalten für Monat und Temperatur.

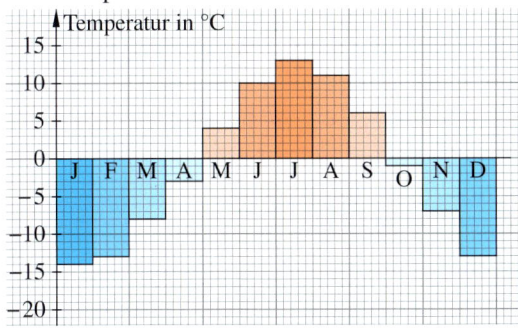

12 Die Tabelle zeigt die monatlichen Lufttemperaturen im sibirischen Oimjakon, dem kältesten Ort auf der Nordhalbkugel. Zeichne ein Säulendiagramm mit den Temperaturen für die Monate Januar bis Dezember.

Monat	Temperatur	Monat	Temperatur
Januar	$-50\,°C$	Juli	$15\,°C$
Februar	$-44\,°C$	August	$10\,°C$
März	$-32\,°C$	September	$2\,°C$
April	$-15\,°C$	Oktober	$-15\,°C$
Mai	$-2\,°C$	November	$-26\,°C$
Juni	$11\,°C$	Dezember	$-47\,°C$

13 Tiere im Meer

Die Meeresbewohner halten sich in verschiedenen Tiefen auf.
Auf der Suche nach Beute oder zum Atmen verändern sie ihre Tauchtiefe.

a) Übertrage und ergänze die Tabelle im Heft.

Tier	abgelesene Tiefe	Veränderung	neue Tiefe
Delfin	−100 m	150 m ⇩	…

Betrachte die Meeresgrafik: In welcher Tiefe befinden sich die Meerestiere in diesem Moment? Trage die Namen und Werte in die Tabelle ein.

b) Im Laufe der folgenden Stunde schwimmen manche Tiere weiter nach oben, manche tauchen noch tiefer. Berechne ihre neuen Tiefen und trage sie in die Tabelle ein.

150 m ⇩   50 m ⇧   170 m ⇧   250 m ⇩   1 050 m ⇧

c) Notiere für jedes Tier die Veränderung als Rechenaufgabe.

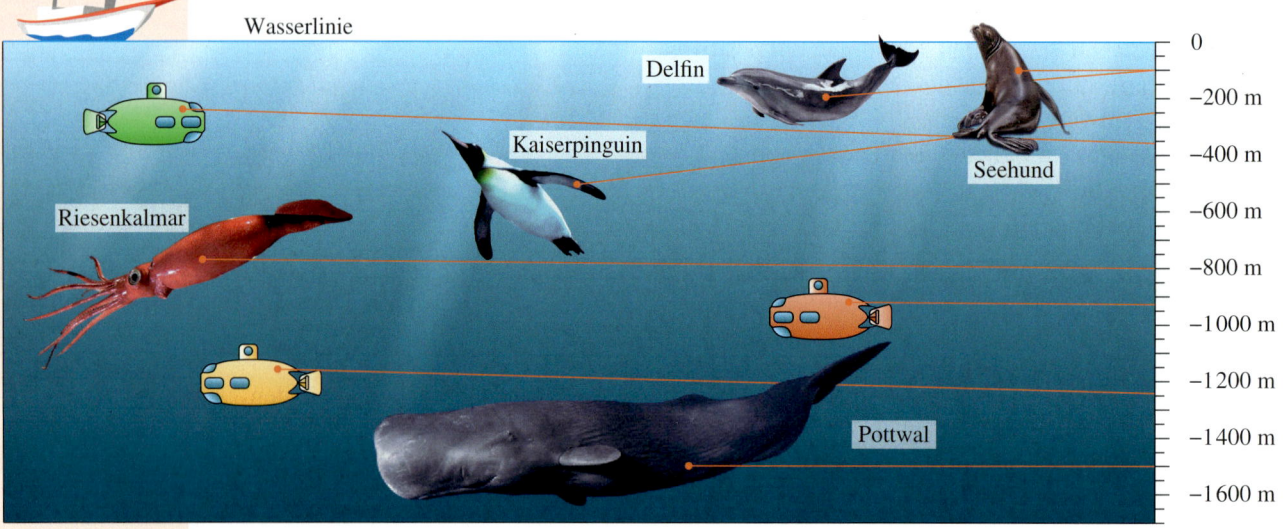

Wasserlinie

Delfin

Kaiserpinguin

Seehund

Riesenkalmar

Pottwal

0
−200 m
−400 m
−600 m
−800 m
−1000 m
−1200 m
−1400 m
−1600 m

14 Die Forscher des Weißen Hais

In der Grafik sind auch drei Forschungs-U-Boote mit ihrer jeweiligen Tauchtiefe markiert.

Die Forscher untersuchen, wie tief Weiße Haie tauchen. Sobald sie einen Hai sichten, notieren sie die Uhrzeit und den Höhenunterschied des Raubfisches zum Boot.

a) Betrachte die Beobachtungsprotokolle: Woran kann man ablesen, ob sich der Hai oberhalb oder unterhalb des jeweiligen Bootes befand?

b) Berechne zu jeder Beobachtung die ungefähre Tauchtiefe des Hais. Runde sinnvoll.

c) Stelle die Tauchtiefen der Haie mit der Uhrzeit der Beobachtungen in einer geeigneten Grafik dar.

11:00
−185 m

12:00
+56 m

14:30
+175 m

17:00
−108 m

Teste dich!

1 Temperaturen in einigen Städten in Bayern *(6 Punkte)*

München   Passau   Garmisch   Augsburg

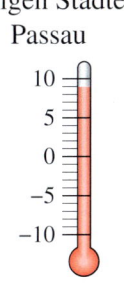
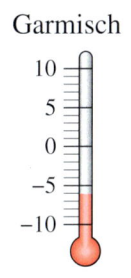
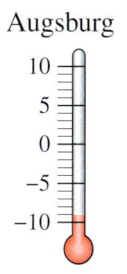

a) Wie warm oder kalt ist es in den vier Städten?

b) Um welchte Tageszeit und zu welcher Jahreszeit könnten die Temperaturen jeweils gemessen worden sein?

2 Zahlengerade *(6 Punkte)*

a) Welche Zahlen sind blau markiert?

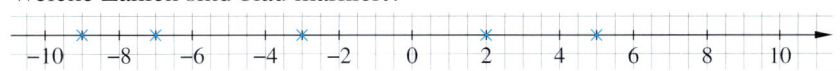

b) Markiere die angegebenen Zahlen auf einer Zahlengeraden. Verwende eine geeignete Einteilung.

> 45; −20; 10; −25; −40; 0

3 Zeichne jeweils eine Zahlengerade und übertrage die Tabellen ins Heft. *(6 Punkte)*
Löse die Aufgaben mithilfe der Zahlengeraden und trage die Lösungen in die Tabellen ein.

a)

alte Temperatur	Temperatur-änderung	neue Temperatur
4 °C	6 Grad kälter	…
−3 °C	9 Grad wärmer	…
−6 °C	5 Grad kälter	…
6 °C	8 Grad kälter	…

b)

Kontostand alt	Einzahlung oder Auszahlung	Kontostand neu
−20 €	+40 €	…
−150 €	+40 €	…
20 €	−70 €	…
−70 €	+50 €	…

4 Welche Zahlengerade passt jeweils zu der Rechengeschichte? Begründe. *(6 Punkte)*
Stelle jeweils eine sinnvolle Frage und beantworte sie.

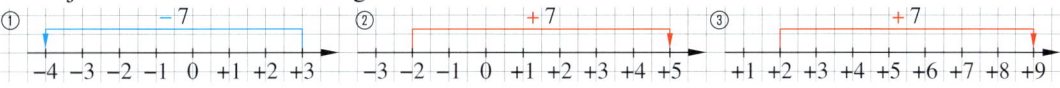

a) Monika hat 2 Euro und bekommt von ihrer Oma 7 Euro geschenkt.

b) Markus steigt im 2. Untergeschoss in den Lift und fährt 7 Stockwerke nach oben.

c) Juri springt vom 3-Meter-Brett und taucht im vier Meter tiefen Becken bis ganz nach unten.

5 Der Wasserspiegel des Toten Meeres liegt bei −427 m (427 m unter Normalnull). Sam wandert mit seinem Vater vom Ufer des Toten Meeres auf den Gipfel des Har Meron. Wie groß ist der Höhenunterschied, den sie dabei bewältigen? *(6 Punkte)*

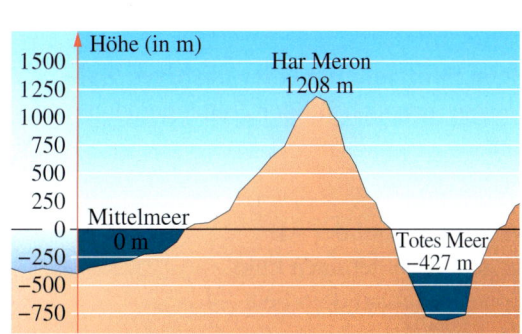

Zusammenfassung

→ Seite 134

Negative und positive Zahlen

In unserem Alltag begegnen uns häufig Zahlen, die kleiner als Null sind.
Sie werden als **negative Zahlen** bezeichnet und mit einem Minus gekennzeichnet.

Zusammen mit der Null bilden die negativen und die positiven Zahlen die **ganzen Zahlen**.

Das Thermometer zeigt −25 °C an.

Für negative Zahlen wird der Zahlenstrahl über die Null hinaus nach links zur **Zahlengeraden** erweitert.

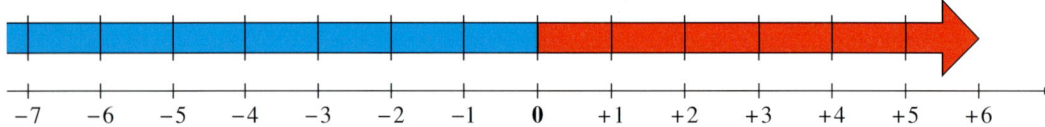

→ Seite 138

Zustandsänderungen

Zustandsänderungen kann man übersichtlich an der **Zahlengeraden** darstellen.

Die Bewegung nach rechts oder links auf der Zahlengeraden geben wir mit einem **Rechenzeichen** an.

Das Feld, auf dem man steht, geben wir mit dem **Vorzeichen** an.

Vorzeichen
$+3 − 2 = +1$
Rechenzeichen

Beim **Addieren einer positiven Zahl** bewegt man sich auf der Zahlengeraden nach rechts.

$1 + 2 = 3$

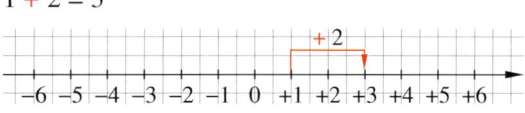

Vadim steht auf der −5.
Er geht 3 Felder nach rechts.
Er steht nun auf dem Feld −2.

$−5 + 3 = −2$

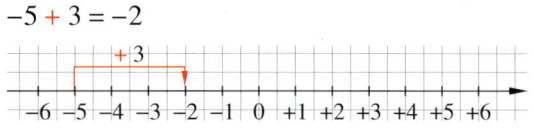

Beim **Subtrahieren einer positiven Zahl** bewegt man sich auf der Zahlengeraden nach links.

$3 − 2 = 1$

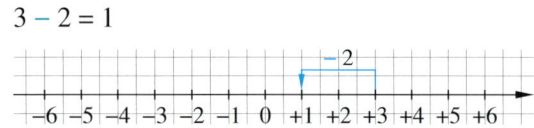

Vadim steht auf der −1.
Er geht 3 Felder nach links.
Er steht nun auf dem Feld −4.

$−1 − 3 = − 4$

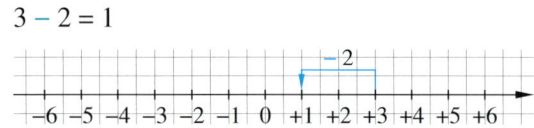

Flächeninhalte – Rechtecke

Ein Schwimmbecken wird neu gefliest.

Dabei muss der Fliesenleger die Fliesen genau anordnen.
Welche Form haben die Fliesen? Sind alle Fliesen gleich groß?
Wie viele Fliesen benötigt er für das Schwimmbad?
Welche Formen hätte er noch nehmen können?

Noch fit?

Einstieg

1 Parallele und senkrechte Strecken
Zeichne die Figur ins Heft.

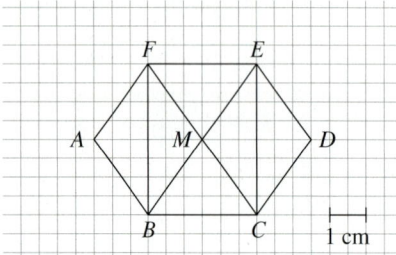

a) Gib alle Strecken an, die parallel
   zueinander sind.
   Schreibe: $\overline{AB} \parallel \ldots$
b) Gib alle Strecken an, die senkrecht
   zueinander stehen.
   Schreibe: $\overline{BC} \perp \ldots$
c) Gib alle Strecken an, die gleich lang sind.
   Schreibe: $\overline{AB} = \ldots = \ldots$
d) Bestimme im Heft den Abstand des Punkts
   B zur Strecke $\overline{CF}$ und zur Strecke $\overline{EF}$.

HINWEIS

*Nutze zum
Umwandeln der
Längen eine
Stellenwerttafel.*

2 Längen umwandeln
Wandle in die nächstkleinere Einheit um.
Beispiel 5 cm = 50 mm; 17 dm = 170 cm
Beschreibe, wie du dabei vorgehst.

a) 7 km   b) 8 m
c) 11 cm   d) 13 m
e) 24 dm   f) 4 cm
g) 250 cm   h) 312 dm

3 Rechtecke und Quadrate
Welche Vielecke sind Rechtecke, welche Quadrate? Begründe.
Verwende dabei die richtigen Fachbegriffe.

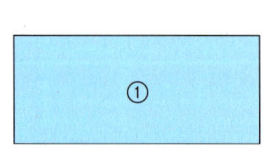
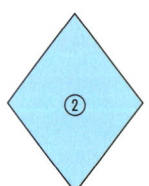
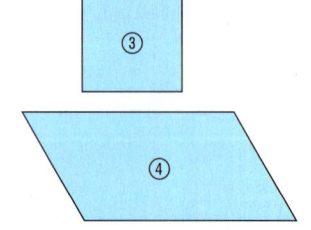
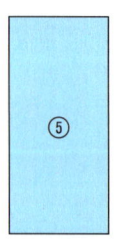
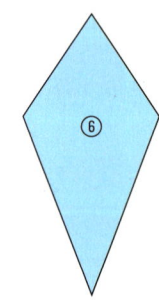

4 Umfang berechnen
Miss die Seitenlängen der Vierecke aus
Aufgabe 3.
Berechne jeweils den Umfang.

Aufstieg

1 Parallele und senkrechte Strecken
Übertrage die Punkte A und B ins Heft.

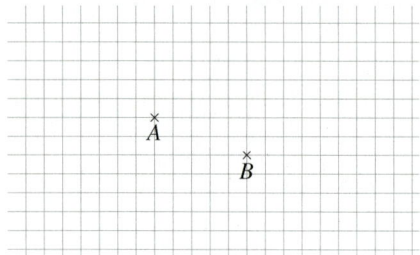

a) Zeichne die Strecke $\overline{AB}$.
b) Zeichne jeweils eine Senkrechte zu $\overline{AB}$
   durch die Punkte A und B.
c) Zeichne eine Parallele p im Abstand von
   2 cm zur Strecke $\overline{AB}$.
d) Gib den zwei neuen Schnittpunkten jeweils
   einen Namen.
e) Beschreibe die entstandene Figur.
f) Denke dir eine ähnliche Figur aus und
   beschreibe, wie sie zu zeichnen ist.

2 Längen umwandeln
Von einer Rolle mit 40 m Teppichboden
wurden drei Stücke verkauft:
3 m 20 cm, 90 cm und 120 cm.

a) Wie viele Meter Teppichboden wurden
   insgesamt verkauft?
b) Wie viel Meter Teppichboden sind noch
   auf der Rolle?

4 Umfang berechnen
Berechne die Umfänge der Vierecke aus
Aufgabe 3. Wie viele Seitenlängen musst du
dazu mindestens messen? Begründe.

Lösungen ab Seite 190

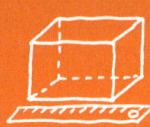

Flächeninhalte vergleichen

Entdecken

1 Zeichne ein Quadrat mit einer Seitenlänge von 10 cm auf Kästchenpapier. Schneide es aus.
Male die kleineren Quadrate (jeweils 4 Kästchen) aus.

2 Rechteckige und quadratische Gegenstände auslegen
a) ♟ Suche dir einen rechteckigen Gegenstand (z. B. die Tischplatte) aus.
  Schätze zuerst:
  Wie viele große Quadrate aus Aufgabe 1 benötigst du, um den Gegenstand vollständig auszulegen?
b) ♟♟ Überprüft anschließend deine Schätzung durch Auslegen.

3 Vergleiche die Größe der Tischplatte mit Gegenständen.
Lege dazu die Tischplatte mit einem Gegenstand mehrmals aus.
a) ♟ Beschreibe dein Vorgehen.
  Versuche es auch mit anderen Gegenständen.
b) ♟♟ Notiert Sätze wie „Die Tischplatte ist ungefähr 20-mal so groß wie mein Geodreieck."
c) ♟♟♟ Welche Flächen eignen sich gut zum Auslegen, welche nicht? Begründet eure Antwort.

4 ♟♟♟ Ihr habt in Aufgabe 2 und 3 Flächen ausgelegt:
einmal mit verschiedenen Gegenständen und einmal mit Quadraten.
Welche Methode war einfacher? Warum ist das so?

5 Die Gegenstände sind in Originalgröße abgebildet.
Wie groß sind sie?
a) ♟ Beschreibe dein Vorgehen.
b) ♟♟ Bei welchen Gegenständen ist eure Größenangabe genau, bei welchen weniger genau? Warum ist das so?

6 Sind die Figuren gleich groß?

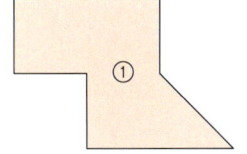

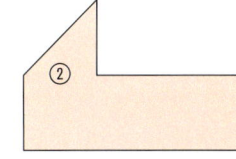

Julia antwortet:
„Ich prüfe das mit einer Zeichnung."

a) ♟ Erkläre, was Julia macht. Wie geht sie weiter vor?
b) ♟♟ Wie könnte sie ihre Antwort begründen?

153

Verstehen

Lisa und Tom vergleichen ein
Quadrat und ein Rechteck.
Sie fragen sich, ob beide Flächen
den gleichen Flächeninhalt haben,
und legen die Figuren aus.

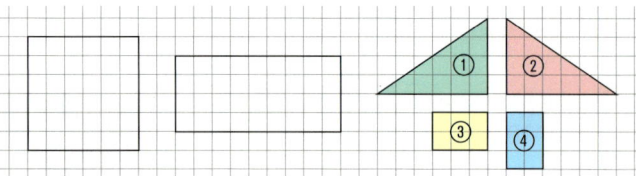

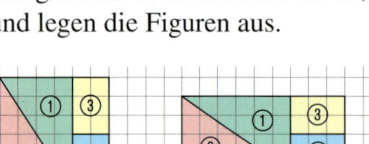

Da sich das Quadrat und das Rechteck mit der gleichen
Anzahl gleicher Teilfiguren zerlegen lassen, haben beide
Flächen den gleichen Flächeninhalt.

> **Merke** Wenn man Flächen mit der gleichen Anzahl gleicher Teilflächen auslegen kann, dann
> haben sie den gleichen **Flächeninhalt**.

Der Flächeninhalt wird durch **Vergleich mit Einheitsflächen** gemessen.
Als Einheitsfläche eignen sich besonders gut Quadrate, z. B. mit der Seitenlänge 1 m oder 1 cm.

Wie bei den Längeneinheiten können auch die Flächeneinheiten ineinander umgerechnet
werden.

Beispiel 1

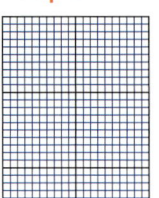

Ein Flur ist 2 m breit und 3 m lang.
Er soll mit quadratischen Bodenplatten ausgelegt werden.
Es gibt zwei verschieden große Platten.

$1 m^2$

$1 dm^2$

Seitenlänge der Bodenplatte	Flächeninhalt der Bodenplatte	benötigte Stückzahl	Flächeninhalt des Flurs
1 m	$1 m^2$ (1 Quadratmeter)	6	$6 m^2$
1 dm	$1 dm^2$ (1 Quadratdezimeter)	600	$600 dm^2$

> **Merke** **Flächeneinheiten und ihre Umrechnungen:**
> Quadratmeter $1 m \cdot 1 m$ $= 1 m^2$
> Quadratdezimeter $1 dm \cdot 1 dm$ $= 1 dm^2$ $1 m^2 = 100 dm^2$
> Quadratzentimeter $1 cm \cdot 1 cm$ $= 1 cm^2$ $1 dm^2 = 100 cm^2$
> Quadratmillimeter $1 mm \cdot 1 mm$ $= 1 mm^2$ $1 cm^2 = 100 mm^2$
> Beim Flächeninhalt ist die **Umrechnungszahl 100**.

Beispiel 2

Dieses Vieleck lässt sich
gut mit Einheitsquadra-
ten der Größe $1 cm^2$
auslegen.
Es passen 6 solcher
Einheitsquadrate in die
Figur.
Das Vieleck hat also
einen Flächeninhalt von $6 cm^2$.

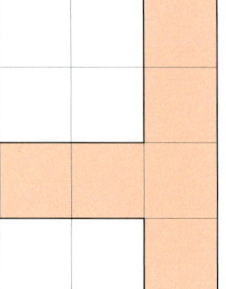

Beispiel 3

Bei runden Flächen
kann man nur schätzen:
1 ganzer Quadratzenti-
meter und 8 Teile eines
Quadratzentimeters, die
ungefähr zusammen
$4 cm^2$ ergeben.

Die Münze hat also einen Flächeninhalt von
ungefähr $5 cm^2$.

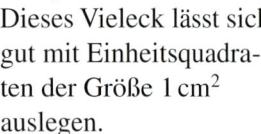

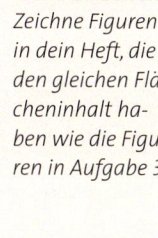

Üben und anwenden

1 Zeige, dass die orangen Flächen alle den gleichen Flächeninhalt haben.
Übertrage dazu die orangen Flächen in dein Heft
und zerlege sie in die roten Teilflächen aus der
Randspalte.

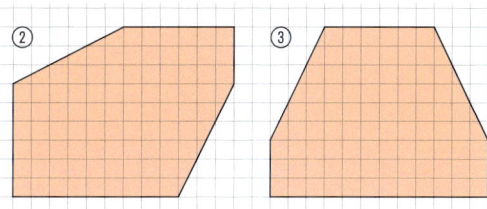

HINWEIS
Das sind die Teil-flächen, in die du die orangen Flächen zerlegen sollst:

2 Rechtecke mit Formen auslegen
Zeichne die Rechtecke in dein Heft.
① 8 cm lang, 6 cm breit   ② 10 cm lang, 4 cm breit
a) 🯄 Schneide dann mehrere Rechtecke von 4 cm Länge und 2 cm Breite aus.
   Lege die gezeichneten Rechtecke damit aus.
   Probiere danach auch andere Formen aus, mit denen du die Rechtecke auslegen kannst.
b) 🯄🯄 Vergleicht eure Ergebnisse.
   Beschreibt euch gegenseitig, wie ihr vorgegangen seid.
c) 🯄🯄 Welche Figuren sind für das Auslegen einer Fläche am besten geeignet? Begründet.

3 Zeichne die drei Figuren in dein Heft.
Begründe, warum alle drei Figuren den
gleichen Flächeninhalt haben.

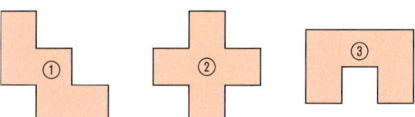

3 Ordne die Flächen der Größe nach.
Begründe deine Reihenfolge, indem du die
Figuren zerlegst.

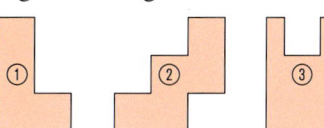

ZUM WEITERARBEITEN
Zeichne Figuren in dein Heft, die den gleichen Flächeninhalt haben wie die Figuren in Aufgabe 3.

4 Jedes Kästchen im Raster ist 1 cm² groß.
a) 🯄 Schätze, wie viel cm² die Gegenstände
   groß sind.
b) 🯄🯄 Messt den Flächeninhalt weiterer Gegenstände.
   Zeichnet dazu so ein Raster auf Folie.
c) 🯄🯄 Mit welchem Raster würdet ihr den Flächeninhalt des Pfefferminzblattes auslegen?
   Erklärt euch gegenseitig:
   Wann ist ein anderes Raster
   sinnvoll?
   Wann ist die Schätzung genau,
   wann eher ungenau?

5 Ordne die Figuren nach ihrem Flächeninhalt.
Begründe einmal deine Reihenfolge durch eine Zerlegung und einmal durch Auslegen.
Welche Methode war einfacher?

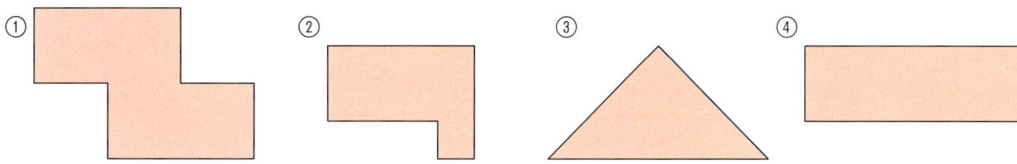

ZUM
WEITERARBEITEN
Welche Flächen-
einheit würdest
du wählen?
Begründe.
Postkarte, DIN-
A4-Heft, Poster,
Briefmarke,
Toastbrotscheibe,
Handy-Display

6 Bestimme den Flächeninhalt in Quadratzentimeter und Quadratmillimeter.
Ordne dann die Flächen nach ihrer Größe.

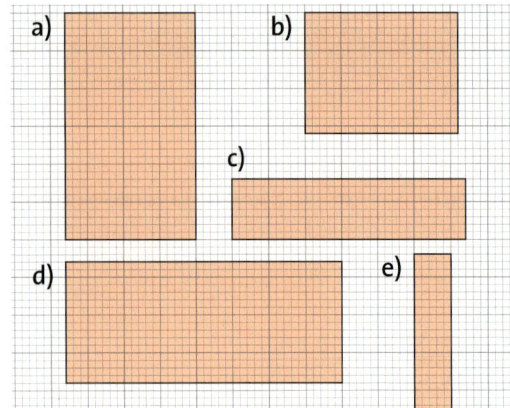

6 Gib den Flächeninhalt in mm^2 an.
Beispiel

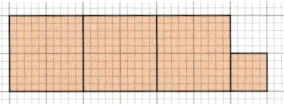

$3\,cm^2\,25\,mm^2 = 325\,mm^2$

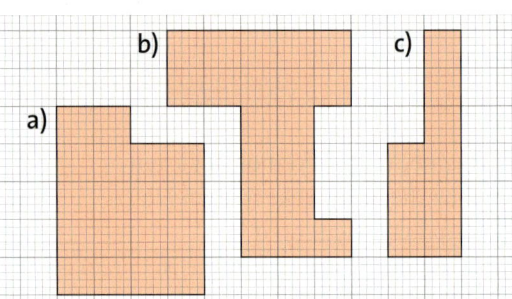

7 Übertrage die Stellenwerttafel in dein Heft.
Rechne mithilfe der Stellenwerttafel in die
nächstkleinere Einheit um.
Beispiel $6\,dm^2 = \blacksquare\,cm^2$

m^2		dm^2		cm^2		mm^2		
Z	E	Z	E	Z	E	Z	E	
			6					$6\,dm^2$
			6	0	0			$= 600\,cm^2$

·100

a) $5\,m^2$ b) $50\,dm^2$
c) $25\,cm^2$ d) $60\,dm^2$

7 Übertrage die Stellenwerttafel in dein Heft.
Rechne in die nächstkleineren Einheiten um.
Beispiel $2\,m^2 = \blacksquare\,cm^2$

m^2	dm^2		cm^2		mm^2			
2								$2\,m^2$
2	0	0						$= 200\,dm^2$
2	0	0	0	0				$= 20\,000\,cm^2$
2	0	0	0	0	0	0		$= 2\,000\,000\,mm^2$

a) $15\,m^2$ b) $70\,cm^2$
c) $98\,dm^2$ d) $600\,cm^2$

8 Umrechnen von Flächeneinheiten
a) Schreibe in Quadratzentimeter.
   ① $700\,mm^2$ ② $2\,600\,mm^2$
   ③ $2\,dm^2$ ④ $534\,dm^2$
b) Schreibe in Quadratdezimeter.
   ① $900\,cm^2$ ② $1\,200\,cm^2$
   ③ $9\,m^2$ ④ $55\,m^2$

8 Rechne die Angaben einmal in die
nächstkleinere Einheit und einmal in die
nächstgrößere Einheit um.
a) $3\,000\,dm^2$ b) $5\,500\,dm^2$
c) $400\,m^2$ d) $3\,500\,m^2$
e) $987\,dm^2$ f) $5\,995\,dm^2$
g) $4\,004\,m^2$ h) $9\,090\,m^2$

NACHGEDACHT
Wie viele Kinder
können bequem
auf $1\,m^2$ stehen?

9 Zeichne eine Stellenwerttafel wie bei Aufgabe 7 in dein Heft.
a) 🔓 Rechne schrittweise in die angegebene Flächeneinheit um.
   ① $7\,m^2\,(cm^2)$ ② $12\,m^2\,(mm^2)$ ③ $40\,000\,mm^2\,(dm^2)$ ④ $250\,000\,cm^2\,(m^2)$
b) 👥 Vergleicht eure Vorgehensweise.
c) 👥 Kann man auch die Flächeninhalte in einem Schritt umrechnen? Erklärt, wie das geht.

10 Ordne jeweils die Hautoberflächen den
Lebewesen zu. Begründe.

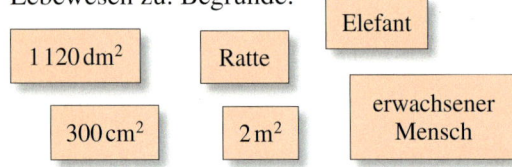

10 Überprüfe, ob Kais Aussagen
stimmen können.
a) Ein Toastbrot ist $1\,200\,000\,mm^2$ groß.
b) Mein Kinderzimmer ist mindestens
   $154\,000\,cm^2$ groß.
c) Unser Garten ist $300\,000\,000\,mm^2$ groß.

Flächeninhalte berechnen

Entdecken

1 Bestimme die Flächeninhalte der Vielecke durch Auslegen mit Einheitsquadraten.

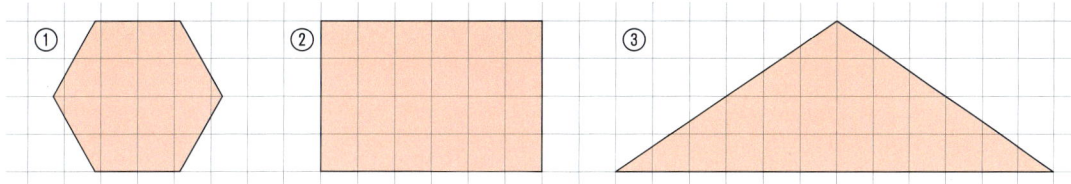

Bei welchem Vieleck war es am einfachsten, bei welchem am schwersten?
Begründet eure Meinung.

2 Miss die Seitenlängen der Vierecke und übertrage sie auf unliniertes Papier.

a) Bestimme die Flächeninhalte durch Auslegen mit Einheitsquadraten.

b) Marcel hat den Flächeninhalt so gezeichnet und gerechnet:
     Erklärt euch gegenseitig, wie Marcel gerechnet hat.

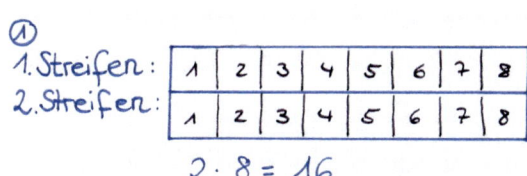

c) Berechne die Flächeninhalte wie Marcel.
     Vergleicht und erklärt euch eure Lösungen.

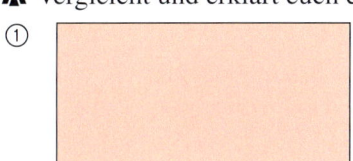

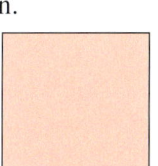
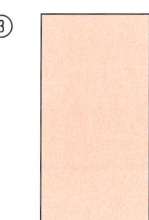

3 Juliane ordnet 36 Mosaiksteine mit jeweils einem Flächeninhalt
von 1 cm² zu einem Rechteck an.

a) Welche Möglichkeiten hat sie?

b) Übertrage die Tabelle in dein Heft und tragt gemeinsam die Ergebnisse ein.

Länge	Breite	Anzahl der Steine	Flächeninhalt in cm²
1	36	36	1 · 36 = 36

c) Beschreibt Julianes Vorgehen im Heft.

Verstehen

Der Informatikraum soll mit neuen quadratischen Teppichfliesen ausgelegt werden. Jede Teppichfliese ist 1 m lang und 1 m breit, also 1 m² groß.

Beispiel 1 Durch Abzählen der Fliesen kann man feststellen, wie groß der rechteckige Fußboden des Informatikraums ist.

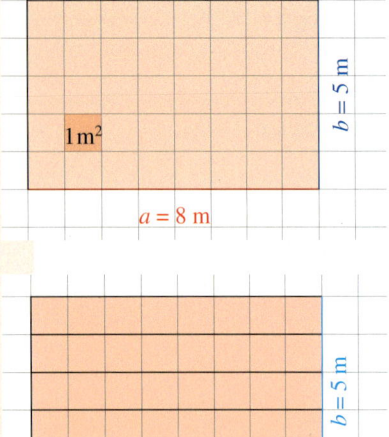

Jan zeichnet den Raum auf Kästchenpapier. Jedes Kästchen steht für ein Quadrat mit 1 m Seitenlänge, also ein Quadrat mit 1 m² Flächeninhalt.

Jan zerlegt das Rechteck durch Linien in 5 Streifen: Jeder Streifen enthält 8 Quadrate.

1 Streifen hat den Flächeninhalt: $8 \cdot 1\,\text{m}^2 = 8\,\text{m}^2$

Zusammen haben die 5 Streifen dann den Flächeninhalt: $5 \cdot 8\,\text{m}^2 = 40\,\text{m}^2$

Der Informatikraum ist 40 m² groß.

Also gilt:

Flächeninhalt = Länge des Streifens · Anzahl der Streifen

Die Maßzahl der **Länge** gibt an, wie viele Quadrate in einem Streifen sind, nämlich 8.
Die Maßzahl der **Breite** gibt an, wie viele Streifen es sind, nämlich 5.

Der Flächeninhalt von Rechtecken ist also abhängig von Länge und Breite.

> ## Merke
> Für den Flächeninhalt eines **Rechtecks** gilt:
>
> Flächeninhalt = Länge · Breite
> $$A = a \cdot b$$

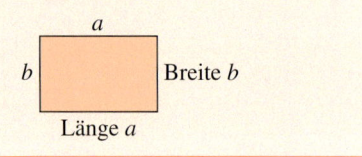

Beispiel 2 Das Rechteck ist 39 mm lang und 16 mm breit. Wie groß ist der Flächeninhalt?

gegeben: $a = 39\,\text{mm}$
              $b = 16\,\text{mm}$
gesucht: Flächeninhalt A
Formel: $A = a \cdot b$
Rechnung: $A = 39 \cdot 16 = 624$
Antwortsatz: Der Flächeninhalt des Rechtecks beträgt 624 mm².

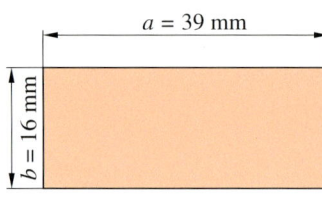

Bei Quadraten ist die Formel sogar noch kürzer, da bei einem Quadrat
alle Seitenlängen gleich lang sind.

Beispiel 3

Das Quadrat hat eine Seitenlänge von 1,6 cm. Wie groß ist der Flächeninhalt?

gegeben: $a = 1{,}6$ cm
            $= 16$ mm
gesucht: Flächeninhalt A
Formel: $A = a \cdot a$
Rechnung: $A = 16 \cdot 16$
              $A = 256$

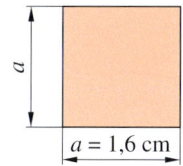

> **Merke**
> Für den Flächeninhalt A
> eines **Quadrats** gilt:
> Flächeninhalt = Seite · Seite
> $A = \quad a \quad \cdot \quad a$
>   Seite a

Antwortsatz: Der Flächeninhalt des Quadrats beträgt 256 mm².

Üben und anwenden

1 Zeichne die Rechtecke jeweils ins Heft.
Unterteile sie in Zentimeterquadrate.
Berechne dann die Flächeninhalte mit der
Formel.

Beispiel

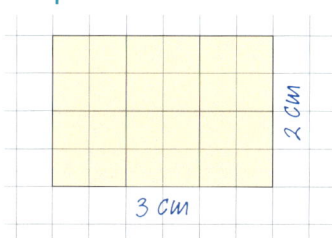

Länge: 3 cm
Breite: 2 cm
$A = 3 \cdot 2 \text{ cm}^2$
$A = 6 \text{ cm}^2$

a) Länge 5 cm; Breite 6 cm
b) Länge 7 cm; Breite 2 cm
c) Länge 5 cm; Breite 9 cm
d) Länge 35 mm; Breite 2 cm

1 Zeichne die Rechtecke in dein Heft.
① Länge 5 cm; Breite 4 cm
② Länge 10 cm; Breite 2 cm
③ Länge 10 cm; Breite 4 cm
④ Länge 5 cm; Breite 2 cm
a) Bestimme jeweils ihren Flächeninhalt
durch Auslegen mit Einheitsquadraten.
Erkläre anschließend die Formel.
b) Mit welchen Einheitsquadraten legst du
die Flächen aus? Berechne dann den
Flächeninhalt ⑤ und ⑥. Erkläre.
⑤ Notizzettel mit
Länge 2 dm,
Breite 3 dm
⑥ die abgebildete
Briefmarke

2 Berechne den Flächeninhalt des Rechtecks.

	a)	b)	c)	d)	e)
Länge	8 cm	9 dm	15 mm	5 m	5 cm
Breite	7 cm	18 dm	21 mm	19 m	7 cm

2 Berechne den Flächeninhalt des Rechtecks.

	a)	b)	c)	d)	e)
Länge	9 cm	26 mm	3,5 dm	7,5 m	2,6 cm
Breite	13 cm	14 mm	19 dm	4,5 m	6,5 cm

HINWEIS
*Wandle bei
Aufgabe 2 die
Seitenlängen um,
bevor du
rechnest.*

3 Wie groß ist der Flächeninhalt?
Achte auf die Längeneinheiten.
a) Tischplatte: 80 cm × 120 cm
b) Wiese:
114 m × 52 m
c) abgebildete
Briefmarke
d) Plakat: 40 cm × 60 cm
e) Kinderzimmer: 3 m × 4 m
f) Reithalle: 30 m × 66 m

3 Wie groß ist der Flächeninhalt?
Achte auf die Längeneinheiten.
a) DIN-A 4-Papierbogen:
210 mm × 297 mm
b) Grundfläche eines Schwimmbeckens:
10 m × 250 dm
c) Handballfeld: 20 m × 40 m
d) Hasenstall: 194 cm × 8 dm
e) Taste vom Mobiltelefon: 8 mm × 6 mm
f) Garten: 1100 cm × 16 m

NACHGEDACHT
*Häufig schreiben
Handwerker X
zwischen den
Seitenlängen.
Diese Schreib-
weise nennt man
Malkreuz. Kannst
du dir vorstellen,
warum?*

4 Ordne jeder Seitenlänge der Quadrate den passenden Flächeninhalt zu.
Ergänze anschließend fehlende Angaben.

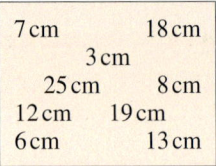

7 cm   18 cm
        3 cm
25 cm   8 cm
12 cm   19 cm
6 cm   13 cm

144 cm²
        169 cm²
324 cm²   49 cm²
        9 cm²
36 cm²   625 cm²
    121 cm²

4 Ordne jeder Seitenlänge von Quadraten den passenden Flächeninhalt zu.
a) 9 cm   b) 15 mm   c) 5 dm
d) 2 m   e) 12 mm   f) 2 dm 2 cm
Ergänze anschließend fehlende Angaben.

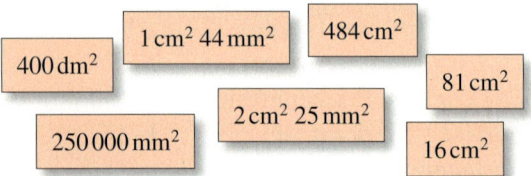

400 dm²   1 cm² 44 mm²   484 cm²
250 000 mm²   2 cm² 25 mm²   81 cm²   16 cm²

5 Sucht in eurem Klassenzimmer quadratische Flächen.
a) 🁢 In welcher Einheit würdest du den Flächeninhalt angeben? Begründe.
b) 🁢🁢 Schätzt den Flächeninhalt.
c) 🁢🁢 Überprüft eure Schätzung, indem ihr nachmesst und berechnet.

6 Ein Volleyballspielfeld hat eine Länge von 18 m und eine Breite von 9 m.
Gib den Flächeninhalt an.

6 Ein Fußballfeld ist 110 m lang und 75 m breit. Gib den Flächeninhalt in der Einheit Quadratmeter (Quadratzentimeter) an.

7 Der quadratische Fußboden eines Raums soll mit Parkett ausgelegt werden.
a) Berechne den Flächeninhalt des Fußbodens, wenn seine Seitenlänge 6 m beträgt.
b) Wie viel muss man bezahlen, wenn 1 m² Parkett 24 € kostet?

7 Auf dem Fußboden einer Küche sollen Fliesen verlegt werden. Die Küche ist quadratisch mit einer Seitenlänge von 55 dm.
a) Welchen Flächeninhalt hat der Fußboden?
b) Berechne die Kosten der Fliesen für einen Quadratmeterpreis von 20 €.

HINWEIS
Diese Methode nennt man **Zerlegungsmethode**. Mehr Aufgaben und eine andere Methode findest du auf S. 166 und 167.

8 Merve berechnet den Flächeninhalt der abgebildeten Figur.

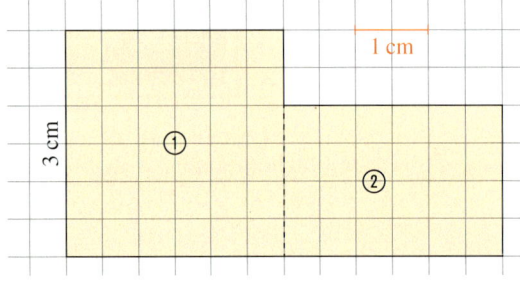

① $A = 3 \cdot 3 = 9$ cm²
② $A = 3 \cdot 2 = 6$ cm²
Also ist die Figur $9 + 6 = 15$ cm² groß.

a) 🁢 Beschreibe die Figur im Heft.
b) 🁢🁢 Erklärt Merves Vorgehen.
c) 🁢🁢 Hätte man die gestrichelte Linie auch anders einzeichnen können?
Überprüft durch eine Berechnung.

ZUM WEITERARBEITEN
Finde andere Möglichkeiten, die zusammengesetzten Flächen zu zerlegen. Berechne dann den Flächeninhalt.

9 Berechne den Flächeninhalt der zusammengesetzten Figur.

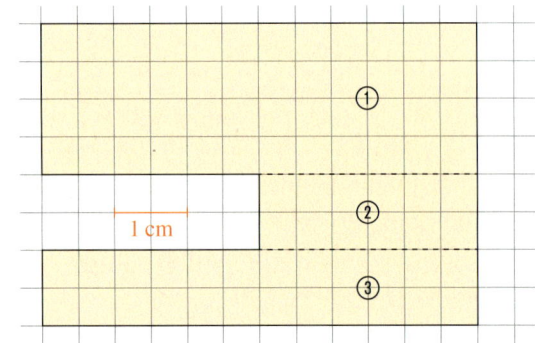

9 Berechne den Flächeninhalt der zusammengesetzten Figur.
Die Maße sind in cm angegeben.

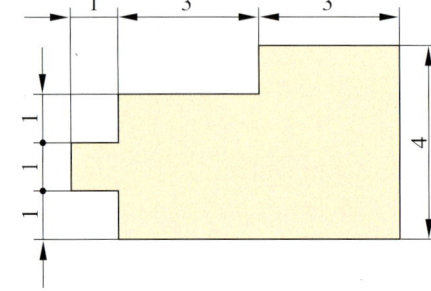

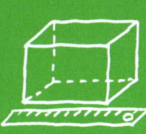

Strategie Begründen in der Mathematik

Beim Begründen in der Mathematik gibt es eine klare Regel:
Wenn du etwas behauptest, musst du es auch begründen.
Solche Satzanfänge können dir bei deinen Begründungen helfen:

„Das ist so, weil ..."   „Das kann nicht richtig sein, denn ..."

Aber nicht alle Begründungen sind ausreichend.

1 👥 Diskutiert in der Klasse:
Erklärt die Begründung.
Sind alle Aussagen
gut begründet?
Welche Begründung ist
ausreichend?

Neben den Begründungen
über die Eigenschaften
von Rechteck und Quadrat
gibt es auch noch andere Möglichkeiten, zu begründen.

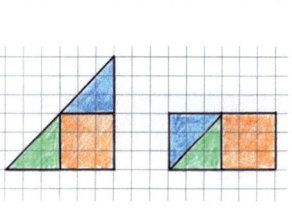

Beispiel 1 mit einer **Rechnung** begründen

Behauptung: Der Flächeninhalt von Rechteck
① ist größer als der von Rechteck ②.

Das ist richtig.
Begründung:
①A = 25 · 6 = 150   ②A = 12 · 11 = 132

Der Flächeninhalt von ① ist also mit
150 mm² größer als der von ②.

Beispiel 2 mit einer **Zeichnung** begründen

Behauptung:
Die beiden Figuren
haben denselben
Flächeninhalt.

Das ist richtig.
Begründung:
Ich kann die
Figuren mit den
gleichen Teilflä-
chen auslegen.

Wenn du zeigen möchtest, dass eine Behauptung falsch ist, brauchst du nur ein Beispiel
zu finden. Man nennt dies ein **Gegenbeispiel**.

Beispiel 3 mit einem **Gegenbeispiel** begründen

Behauptung: Wenn Rechtecke den gleichen Flächeninhalt haben, dann haben sie auch den
gleichen Umfang.

Das ist falsch.
Begründung: Ich habe ein
Gegenbeispiel gefunden:
Die beiden Rechtecke haben den
gleichen Flächeninhalt, aber
nicht den gleichen Umfang.

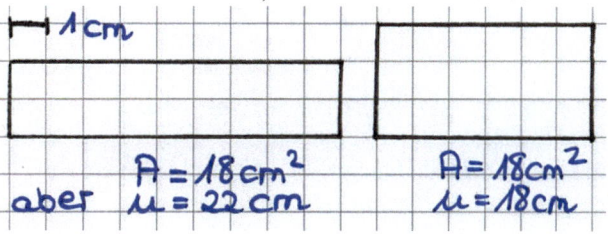

Mehr Aufgaben
zum Begründen
findest du
auf S. 167.

161

Klar so weit?

→ Seite 154

Flächeninhalte vergleichen

1 Zeichne die roten Flächen in dein Heft.

Beispiel

a) Überprüfe, ob die roten Flächen den gleichen Flächeninhalt haben.
Zeichne dazu blaue Dreiecke so in die rote Fläche, dass sie vollständig ausgelegt ist.

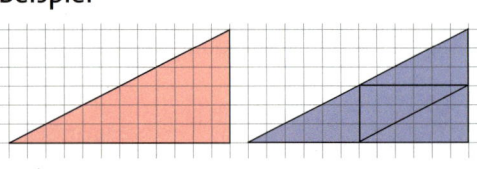

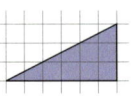

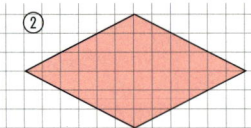
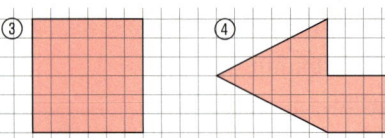

b) Durch welche Figuren kannst du noch zeigen, dass die Flächen den gleichen Flächeninhalt haben? Zeichne eine weitere Zerlegung in dein Heft.

2 Mit welchen Einheitsquadraten würdest du die Flächen auslegen?
Begründe.

a) Ansichtskarte b) eine normale Tür
c) Fußballfeld d) CD-Hülle
e) Buchseite f) Taschenrechnertaste

2 Wie groß ist eine CD-Hülle? Begründe.

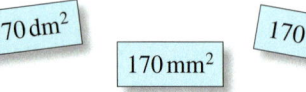

Nenne drei weitere Gegenstände, die ungefähr denselben Flächeninhalt haben.

3 Ordne die Flächen der Größe nach. Beschreibe deine Vorgehensweise im Heft.

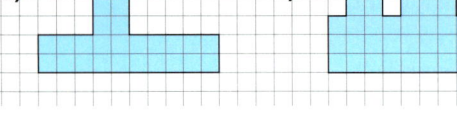
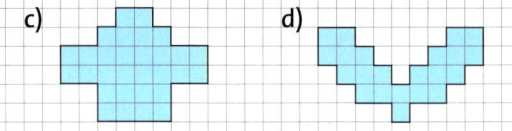

4 Zeichne vier gleich große Flächen mit je 12 cm². Die vier Flächen sollen aber nicht die gleiche Form haben.

4 Zeichne Rechtecke, die 18 cm² groß sind und deren Seitenlängen ganze Zentimeter betragen. Es gibt drei Möglichkeiten.

5 Erkläre anhand der Abbildung, dass die Figur einen Flächeninhalt von ...
a) 9 cm² hat.
b) 900 mm² hat.

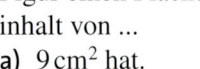

5 Erkläre anhand der Abbildung, wie du 10 cm² in mm² umrechnest.

6 Rechne die Flächeneinheiten in die nächstkleinere Einheit um. Du kannst auch eine Stellenwerttafel benutzen.
a) 1 m²; 10 dm²; 100 cm²
b) 2 500 m²; 25 000 dm²; 250 000 cm²
c) 12 cm²; 24 dm²; 6 m²

6 Rechne die Flächeninhalte in die angegebene Einheit um.
a) 10 m² (in dm²)
b) 1 000 cm² (in mm²)
c) 5 000 dm² (in m²)
d) 56 m² (in cm²)

Flächeninhalte berechnen

→ Seite 158

7 Berechne den Flächeninhalt des Rechtecks.

	a)	b)	c)	d)
Länge	4 cm	25 mm	12 m	40 dm
Breite	3 cm	6 mm	10 m	20 dm

7 Berechne die Flächeninhalte der Rechtecke.

	a)	b)	c)	d)
Länge	5 dm	14 mm	3 m 2 dm	5 cm 5 mm
Breite	15 cm	3 cm	19 dm	2 dm 4 cm

8 Berechne den Flächeninhalt der Quadrate mit der angegebenen Seitenlänge a.
a) $a = 5\,cm$ b) $a = 13\,dm$
c) $a = 22\,mm$ d) $a = 4\,mm$
e) $a = 103\,m$ f) $a = 0{,}5\,cm$

8 Berechne den Flächeninhalt der Quadrate mit der angegebenen Seitenlänge a.
a) $a = 7{,}5\,cm$ b) $a = 3{,}9\,m$
c) $a = 12\,dm$ d) $a = 9\,mm$
e) $a = 2{,}5\,m$ f) $a = 1{,}5\,cm$

9 Ein Blumenbeet hat die Form eines Quadrats. Eine Seite ist 9 m lang. Gib den Flächeninhalt an.

9 Ein Handballfeld hat eine Länge von 40 m und eine Breite von 20 m. Gib den Flächeninhalt an. Erkläre deine Rechnung.

10 Timo berechnet den Flächeninhalt des Rechtecks:
$A = 5 \cdot 2 = 10\ cm^2$
Antwort: Das Rechteck hat einen Flächeninhalt von 10 cm².
Zeichne das Rechteck in dein Heft und erkläre daran Timos Rechnung.

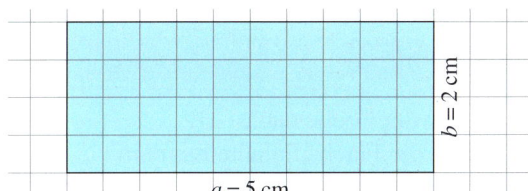

10 Begründe anhand der Zeichnungen die Formeln zur Berechnung des Flächeninhalts eines Rechtecks und eines Quadrats.

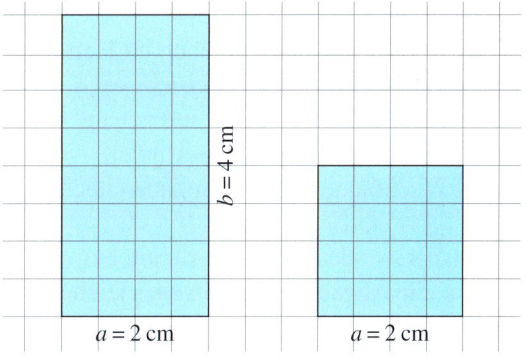

11 Berechne den Flächeninhalt der zusammengesetzten Figur. Beschreibe im Heft, wie du vorgehst. Findest du mehrere Möglichkeiten?

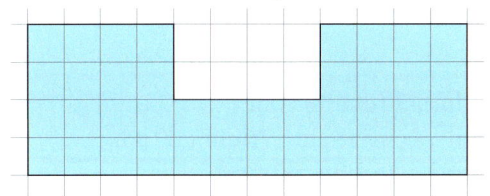

11 Berechne auf unterschiedliche Weise den Flächeninhalt der zusammengesetzten Figur. Beschreibe im Heft, wie du jeweils vorgehst. (Maße in dm)

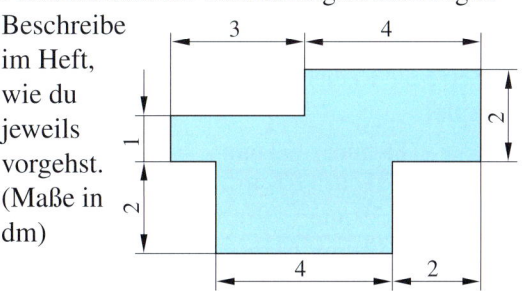

ZUM
WEITERARBEITEN
Entwirf ein Muster im Kunstunterricht. Berechne dann jeweils die Flächeninhalte.

Vermischte Übungen

1 Ordne die Flächen der Größe nach. Beschreibe dein Vorgehen.

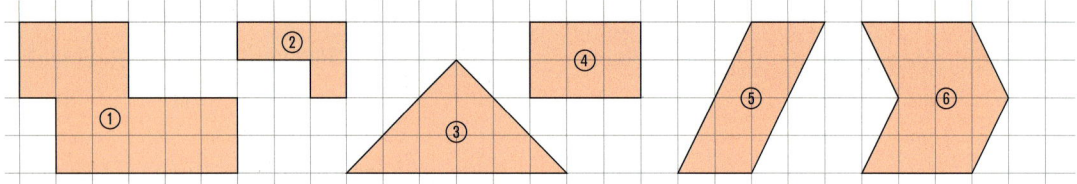

2 Wie viele Millimeterquadrate enthalten die einzelnen Flächen?

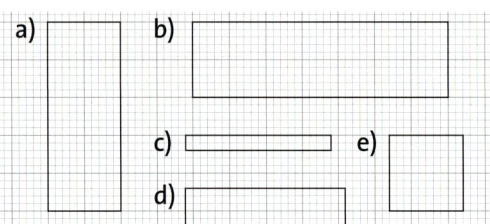

2 Welche Fläche ist größer? Begründe.

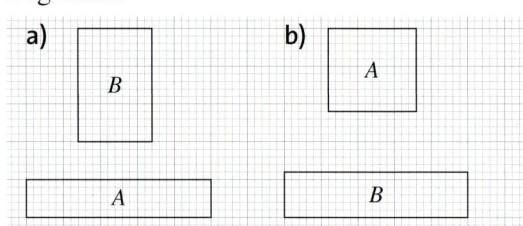

3 Welche Einheit wählst du für die Angabe des Flächeninhalts? Begründe.
a) Fläche einer Heftseite
b) Fußboden des Klassenzimmers
c) Fläche eines Fußballfeldes
d) Fläche einer Briefmarke

3 Schätze den Flächeninhalt. Überlege zuerst, welche Einheit du wählst.
a) dein Daumennagel
b) die Innenseite deiner Hand
c) dein Fingernagel am kleinen Finger
d) dein Fußabdruck

NACHGEDACHT
In Wirklichkeit sind die Münzen doppelt und ein 5-Euroschein dreimal so groß. Welchen Maße und welchen Flächeninhalt haben sie jeweils?

4 Welchen Flächeninhalt haben der 5-Euroschein und die Münzen?
a) 👤 Beschreibe dein Vorgehen im Heft.
b) 👥 Vergleicht eure Ergebnisse. Welche Flächenangaben sind genau? Welche eher ungenau? Begründet.
c) 👥 Wie könnte man die Angaben noch genauer bestimmen?

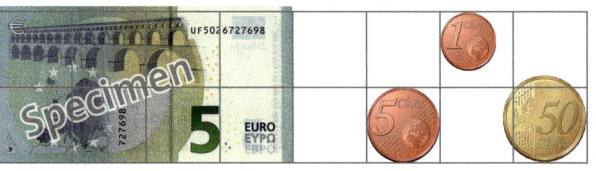

5 Setze <, = oder > im Heft richtig ein. Rechne die Angaben zuerst in die gleiche Flächeneinheit um.
a) $1\,cm^2$ ▦ $1000\,mm^2$
b) $1\,dm^2$ ▦ $100\,cm^2$
c) $2\,cm^2$ ▦ $5000\,mm^2$
d) $0,1\,dm^2$ ▦ $1000\,mm^2$

5 Ordne der Größe nach. Schreibe die Flächeninhalte mit dem Zeichen < in dein Heft.
a) $100\,cm^2$; $1\,cm^2$; $10\,dm^2$
b) $5\,m^2$; $600\,dm^2$; $10\,000\,cm^2$
c) $1\,340\,cm^2$; $1\,520\,dm^2$; $15\,m^2$
d) $260\,mm^2$; $26\,cm^2$; $260\,dm^2$

6 Setze die Reihen fort. Wechsle die Maßeinheit beim Übertrag zur nächstgrößeren.
Beispiel

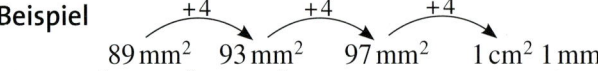

$$89\,mm^2 \quad 93\,mm^2 \quad 97\,mm^2 \quad 1\,cm^2\ 1\,mm^2$$

a) $75\,cm^2$; $81\,cm^2$; $87\,cm^2$; …
b) $15\,dm^2$; $30\,dm^2$; $45\,dm^2$; …
c) $69\,mm^2$; $79\,mm^2$; $89\,mm^2$; …
d) $2\,cm^2$; $4\,cm^2$; $8\,cm^2$; $16\,cm^2$; $32\,cm^2$; …
e) $21\,dm^2$; $42\,dm^2$; $63\,dm^2$; …
f) $80\,mm^2$; $85\,mm^2$; $90\,mm^2$; …

7 👤 Beschreibe im Heft, wie Längeneinheiten ineinander umgerechnet werden.
👥 Vergleicht mit den Regeln für das Umrechnen von Flächeneinheiten.
👥👥 Notiert Gemeinsamkeiten und Unterschiede. Stellt euer Ergebnis in der Klasse vor.

8 Zeichne die Vierecke in dein Heft.
① Quadrat: Seitenlänge 12 cm
② Rechteck: Länge 7 cm; Breite 6 cm
a) Berechne den Flächeninhalt.
b) Begründe an deinen Zeichnungen die Formeln.
c) Claudia sagt: „Ich brauche mir nur eine Formel merken." Was meint sie damit?

8 Zeichne die Vierecke in dein Heft.
① Quadrat: $a = 25$ mm
② Rechteck: $a = 32$ mm; $b = 70$ mm
a) Berechne den Flächeninhalt.
b) Begründe an deinen Zeichnungen die Formeln.
c) Claudia sagt: „Ich brauche mir nur eine Formel merken." Was meint sie damit?

9 Berechne den Flächeninhalt des Rechtecks.

	a)	b)	c)	d)	e)
Länge	7 cm	5 cm	32 mm	60 mm	22 m
Breite	5 cm	9 cm	60 mm	43 mm	22 m

9 Berechne den Flächeninhalt des Rechtecks.

	a)	b)	c)	d)	e)
Länge	3 cm	4,4 cm	1,2 m	4,5 m	0,9 dm
Breite	3,8 cm	6 cm	0,4 m	3,2 m	0,9 dm

HINWEIS
Manchmal musst du erst die Längenangaben umrechnen.

10 Ein Fußballfeld ist 110 m lang und 80 m breit.
Welche Rasenfläche muss man mähen?

10 Ein Beet wird mit Tulpen bepflanzt.
a) Wie groß ist das Beet?
b) Wie viele Tulpen werden benötigt?

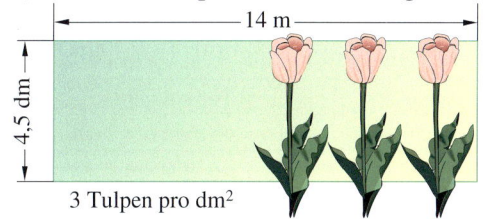

14 m
4,5 dm
3 Tulpen pro dm²

11 Bei der Planung von Klassenräumen soll für jeden Schüler 2 m² Platz eingerechnet werden.
Der Klassenraum der 5 b hat die Maße 10 m × 8 m. Ist die Vorschrift bei 32 Kindern erfüllt?

11 Das Raumprogramm für Schulen schreibt für jede Schülerin und jeden Schüler 2 m² Platz im Klassenraum vor.
Überprüfe, ob euer Klassenraum die Vorgaben des Raumprogramms erfüllt.

12 Ein Rechteck hat die Seitenlängen 10 cm und 20 cm.
Teile das Rechteck in fünf gleich große Rechtecke. Wie groß ist jeweils ihr Flächeninhalt?

13 Ein Badezimmer ist 400 cm lang und 250 cm breit. Es soll mit quadratischen Fliesen ausgelegt werden.
Wie viele Fliesen werden mindestens benötigt, wenn eine Fliese 625 cm² groß ist?

13 Frau Müller streicht die Decke ihres Wohnzimmers, die 75 dm lang und 45 dm breit ist.
Wie viele Dosen Farbe braucht sie mindestens?

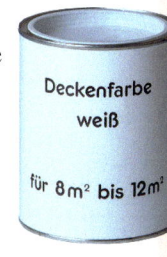

Deckenfarbe weiß
für 8 m² bis 12 m²

ERINNERE DICH
Wisst ihr noch, wie man bei Aufgabe 14 vorgeht? Wenn nicht, dann schlagt unter dem Stichwort Fermi nach.

14 👥👥 Reichen die Seiten eines einzelnen Mathematikbuchs aus, um damit die Wände eures Klassenzimmers zu tapezieren?

HINWEIS
Mehr Aufgaben zum Rückwärts-rechnen wie bei Aufgabe 15 und 16 findest du im Kapitel „Gleichungen und Formeln".

15 Zeichne je zwei verschiedene Rechtecke mit dem angegebenen Flächeninhalt ins Heft.
👥 Vergleicht eure Lösungen.
a) $12\,cm^2$ b) $1\,dm^2$ c) $500\,mm^2$

15 Zeichne je zwei verschiedene Flächen mit dem angegebenen Flächeninhalt in dein Heft.
👥 Vergleicht eure Lösungen.
a) $17\,cm^2$ b) $1,5\,dm^2$ c) $480\,mm^2$

16 Berechne die fehlenden Größen.

	a)	b)	c)	d)
a	3 m	10 m	15 mm	12 dm
b	6 m	…	2 mm	…
A	…	$170\,m^2$	…	$96\,dm^2$

16 Berechne die fehlenden Größen.

	a)	b)	c)	d)
a	55 m	43 m	94 dm	25 m
b	3 m	…	94 dm	…
A	…	$2\,236\,m^2$	…	$4\,275\,m^2$

17 Umfang oder Flächeninhalt? Begründe deine Antwort im Heft.
a) Wandfliesen   b) Bilderrahmen   c) Wohnungsgröße
d) Pferdekoppel   e) Absperren einer Baustelle mit rot-weißem Flatterband

18 Finde jeweils die Fehler. Beschreibe und berichtige sie im Heft.
gegeben: Rechteck mit $a = 25$ cm; $b = 3$ dm, *gesucht:* Flächeninhalt A

a) $A = 25 \cdot 3$
$A = 75\,cm^2$

b) $b = 3\,dm = 30\,cm$
$A = 25 + 25 + 30 + 30$
$A = 110\,cm^2$

c) $b = 3\,dm = 30\,cm$
$A = 25 \cdot 30$
$A = 750\,cm^2 = 75\,dm^2$

19 Berechne Umfang und Flächeninhalt.

	Viereck	Seitenlänge
a)	Rechteck	$a = 45$ mm; $b = 2$ cm
b)	Quadrat	$a = 71$ cm

19 Berechne Umfang und Flächeninhalt.

	Viereck	Seitenlänge
a)	Rechteck	$a = 2$ m 2 cm; $b = 20$ cm
b)	Quadrat	$a = 1,45$ dm

20 Bäuerin Weber möchte für ihre 110 Hühner einen Auslauf bauen.
Der Auslauf soll 5 m lang und 3 m 30 cm breit sein.
a) Bei der Bodenhaltung sind maximal 70 Hühner auf $10\,m^2$ erlaubt.
b) Wie viel Meter Maschendrahtzaun muss die Bäuerin für den freistehenden Auslauf kaufen?

21 Zerlege die zusammen-gesetzte Figur.
Berechne den Flächen-inhalt.
(alle Angaben in cm)

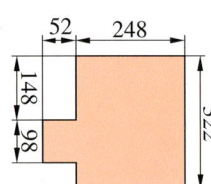

21 Berechne den Flächen-inhalt der zusammen-gesetzten Figur.
Alle Angaben sind in mm angegeben.

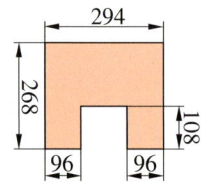

HINWEIS
Es gibt unter-schiedliche Metho-den, um den Flä-cheninhalt von zusammengesetz-ten Figuren zu be-rechnen.

22 Daniel berechnet den Flächeninhalt.
Er zerlegt die Fläche in vier Teilflächen.
a) 👤 Berechne den Flächeninhalt wie Daniel.
b) 👥 Vivian sagt: „Das geht doch viel einfacher. Ich berechne den Flächeninhalt des großen Rechtecks. Dann subtrahiere ich die Flächen, die zu viel sind."
Was meint Vivian damit?
Rechnet nach ihrer Vorgehensweise.
c) 👥 Welche Vorgehensweise findet ihr besser? Begründet eure Meinung im Heft.

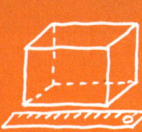

23 Berechne den Flächeninhalt einmal wie Daniel und einmal wie Vivian aus Aufgabe 22.

a)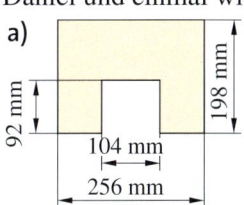

b)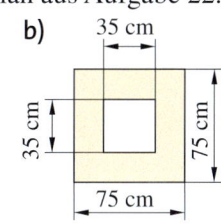

23 Berechne den Flächeninhalt mit einer Methode deiner Wahl. Begründe deine Wahl. Miss dazu die notwendigen Seitenlängen.

24 Die Haustür soll gestrichen werden.

a) Berechne den Flächeninhalt der Tür ohne Fenster.

b) Berechne den Flächeninhalt des quadratischen Fensters.

c) Wie groß ist der Flächeninhalt der Tür mit Fenster?

24 Ein rechteckiger Garten ist 18 m lang und 13 m breit.
Im Garten befindet sich ein rechteckiges Schwimmbecken
(Länge: 6,5 m × Breite: 4 m).
Berechne die Größe der verbleibenden Gartenfläche.
Mache eine Skizze im Heft und beschreibe dein Vorgehen.

25 👥 Arbeitet zu zweit.
Begründet, dass die eine Behauptung richtig ist und die andere falsch.

① Jedes Quadrat ist auch ein Rechteck.

② Jedes Rechteck ist auch ein Quadrat.

Bei den Aufgaben 25 bis 27 helfen dir die Strategien auf S. 161.

26 👥 Arbeitet in Gruppen.
Überprüft die Behauptungen. Begründet eure Entscheidung.

① Wenn man bei einem Rechteck die Breite verdoppelt und die Länge beibehält, dann verdoppelt sich auch der Flächeninhalt.

② Wenn man bei einem Rechteck die Breite verdreifacht und die Länge verdoppelt, dann verfünffacht sich der Flächeninhalt.

③ Wenn man bei einem Quadrat alle Seitenlängen verdoppelt, dann verdoppelt sich auch der Flächeninhalt.

27 Begründe, warum die Behauptung richtig ist.

Die blaue und die rote Figur sind gleich groß.

27 Hat Niko recht?
Begründe.
Welche Strategie wählst du dazu?
Beschreibe dein Vorgehen im Heft.

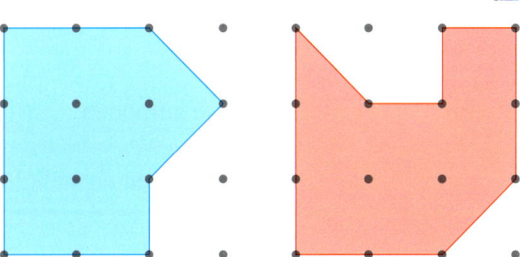

In jedem Viereck ist jede Diagonale länger als die längste Viereckseite.

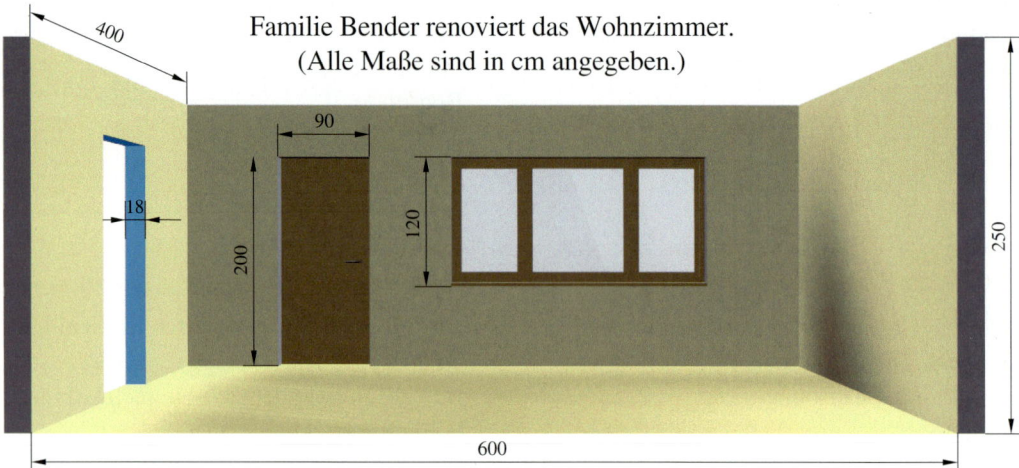

Familie Bender renoviert das Wohnzimmer.
(Alle Maße sind in cm angegeben.)

400

90

18

120

200

250

600

28 Herr Bender möchte die Decke des Wohnzimmers streichen.

a) Welche Maße aus der Zeichnung braucht er dafür? Was muss er berechnen?

b) Berechne den Flächeninhalt der Decke.

c) Pro Quadratmeter werden 250 g Farbe verbraucht.
   Reicht ein Eimer mit 10 kg Farbe für den Anstrich der Decke? Begründe.

29 Herr Bender fährt in den Baumarkt und will Fußleisten für sein Wohnzimmer kaufen.

a) Wie viel Meter Fußleisten muss Herr Bender mindestens kaufen?
   Begründe deine Antwort im Heft.

b) Die Fußleisten sind 2 m lang und kosten 13,60 Euro.
   Wie viel muss er bezahlen?

30 Die beiden Wände ohne Tür und Fenster sollen tapeziert werden.

a) Frau Bender will die Bahnen zuschneiden. Jede Tapetenbahn ist 50 cm breit.
   Wie viele Bahnen benötigt sie für die beiden Wände?

b) Auf jeder Rolle Tapete sind 10,85 m. Sie wiegt 750 g.
   Wie viele Rollen Tapete muss sie kaufen?

31 In das Fenster wird eine neue Scheibe aus Doppelglas eingesetzt.
$1 m^2$ Doppelglas kostet 55 €.
Wie teuer ist die Scheibe ungefähr?

ZUM
WEITERARBEITEN
Erfinde eigene
Aufgaben und
stelle sie deinen
Mitschülern.

32 Die beiden Türrahmen sollen blau gestrichen werden.
Herr Bender hat dafür eine Dose mit Farbe gekauft.

a) Wie groß ist die zu streichende Fläche?
   Gib den Flächeninhalt in cm^2 und in m^2 an.

b) Hat Herr Bender vor dem Einkauf überlegt,
   wie viel Farbe er brauchen wird? Begründe.

Tür-
rahmen-
farbe
blau

1 l reicht für
ca. $12 m^2$

33 Frau Bender hat im Baumarkt einen Teppichrest mit den Maßen 9 m × 3 m gefunden.
Der Teppich kostet 13,80 € pro Quadratmeter.

a) Kann man mit dem Teppichrest das Wohnzimmer so auslegen, dass nur eine Naht entsteht?
   Welche Maße müssten die beiden Stücke haben? Erstelle eine Skizze.

b) Wie teuer ist der Teppichrest? Wie teuer ist der Verschnitt?

Teste dich!

1 Überprüfe, welche der Figuren jeweils den gleichen Flächeninhalt haben. Begründe. *(8 Punkte)*

a)

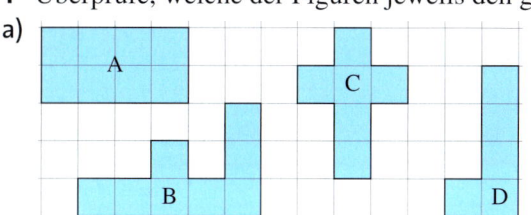

b)

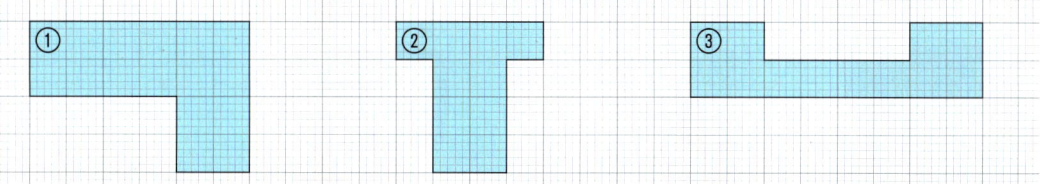

2 Gib den Flächeninhalt der Figuren in cm² und in mm² an. *(6 Punkte)*

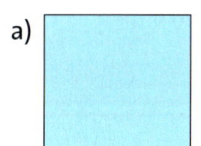 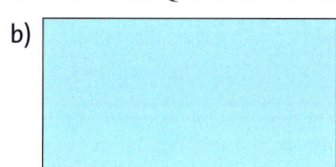 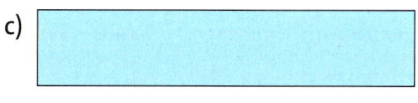

3 Wandle jede Größe in die angegebene Einheit um. *(6 Punkte)*

a) $28\,\text{m}^2$ (dm^2) **b)** $20\,000\,\text{cm}^2$ (dm^2) **c)** $63\,500\,\text{dm}^2$ (m^2)

d) $2\,850\,\text{mm}^2$ (cm^2) **e)** $1\,\text{m}^2\,35\,\text{dm}^2$ (cm^2) **f)** $440\,000\,\text{mm}^2$ (m^2)

4 Berechne die Flächeninhalte des Quadrats und der Rechtecke. *(6 Punkte)*

a)   **b)**   **c)**

5 Der Landwirt Herr Emmerich soll eine neue Weide erhalten. *(4 Punkte)*
Herr Emmerich kann zwischen zwei rechteckigen Weideflächen auswählen.
Weide ①: 200 m lang; 60 m breit
Weide ②: 160 m lang; 80 m breit
a) Welche Weide hat den größeren Flächeninhalt?
b) Die Weideflächen sollen umzäunt werden.
    Wie viel Meter Zaun wird für jede Weide benötigt?

6 Familie Nowak möchte ihr Wohnzimmer renovieren. *(4 Punkte)*

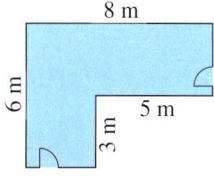

a) Wie viel Quadratmeter Teppichboden muss sie kaufen?
b) Die Türen sind 80 cm breit.
    Wie viel Meter Fußleisten muss sie kaufen?

7 Prüfe, ob die Behauptung *(4 Punkte)*
richtig oder falsch ist.
Begründe deine Entscheidung
im Heft.

> *In jedem Rechteck sind die Diagonalen unterschiedlich lang.*

Gold: 35–38 Punkte, Silber: 30–34 Punkte, Bronze: 22–29 Punkte   Lösungen ab Seite 190

Zusammenfassung

→ Seite 154

Flächeninhalte vergleichen

Wenn man Flächen mit der gleichen Anzahl gleicher Teilflächen auslegen kann, dann haben sie den gleichen **Flächeninhalt**.

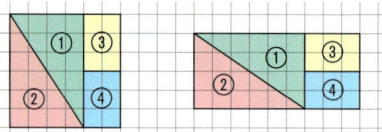

Zum Messen von Flächen vergleicht man mit **Einheitsquadraten**.
Die Einheitsquadrate haben einen Flächeninhalt von $1\,\text{m}^2$, $1\,\text{dm}^2$, $1\,\text{cm}^2$, $1\,\text{mm}^2$.

Tafelseite $1\,\text{m}^2$	Schokolade $1\,\text{dm}^2$	Würfelseite $1\,\text{cm}^2$	Millimeterpapier $1\,\text{mm}^2$
			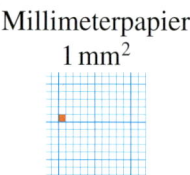

Flächeneinheiten und ihre Umrechnungen:

Quadratmeter	$1\,\text{m} \cdot 1\,\text{m}$	$= 1\,\text{m}^2$
Quadratdezimeter	$1\,\text{dm} \cdot 1\,\text{dm}$	$= 1\,\text{dm}^2$
Quadratzentimeter	$1\,\text{cm} \cdot 1\,\text{cm}$	$= 1\,\text{cm}^2$
Quadratmillimeter	$1\,\text{mm} \cdot 1\,\text{mm}$	$= 1\,\text{mm}^2$

$$1\,\text{m}^2 = \textbf{100}\,\text{dm}^2$$
$$1\,\text{dm}^2 = \textbf{100}\,\text{cm}^2$$
$$1\,\text{cm}^2 = \textbf{100}\,\text{mm}^2$$

→ Seite 158

Flächeninhalte berechnen

Für den Flächeninhalt A eines **Rechtecks** gilt:
Flächeninhalt = Länge · Breite
$$A = a \cdot b$$

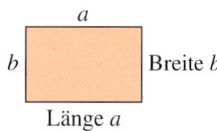

Das Rechteck ist 4 cm lang und 16 mm breit. Wie groß ist der Flächeninhalt?
gegeben: $a = 4\,\text{cm} = 40\,\text{mm}$
$\qquad\qquad b = 16\,\text{mm}$
gesucht: Flächeninhalt A
Formel: $A = a \cdot b$
Rechnung: $A = 40 \cdot 16$
$\qquad\qquad A = 640$
Antwortsatz: Der Flächeninhalt des Rechtecks beträgt $640\,\text{mm}^2$.

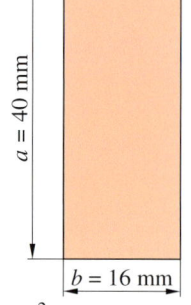

Für den Flächeninhalt A eines **Quadrats** gilt:
Flächeninhalt = Seite · Seite
$$A = a \cdot a$$

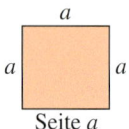

Das Quadrat hat eine Seitenlänge von 1,6 cm. Wie groß ist der Flächeninhalt?
gegeben: $a = 1,6\,\text{cm} = 16\,\text{mm}$
gesucht: Flächeninhalt A
Formel: $A = a \cdot a$
Rechnung: $A = 16 \cdot 16$
$\qquad\qquad A = 256$
Antwortsatz: Der Flächeninhalt des Quadrats beträgt $256\,\text{mm}^2$.

Gleichungen und Formeln

Ein Zauberer sagt zu Tim:
„Denke dir eine Zahl zwischen 1 und 10.
Zähle 8 dazu. Verdopple anschließend die entstandene Summe.
Teile nun durch 4. Ziehe die Hälfte der Anfangszahl ab.
Ich weiß, das Ergebnis ist 4.“
Tim antwortet: „Das stimmt.“

Ist das wirklich Zauberei?
Tim rechnet nach:
$4 + 8 = 12$
$12 \cdot 2 = 24$
$24 : 4 = 6$
$6 - 2 = 4$
Der Zauberer hat recht!
Wie kommt er darauf?

Noch fit?

Einstieg

1 Geldbeträge auszahlen
Gib die Geldbeträge mit möglichst wenigen
Geldmünzen an.
a) 4,50 €   b) 3,30 €
c) 2,25 €   d) 7,70 €

2 Muster ergänzen
Ergänze das Muster um drei weitere Schritte.
Erkläre die Regel.

a)

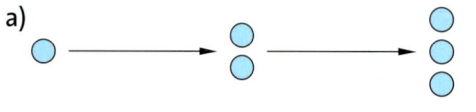

b)

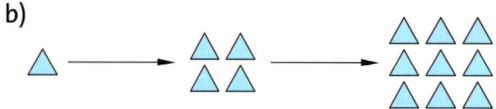

3 Aufgaben und ihre Umkehraufgaben
Berechne.
Mache dann die Probe mithilfe einer Umkehraufgabe.
a) 6 · 21   b) 7 · 5 · 2
c) 300 : 5   d) 68 : 4

4 Rechnen mit Klammern
Berechne und vergleiche mit den Kärtchen.
a) 8 · (4 + 5)
b) (8 + 4) · 5   3   60   98
c) (10 − 4) : 2
d) (4 · 2) + (24 : 6)   72
e) 4 · (2 + 24) − 6   12

5 Rechenbäume
Für jedes Kind einer
Geburtstagsparty sind   15   2
zwei Würstchen
eingeplant.
Wie viele Würstchen   …
werden benötigt?

6 Umfang und Flächeninhalt des Quadrats
Die Seitenlänge a eines Quadrats ist gegeben.
Berechne Umfang und Flächeninhalt des
Quadrats.
a) $a = 9\,\text{cm}$ b) $a = 16\,\text{cm}$ c) $a = 125\,\text{cm}$

Aufstieg

1 Geldbeträge auszahlen
Gib die Geldbeträge mit möglichst wenigen
Geldmünzen und Geldscheinen an.
a) 11,20 €   b) 13,50 €
c) 18,22 €   d) 24,38 €

2 Muster ergänzen
Ergänze das Muster um drei weitere Schritte.
Erkläre die Regel.

a)

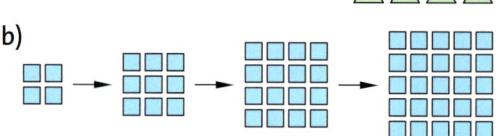

b)

3 Aufgaben und ihre Umkehraufgaben
Berechne.
Mache dann die Probe mithilfe einer Umkehraufgabe.
a) 122 · 6   b) 11 · 2 · 5
c) 144 : 9   d) 468 : 4

4 Rechnen mit Klammern
Wie musst du bei folgenden Aufgaben die
Klammern setzen, damit sich die Zahl im
Kästchen ergibt?
a) 9 + 6 · 4   60   b) 2 + 3 · 3 + 3   30
c) 9 + 6 · 4   33   d) 4 + 4 · 4   32
e) 20 − 3 − 2   19   f) 4 · 4 + 4   20

5 Rechenbäume
Wähle eine der Aufgaben aus.
Zeichne dazu einen Rechenbaum und erfinde
eine passende Textaufgabe.
① 4 · 8 + 5 · 6   ② 2 · (3 + 5)
③ 2 · 5 + 3 · 7   ④ 3 · 10 + 2 · 6
⑤ 6 · (7 + 8)   ⑥ 11 · (1 + 1)

6 Umfang, Flächeninhalt des Rechtecks
Berechne jeweils Umfang und Flächeninhalt
der Rechtecke mit den Seitenlängen a und b.
a) $a = 12\,\text{cm}$; $b = 11\,\text{cm}$
b) $a = 17\,\text{mm}$; $b = 13\,\text{mm}$

NACHGEDACHT
*Wie lauten die
Formeln zur
Berechnung des
Umfangs und
des Flächen-
inhalts bei
Quadraten und
Rechtecken?
Wo kannst du sie
nachlesen?*

Lösungen ab Seite 190

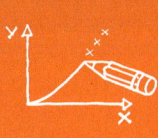

Gleichungen und Variablen

Entdecken

1 Familie Scherer plant ihren Sommerurlaub und hat ein Angebot für eine Ferienwohnung gefunden.
a) Berechne den Preis für 7, 10, 14 und 21 Übernachtungen.
b) Ergänze die Tabelle im Heft bis 10 Übernachtungen.

Ferienwohnung May

Sonderangebot: Nur 42 € pro Nacht!

Übernachtungen	Rechnung	Gesamtpreis
1	1 · 42	42 €
2	2 · 42	84 €

c) ♟ Mit welchem Rechenausdruck kann man den Gesamtpreis berechnen? Begründe schriftlich und erkläre das Zeichen ▨.

■ · 42   ■ + 42   ■ : 42   ■ − 42

d) ♟♟ Man kann auch die Endreinigung mitbuchen.
Die Endreinigung kostet zusätzlich 30 €. Wie sieht nun der Rechenausdruck aus?
e) 👥 Familie Scherer hat sich entschieden. Sie zahlt 240 € mit Endreinigung.
Wie viele Übernachtungen hat die Familie gebucht? Begründet eure Antwort.

2 Wahr oder falsch?

Tier	Gewicht	Körperhöhe	Lebenserwartung
Hauskatze	4 kg	30 cm	ca. 20 Jahre
Feldhase	5 kg	15 cm	ca. 4 Jahre
Wildschwein	120 kg	75 cm	ca. 8 Jahre
Luchs	40 kg	60 cm	ca. 10 Jahre
Dachs	25 kg	30 cm	ca. 12 Jahre

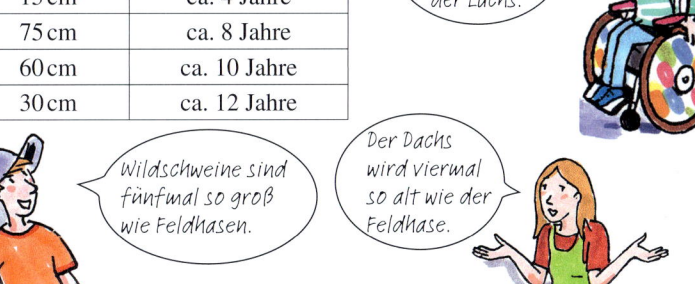

Eine Katze wird doppelt so alt wie der Luchs.

Der Luchs ist doppelt so schwer wie der Dachs.

Wildschweine sind fünfmal so groß wie Feldhasen.

Der Dachs wird viermal so alt wie der Feldhase.

ZUM WEITERARBEITEN
👥 Sucht weitere Daten zu Tieren, zum Beispiel in eurem Natur und Technik Buch oder im Internet. Vergleicht sie mit den Tieren aus der Tabelle.

a) ♟ Sind die Aussagen wahr oder falsch? Begründe im Heft.
b) ♟♟ Erfinde eigene Aussagen (drei wahre, drei falsche) und stelle sie deinem Nachbarn vor.

3 ♟ Setze ein. ♟♟ Vergleicht eure Ergebnisse untereinander.
a) ■ + ● = 600   b) ■ · ● = 550   c) ■ − ● = 50 + ✖   d) 89 − ■ = 77

4 Lege mit den Stäben verschiedene Vierecke.
a) ♟ Berechne den Umfang von drei verschiedenen Vierecken.

b) ♟ Lege mit den Stäben Rechtecke.
c) ♟♟ Arbeitet zu zweit.
Berechnet den Umfang der Rechtecke.

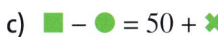

d) 👥 Arbeitet in kleinen Gruppen zusammen.
Mit welchen Stäben könnt ihr ein Rechteck mit einem Umfang von 12 cm legen?

HINWEIS
Miss die Länge der Stäbe. Stäbe mit gleichen Farben haben auch gleiche Längen.

e) 👥 Emil soll ein Viereck mit einem Umfang von 17 cm legen.
Er hat sich bereits einen blauen Stab genommen.

Verstehen

Merke Eine sinnvolle Verbindung von Zahlen und Rechenzeichen heißt **Rechenausdruck**. Zwei Rechenausdrücke, die den gleichen Wert haben, bilden eine **Gleichung**. Sie werden durch ein Gleichheitszeichen (=) verbunden.

Beispiel 1 $5 \cdot 6 - 20 = 11$

$\quad\quad\quad\quad 10$ Die Aussage ist falsch.

Beispiel 2 $5 \cdot 6 - 20 = 10$

$\quad\quad\quad\quad 10$ Die Aussage ist wahr.

Merke Rechenausdrücke und Gleichungen können auch Platzhalter (z. B. ■) enthalten. Diese nennt man auch **Variablen**. Für ■ kann man verschiedene Zahlen oder Größen einsetzen. Für Variablen verwendet man oft kleine Buchstaben wie a, b, c oder x, y, z.

Setzt man in eine Gleichung für die Variable Zahlen ein, dann entstehen wahre und falsche Aussagen. Bei wahren Aussagen heißt die eingesetzte Zahl **Lösung** der Gleichung.

Beispiel 3 Gleichung: $x + 15 = 27$

a) Ist 14 eine Lösung? $x = 14$ einsetzen

$\quad$ $14 + 15 = 27$

$\quad\quad\quad$ 29 $\quad$ falsche Aussage

$\quad$ 14 ist keine Lösung.

b) Ist 12 eine Lösung? $x = 12$ einsetzen

$\quad$ $12 + 15 = 27$

$\quad\quad\quad$ 27 $\quad$ wahre Aussage

$\quad$ 12 ist eine Lösung.

Auch Formeln sind Gleichungen.

Beispiel 4 Wie lang ist die Seite b des abgebildeten Rechtecks?

Formel für den Flächeninhalt von Rechtecken: $\quad A = a \cdot b$
Angaben in die Formel einsetzen: $\quad\quad\quad\quad 18 = 6 \cdot b$
Gleichung: $18 = 6 \cdot b$

Flächeninhalt
$A = 18\,cm^2$
$b = ?$
$a = 6\,cm$

a) Ist 4 eine Lösung? $b = 4$ einsetzen

$\quad$ $18 = 6 \cdot 4$

$\quad\quad\quad$ 24 $\quad$ falsche Aussage

$\quad$ 4 ist keine Lösung.

$\quad$ Die Seite b ist nicht 4 cm lang.

b) Ist 3 eine Lösung? $b = 3$ einsetzen

$\quad$ $18 = 6 \cdot 3$

$\quad\quad\quad$ 18 $\quad$ wahre Aussage

$\quad$ 3 ist eine Lösung.

$\quad$ Die Seite b ist 3 cm lang.

Üben und anwenden

1 Wer hat recht? Begründe.

Wenn ihr 8 mit 12 multipliziert und 58 subtrahiert, dann erhaltet ihr mein Alter.

Unsere Lehrerin ist 35 Jahre alt.

Unsere Lehrerin ist 38 Jahre alt.

2 Entwickle passende Rechenausdrücke.

Käsesemmel	90 Ct
Wurstsemmel	85 Ct
Apfel	40 Ct
Müsliriegel	45 Ct

a) Susanne kauft eine Käse- und eine Wurstsemmel.
b) Benjamin möchte zwei Äpfel.
c) Caro nimmt 2 Müsliriegel und einen Apfel.
d) Anna braucht eine Käsesemmel, eine Wurstsemmel und zwei Äpfel.

3 Welcher Rechenausdruck passt zum Text? Begründe.
a) Das Dreifache der Zahl 5.
b) Die Summe von 3 und 5.
c) Das Vierfache der Zahl 3, das um 5 vermindert wird.
d) Die Summe von 3 und dem Fünffachen der Zahl 4.

$3 + 5 \cdot 4$

$4 \cdot 3 - 5$

$3 \cdot 5$

$3 + 5$

2 Hausmeister Lindner bietet in der Pause Getränke an.
Der Apfelsaft kostet je Flasche 45 Ct, der Orangensaft je 50 Ct und die Milch je 85 Ct.
a) Heute konnte er 12 Flaschen Apfel- und 9 Flaschen Orangensaft verkaufen. Entwickle einen passenden Rechenausdruck.
b) Yasar kauft drei Flaschen Milch. Er bezahlt mit einem 5-€-Schein. Zeichne einen Rechenbaum und entwickle einen Rechenausdruck.

3 Schreibe einen passenden Rechenausdruck in dein Heft.
a) Multipliziere 6 mit 21 und addiere 12.
b) Addiere 19 zum Produkt aus 12 und 5.
c) Multipliziere die Summe von 8 und 5 mit 9.
d) Subtrahiere 13 von 21 und addiere 29.
e) Bilde die Differenz aus 32 und 13 und addiere 9.

4 Füge die Kärtchen zu drei wahren und drei falschen Aussagen zusammen.
Beispiel 30 – 15 = 15   wahre Aussage

$30 - 15$	$8 + 7$	15	$45 : 3$	25	$75 : 5$	$3 \cdot 25$	$125 - 50$

5 Welche Gleichungen sind richtig? Begründe.
a) $5 + 7 = 7 + 5$
b) $25 : 5 = 5 : 25$
c) $9 \cdot 16 = 16 \cdot 9$
d) $(11 + 3) + 9 = 11 + (3 + 9)$

5 Setze Klammern im Heft so, dass die Gleichungen richtig werden. Begründe.
a) $9 + 4 \cdot 2 = 26$
b) $7 + 16 \cdot 3 = 69$
c) $5 \cdot 19 - 17 + 8 = 18$
d) $70 - 56 : 7 = 2$

6 Finde die Seitenlängen.
a) Welches Quadrat kann man aus 36 cm Draht biegen?
b) Welche Rechtecke kann man aus 36 cm Draht biegen? Wie viele verschiedene Rechtecke könnt ihr finden?
c) Begründet, warum es mehr Möglichkeiten als für Quadrate gibt.
d) Erfindet eigene Aufgaben zu Figuren aus Draht und stellt sie euch gegenseitig.

ZUM WEITERARBEITEN
Erfinde eigene Zahlenrätsel zu deinem Alter, deiner Schuhgröße, deiner Hausnummer, …
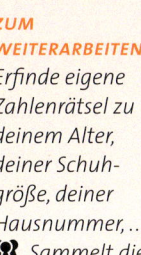 *Sammelt die Rätsel in der Klasse und erstellt daraus ein Rätselheft.*

ERINNERE DICH
Rechenbäume hast du im Kapitel Rechnen mit natürlichen Zahlen kennengelernt.

175

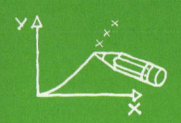

Strategie Gleichungen durch systematisches Probieren lösen

1 Tina und Lukas lösen die Gleichung $5 \cdot x + 3 = 33$ an der Tafel:

Tina rechnet so: Lukas rechnet so:

$5 \cdot \boxed{2} + 3 = 13$ $5 \cdot \boxed{4} + 3 = 23$ *Ergebnis ist noch zu klein,*
$5 \cdot \boxed{8} + 3 = 43$ *also nehme ich jetzt die 5.*
$5 \cdot \boxed{5} + 3 = 28$ $5 \cdot \boxed{5} + 3 = 28$ *Ergebnis ist immer noch zu*
$5 \cdot \boxed{10} + 3 = 53$ *klein.*
$5 \cdot \boxed{6} + 3 = 33$ $5 \cdot \boxed{6} + 3 = 33$ *Ergebnis ist gleich 33.*

a) ♟ Beschreibe und vergleiche Tinas und Lukas' Lösungsweg.

b) ♟♟ Welches Vorgehen findet ihr besser? Begründet.

Gleichungen können durch **systematisches Probieren** gelöst werden.

Beispiel Ein Rechteck hat eine Seitenlänge von $b = 5\,cm$ und einen Umfang von $u = 16\,cm$. Wie lang ist die Seite a?

Katrin überlegt:

Die Formel für den Umfang eines Rechtecks lautet:
$$u = 2 \cdot a + 2 \cdot b$$
Setzt man die gegebenen Größen ein, dann entsteht:
$$16 = 2 \cdot a + 2 \cdot 5, \text{ also}$$
$$16 = 2 \cdot a + 10$$

Katrin zeichnet eine Tabelle, um den Überblick zu behalten.

Variable	Gleichung = 16?	Lösung gefunden?
$a = 1$	$2 \cdot 1 + 10 = 12$	nein
$a = 2$	$2 \cdot 2 + 10 = 14$	nein
$a = 3$	$2 \cdot 3 + 10 = 16$	ja

$a = 3$ ist die Lösung der Gleichung

Die Seite a ist 3 cm lang.

Üben und anwenden

1 Setze für x die Zahlen 3, 4, 5 und 6 ein. Welche Zahl ist die Lösung?
a) $x + 17 = 21$
b) $6 \cdot x = 30$
c) $47 - x = 44$
d) $40 : x = 8$

1 Finde jeweils die Lösung der Gleichung. Sie sind unter den Zahlen 6, 7, 8 und 9.
a) $x \cdot 8 = 56$
b) $45 : x = 5$
c) $92 - x = 84$
d) $36 + x = 45$

2 Welche der angegebenen Zahlen ist jeweils eine Lösung der Gleichung? Begründe.
a) $17 + x - 2 = 41$ (25; 26; 27; 28)
b) $x - 28 + 3 = 33$ (60; 59; 58; 57)
c) $3 \cdot x + 7 = 22$ (5; 6; 7; 8)

2 Welche der angegebenen Zahlen ist jeweils eine Lösung der Gleichung? Begründe.
a) $2 \cdot x - 8 = 10$ (6; 7; 8; 9)
b) $3 + 4 \cdot x = 11$ (1; 2; 3; 4)
c) $(x + 5) \cdot 4 = 64$ (9; 10; 11; 12)

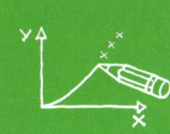

3 Übertrage die Tabellen in dein Heft und löse durch systematisches Probieren.

a) $3 \cdot x = 15$

x	2	3	4	5
$3 \cdot x$	6	…	…	…
Ergebnis = 15?	nein	…	…	…

b) $40 : x = 5$

x	6	7	8	9
$40 : x$	…	…	…	…
Ergebnis = 5?	…	…	…	…

4 Die Decke einer Halle mit 13 Meter Länge soll gestrichen werden.
Die Fläche beträgt $52\,m^2$.
Finde die richtige Breite durch Probieren.

5 Ein Rechteck hat eine Seitenlänge von $12\,m$ und einen Flächeninhalt von $84\,m^2$.
Wie groß ist die andere Seitenlänge?

6 Ein Quadrat hat einen Umfang von $64\,m$.
Wie groß ist die Seitenlänge?
Erkläre im Heft, wie du vorgehst.

7 Schäfer Wolle will einen Zaun für den neuen Weideplatz bauen. Er hat insgesamt $480\,m$ Zaun.
Wie groß sind die Breite und die Weidefläche, wenn er die Länge mit …
a) $200\,m$
b) $150\,m$ absteckt?

3 Löse durch systematisches Probieren.
Die Lösungen für x liegen zwischen den Zahlen 4 und 12.
Immer zwei Aufgaben haben die gleiche Lösung.
Beschreibe dein Vorgehen im Heft.
a) $7 \cdot x = 42$
b) $101 - x = 89$
c) $32 : x = 4$
d) $x \cdot 11 = 66$
e) $70 - x = 58$
f) $x + 53 = 61$

4 Ein Haus hat eine rechteckige Grundfläche von $156\,m^2$ und ist $12\,m$ breit.
Probiere verschiedene Zahlen aus, um die richtige Länge zu finden.

5 Ein Quadrat hat einen Flächeninhalt von $169\,m^2$.
Wie groß ist die Seitenlänge?

6 Ein Rechteck hat eine Seitenlänge von $22\,m$ und einen Umfang von $132\,m$.
Wie groß ist die andere Seitenlänge?

7 Schäfer Knäuel will einen Zaun für den neuen Weideplatz bauen.
Die Weidefläche soll $8100\,m^2$ groß werden.
Insgesamt hat er $360\,m$ Zaun.
Fertige zuerst eine Skizze an.
Welche Maße hat die Weidefläche?
Beschreibe deinen Lösungsweg.

8 Martin und seine Mutter suchen eine neue Wohnung.
Im Internet finden sie folgende Anzeige:

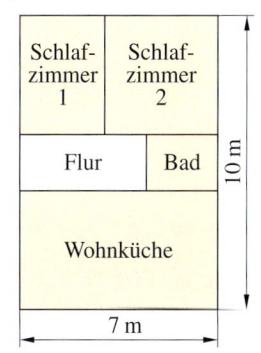

Schöne Wohnung in ruhiger Lage
$675\,€$ Kaltmiete
mit Keller

Schlafzimmer 1: $16\,m^2$
Schlafzimmer 2: $12\,m^2$
Bad: $6\,m^2$
Wohnküche: $28\,m^2$

a) ▌ Bestimme die Länge und Breite der einzelnen Zimmer. Wo ist das nicht möglich?
b) ▐▐ Schätzt die Maße der übrigen Räume.
c) ▐▐ Wie viele Angaben werden mindestens benötigt, damit man die Maße aller Räume eindeutig bestimmen kann? Wer findet die niedrigste Anzahl?

Gleichungen durch Umkehraufgaben lösen

Entdecken

1 Ergänze die fehlenden Angaben. Erfinde jeweils eine Situation zu den Aufgaben.

a) $47 \xrightarrow{+35} \blacksquare$
b) $11 \xrightarrow{+\blacksquare} 32$
c) $\blacksquare \xrightarrow{+17} 39$
d) $108 \xrightarrow{-\blacksquare} 33$

2 Umfang von Rechteck und Quadrat

a) Der Umfang eines Rechtecks beträgt 46 m, die Länge 15 m.
Wie breit ist es?
Begründe schriftlich.

b) Der Umfang eines Quadrats ist 48 m.
Wie groß ist eine Seitenlänge?
Begründe schriftlich.

3 Wie alt ist Marianne?

a) 👤 Vivian hat dazu eine Gleichung aufgestellt: $x + 3 = 8$
👥 Wofür steht das x?
Erklärt euch die Gleichung gegenseitig.

b) 👤 Robert hat dazu gezeichnet.

In drei Jahren bin ich so alt wie mein Bruder Tim heute. Er ist acht Jahre alt.

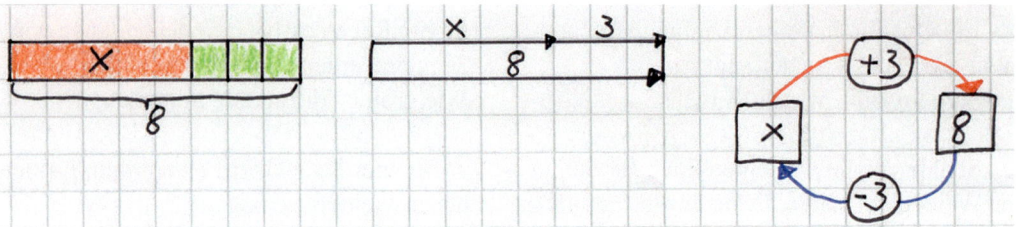

Suche dir eine Zeichnung aus und beschreibe sie in deinem Heft.
Löse die Gleichung.
Kannst du auch die Lösung an der Zeichnung ablesen?

c) 👥 Erklärt euch gegenseitig eure Antworten zu b).

d) 👥 Stellt die Gleichungen wie Robert dar. Löst die Gleichungen mithilfe eurer Zeichnungen.

① $x + 9 = 17$ ② $8 + x = 13$ ③ $3 \cdot x = 9$

Verstehen

Bei einem Leichtathletikwettbewerb werden immer zwei Sprünge addiert.
Sabine springt beim zweiten Mal 310 cm und damit insgesamt 640 cm. Wie weit war ihr erster Sprung?

Es ergibt sich die Gleichung:
$x + 310 = 640$

Für das Lösen einiger Gleichungen ist es hilfreich, die Gleichungen darzustellen.

> **Merke** Gleichungen können verschieden dargestellt und mithilfe der **Umkehraufgabe** gelöst werden.

Beispiel Gleichung: $x + 310 = 640$

a) Streifenmodell:

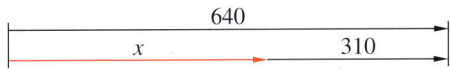

Gleichung: $x + 310 = \boxed{640}$
$x = 330$

b) Zahlenstrahlmodell:

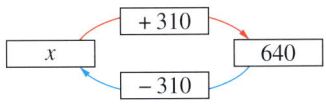

Gleichung: $640 = x + 310$
$x = 330$

c) Operatormodell:

Gleichung: $x + 310 = 640$
Umkehraufgabe: $640 - 310 = x$
Lösung: $x = 330$

Sabine springt beim ersten Mal 330 cm weit.

Üben und anwenden

1 Welche Gleichungen sind hier dargestellt?
Woran hast du das erkannt?
👥 Erklärt es euch gegenseitig.

a)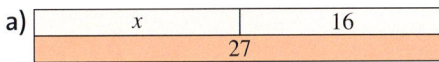

b)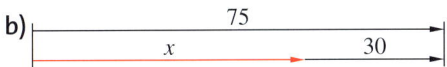

c)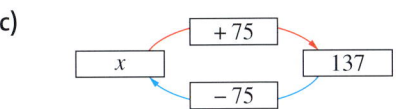

1 Welche Gleichungen sind hier dargestellt?
Woran hast du das erkannt?
👥 Erklärt es euch gegenseitig.

a)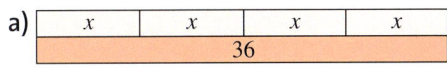

b)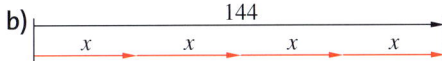

c)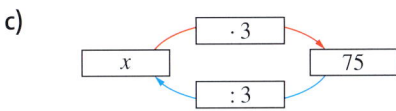

2 Stelle jede Gleichung mit einem Modell
deiner Wahl dar.
👥 Vergleicht eure Modelle. Welche Darstellung ist jeweils besser geeignet?
a) $x + 19 = 36$ b) $6 \cdot x = 42$
c) $x : 3 = 4$ d) $x - 8 = 13$

2 Stelle jede Gleichung mit einem Modell
deiner Wahl dar.
👥 Vergleicht eure Modelle. Welche Darstellung ist jeweils besser geeignet?
a) $x + 17 = 41$ b) $x \cdot 8 = 72$
c) $24 : x = 6$ d) $x + 17 = 21$

3 👥 Hier wurden Gleichungen mithilfe von Modellen gelöst.
Erklärt euch gegenseitig die Lösungen.

a) 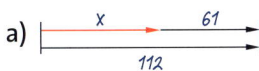 $x + 61 = 112$
$x = 51$

b) 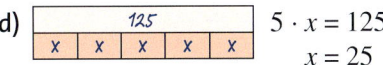 $x + 37 = 96$
$x = 59$

c) 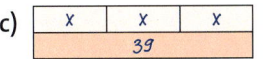 $3 \cdot x = 39$
$x = 13$

d) 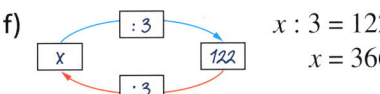 $5 \cdot x = 125$
$x = 25$

e) $x - 19 = 49$
$x = 68$

f) $x : 3 = 122$
$x = 366$

HINWEIS
Beispiel zu Aufgabe 3:

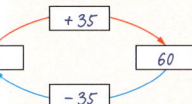

Aufgabe:
$x + 35 = 60$
Umkehraufgabe:
$60 - 35 = x$
*Also ist $x = 25$
die Lösung der
Gleichung.*

4 Löse mithilfe einer Umkehraufgabe.
a) $x + 13 = 49$ b) $x - 22 = 13$
c) $x \cdot 9 = 99$ d) $x : 6 = 7$
e) $x + 71 = 134$ f) $x - 99 = 101$

4 Löse mithilfe einer Umkehraufgabe.
a) $x + 33 = 421$ b) $x - 65 = 193$
c) $x \cdot 14 = 154$ d) $x : 5 = 26$
e) $x + 117 = 621$ f) $x - 222 = 333$

5 Mirco soll die Gleichung $12 + x = 17$ lösen.
Er hat die Gleichung gezeichnet. Aber er hat ein Problem.
a) Beschreibe Mircos Problem im Heft.
b) 👥 Arbeitet zu zweit.
Wie könnte man Mircos Problem lösen?
c) 👥 Vergleicht eure Ergebnisse zu b) in der Klasse.

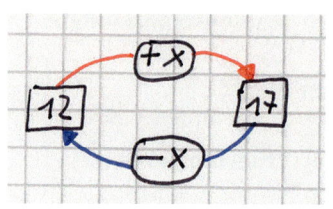

6 Löse mit einem Modell deiner Wahl.
Begründe deine Wahl.
a) $x + 17 = 59$ b) $7 \cdot y = 84$
c) $325 + b = 491$ d) $c \cdot 9 = 225$
e) $m : 5 = 75$ f) $35 - z = 13$

6 Löse mit verschiedenen Modellen.
Begründe jeweils deine Wahl.
a) $18 - z = 3$ b) $101 + a = 163$
c) $x : 5 = 8$ d) $a : 15 = 15$
e) $325 + b = 422 + 69$ f) $20 + c - 5 = 25$

7 Ein Teppichboden soll verlegt werden.
Der Raum ist 14 m² groß.
Welche Länge hat der Teppich?
Beschreibe, wie du die Lösung prüfen kannst.

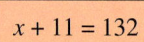
14 m²   2 m

7 Ein Fensterrahmen soll eine neue Fensterscheibe bekommen. Wie hoch ist der Rahmen?
Beschreibe, wie du die Lösung prüfen kannst.

6 000 cm²

120 cm

8 Ordne die Zahlenrätsel den passenden Gleichungen auf den Kärtchen zu.
Löse dann.
a) Addiere zu einer Zahl 11 und du erhältst 132.
b) Das Elffache einer Zahl ist 132.
c) Die Differenz aus einer unbekannten Zahl und 11 ist 132.

$x + 11 = 132$

$11 \cdot x = 132$

$x - 11 = 132$

8 Schreibe zuerst die Gleichung in deinem Heft auf.
Löse dann die Gleichung.
Ist das bei jeder Aufgabe möglich?
a) Verdreifache eine Zahl. Du erhältst 54.
b) Von einer Zahl wird 13 subtrahiert. Das Ergebnis ist 41.
c) Die Zahl 152 wird durch eine Zahl dividiert. Man erhält 8.

Bunt gemischt

1 Zu welchem Schlüsselloch passt der Schlüssel?

①

②

③

④

⑤

2 Erstelle ein eigenes Bilderrätsel.
👥 Stellt eure Rätsel in einem Rätselheft zusammen und löst sie gegenseitig.

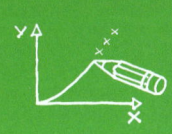

Strategie Lösungshilfen entwickeln und nutzen

Je nach Aufgabe gibt es verschiedene Hilfen, die beim Lösen der Aufgabe unterstützen können.

Beispiel 1 Eine Waschmaschine kostet 715 €. Frau Müller bekommt die Waschmaschine wegen eines Lackfehlers um 35 € billiger. Da sie die Maschine bar bezahlt, erhält sie noch einen zusätzlichen Preisnachlass von 13,60 €. Wie viel muss Frau Müller bezahlen?

Zeichnung

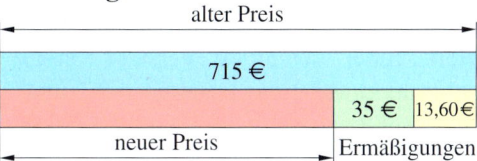

Ermäßigung:
35 € + 13,60 € = 48,60 €
Neuer Preis:
715 € − 48,60 € = 666,40 €
Oder: Neuer Preis:
715 € − (35 € + 13,60 €) = 666,40 €

ZUM WEITERARBEITEN
Kennst du weitere Lösungshilfen? 𝕽 Sammelt Beispiele und stellt sie auf Plakaten vor.

Beispiel 2 Sabine hat in einem Geschäft für zwei linierte Hefte 0,90 € bezahlt. Sie kauft dort später vier Hefte.

Tabelle

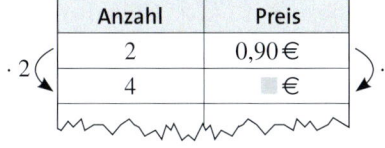

2 Hefte kosten 0,90 €
4 Hefte kosten 2-mal 0,90 € = 1,80 €

Beispiel 3 Markus kauft ein Päckchen Tintenpatronen und vier Bleistifte. Er zahlt mit 10 €.

Rechenbaum

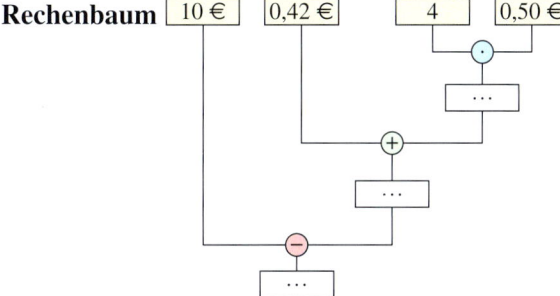

Preisliste:
Tintenpatronen: 0,42 €
Bleistift: 0,50 €

10 € − (0,42 € + 4 · 0,50 €) =
10 € − (0,42 € + 2 €) =
10 € − 2,42 € =
7,58 €

Beispiel 4 Herr Friedl fährt von Spiegelau über Landshut (118 km) nach München. Insgesamt hat er 197 km zurückgelegt.

Pfeilbild

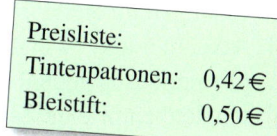

118 + x = 197
x = 197 − 118
x = 79

Üben und anwenden

1 Herr Wimmer zahlt 383 € für einen Schrank. Er hat ihn 72 € billiger bekommen. Außerdem spart er als Selbstabholer zusätzlich 25 €. Wie viel hat der Schrank ursprünglich gekostet?

2 Setze die Tabelle aus Beispiel 2 in deinem Heft bis zum Preis für 16 Hefte fort. Ein Heft kostet nun 1,10 €.

3 Fritz macht eine viertägige Radtour. Am ersten Tag fährt er 23 km, am zweiten 38 km, am dritten 41 km, insgesamt fährt er 149 km. Wie weit ist er am vierten Tag gefahren?

4 Frau Weber verschickt 12 Standardbriefe zu je 70 Cent, 3 Briefe zu je 1,45 € und noch einmal 4 Standardbriefe.

ZUM WEITERARBEITEN
𝕽 Wählt eine Lösungshilfe und erklärt sie der Gruppe.

Klar so weit?

→ Seite 174

Gleichungen und Variablen

1 Sind die Aussagen wahr oder falsch? Begründe.
a) Anna: „Wenn ich 5 mit 3 multipliziere und 4 subtrahiere, erhalte ich mein Alter. Ich bin 12 Jahre alt."
b) Frau Glaser: „Wenn ihr zuerst 7 und 7 addiert und das Ergebnis mit 4 multipliziert, erhaltet ihr mein Alter. Ich bin 44 Jahre alt."

1 Prüfe die Aussagen. Begründe.
a) Lucia: „Wenn ich acht mit sechs multipliziere, dann durch zwei dividiere und elf subtrahiere, erhalte ich mein Alter. Ich bin 12 Jahre alt."
b) Herr Möller: „Wenn ihr zuerst 24 von 43 subtrahiert, dann das Ergebnis mit 2 und dann mit 3 multipliziert, erhaltet ihr mein Alter. Ich bin 54 Jahre alt."

2 Frank kauft ein:
a) Stelle einen Rechenausdruck auf.
b) Berechne die Gesamtkosten.

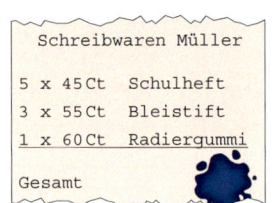

Schreibwaren Müller
5 x 45 Ct   Schulheft
3 x 55 Ct   Bleistift
1 x 60 Ct   Radiergummi
Gesamt

2 Achim kauft Bastelmaterial:
5 Bögen Karton zu je 1,10 €,
2 Klebestifte zu je 55 Ct und eine Rolle Blumendraht zu 1,95 €.
Berechne mithilfe eines Rechenausdrucks die Gesamtkosten.

3 Ordne Text, Rechenbäume und Gleichungen im Heft richtig zu.
a) Addiere 6 und 14 und multipliziere das Ergebnis mit 2.
b) Ich denke mir eine Zahl. Diese subtrahiere ich von 14 und erhalte 6.
c) Multipliziere 2 mit 6 und addiere 14.
d) Multipliziere eine gedachte Zahl mit 6 und addiere 2. Du erhältst 14.

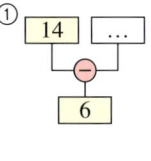
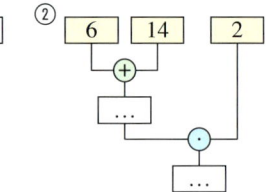
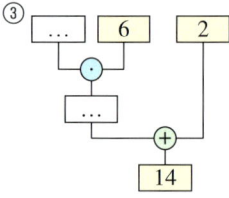
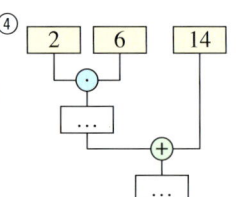

Ⓐ $x \cdot 6 + 2 = 14$
Ⓑ $14 - x = 6$
Ⓒ $2 \cdot 6 + 14 = x$
Ⓓ $(6 + 14) \cdot 2 = x$

4 Übertrage die Rechenbäume aus Aufgabe 3 in dein Heft. Ergänze die Lücken mithilfe der Zahlen aus der Randspalte.

4 Löse die Gleichungen aus Aufgabe 3 durch systematisches Probieren. Bei welchen Gleichungen kann man geschickter vorgehen?

5 Löse die Gleichung $37 - x = 29$ durch systematisches Probieren.

x	5	6	7	8
$37 - x$	…	…	…	…
Ergebnis = 29	…	…	…	…

5 Löse durch systematisches Probieren. Die Lösungen für x liegen zwischen den Zahlen 3 und 10. Beschreibe deine Vorgehensweise im Heft.
a) $708 : x = 118$
b) $6603 - x = 6598$

6 Ein Quadrat hat einen Umfang von 24 cm. Stelle mit der Formel $u = 4 \cdot a$ eine Gleichung auf. Berechne die Länge der Seite a.

6 Ein rechteckiges Gartengrundstück hat einen Flächeninhalt von 224 m². Es ist 16 m lang. Berechne die Breite.

Gleichungen durch Umkehraufgaben lösen

→ Seite 178

7 Schreibe die zugehörigen Gleichungen in dein Heft und löse sie.

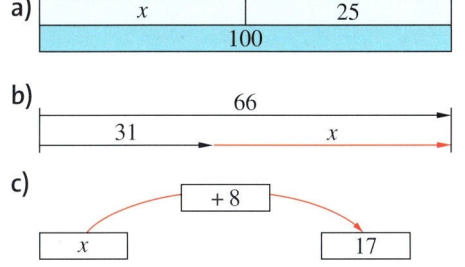

a)

x	25
100	

b)

66

31 → x →

c)

x ⟶ +8 ⟶ 17

7 Schreibe die zugehörigen Gleichungen in dein Heft und löse sie.

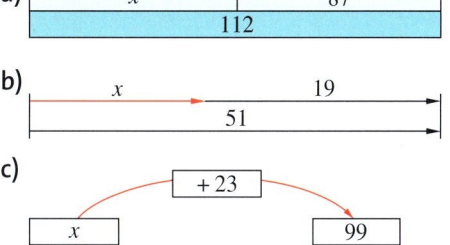

a)

x	87
112	

b)

x → 19

51

c)

x ⟶ +23 ⟶ 99

8 Stelle die Gleichungen mit einem Modell deiner Wahl dar.
Bei welchen Aufgaben ist dir das leicht gefallen, bei welchen Aufgaben schwer?
Woran lag das?
Löse anschließend die Gleichungen.

$x + 9 = 23$

$z \cdot 8 = 72$

$84 : c = 6$

$x \cdot 350 = 2450$

$26 - a = 12$

$x : 12 = 8$

9 Löse mithilfe einer Umkehraufgabe.
a) $x + 17 = 59$
b) $z - 25 = 13$
c) $a : 11 = 11$
d) $x \cdot 6 = 72$
e) $7 \cdot y = 84$

9 Löse mithilfe einer Umkehraufgabe.
a) $x - 36 = 96$
b) $c \cdot 9 = 225$
c) $325 + b = 491$
d) $m : 5 = 75$
e) $y \cdot 7 + 2 = 86$

10 Mit Formeln rechnen
Stelle eine Gleichung auf und löse sie.
a) Ein rechteckiger Kaninchenauslauf bekommt einen neuen Zaun.
Er hat einen Umfang von 18 m und eine Seitenlänge ist 4 m lang.
Wie breit ist die andere Seitenlänge?
b) Ein Meerschweinchenauslauf ist quadratisch. Er hat einen Flächeninhalt von 100 dm² und ist 4 dm hoch.
Wie lang und wie breit ist der Auslauf?

10 Stelle eine Gleichung auf und löse sie.
a) Ein quadratischer Kaninchenauslauf bekommt einen 50 cm hohen, neuen Zaun.
Man benötigt 12 m Zaun.
Wie lang und wie breit ist der Auslauf?
b) Ein rechteckiger Hamsterauslauf ist 10 dm² groß, 2 dm hoch und 5 dm lang.
Wie breit ist der Auslauf?

11 Löse die Zahlenrätsel.
a) Das Vierfache einer Zahl ist 48.
b) Vermehrt man eine Zahl um 28, so erhält man 40.

11 Löse die Zahlenrätsel.
a) Eine Zahl durch 7 dividiert ergibt 49.
b) Vermindert man eine Zahl um 12 und addiert 16, so erhält man 20.

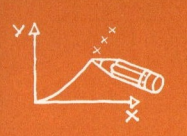

Vermischte Übungen

1 Übertrage in dein Heft und ergänze. Schreibe dann die Rechnungen ins Heft.

a)   b)

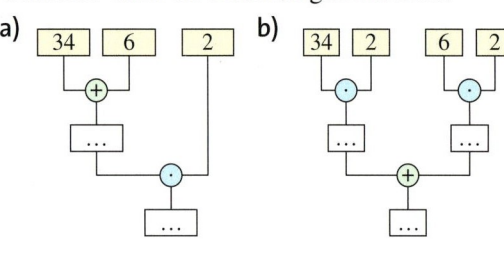

1 Setze nacheinander die Zahlen 6; 16; 26 und 36 für a und b ein. Wie lauten die Terme?

a)   b)

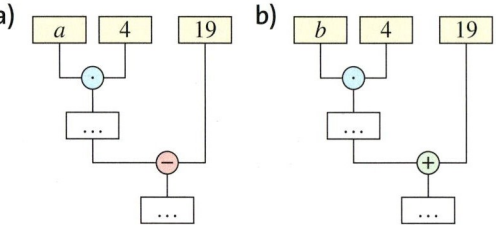

2 Ordne Text, Gleichung und Ergebnis zu.

a) $20 - 5$ ① Oma schenkt ihren 5 Enkeln 20 €.   Ⓐ 25

b) $4 \cdot 5$ ② Melissa gibt von 20 € für eine CD 5 € aus.   Ⓑ 100

c) $20 : 5$ ③ An 5 Tagen verdient Pierre je 20 €.   Ⓒ 20

d) $20 + 5$ ④ Ins Sparschwein mit 20 € kommen 5 €.   Ⓓ 15

e) $20 \cdot 5$ ⑤ Dave kauft 4 Päckchen zu je 5 Sammelbildern.   Ⓔ 4

3 Berechne die Terme. Die Lösungen stehen auf dem Ziffernblatt.

a) $29 - (11 + 6)$

b) $3 \cdot 6 - 8$

c) $13 - 56 : 7$

d) $44 - 6 \cdot 7$

e) $(11 + 37) : 6$

3 Berechne die Terme. Die Lösungen stehen auf dem Ziffernblatt.

a) $(61 - 7) : 6$

b) $(96 - 24) : 12$

c) $(191 - 175) : 4$

d) $(14 + 35) : 7$

e) $47 - 140 : 4$

4 Finde Fragen zu den Situationen und beantworte sie.
Schreibe eine Rechnung dazu.

a) Marlon will sich ein Fahrrad für 150 € kaufen. Er hat schon 71 € gespart.

b) Beim Einkaufen hat Aylen schon 34 € ausgegeben. 52 € hat sie noch dabei.

c) Die Verkäuferin sagt zu Sandra: „Dir fehlen noch 39 € zu dem Preis von 112 €."

4 Finde Fragen zu den Situationen und beantworte sie.
Schreibe eine Rechnung dazu.

a) Im Freibad zahlt Familie Mayr je 12 € für ein Elternteil und 3 € für jedes der drei Kinder.

b) Ein Fernseher kostet 199 € weniger als üblich. Familie Aktan zahlt noch 499 €.

c) Alice hat 438 Legosteine und damit 141 mehr als Leo.

5 Bei der Öffnung des Getränkemarkts stehen 16 Kisten Spezi mit jeweils 24 Flaschen bereit. Kunden kommen und kaufen. Aus dem Lager werden Getränkekisten geholt. Erzähle eine Rechengeschichte und rechne aus.

5 Im Getränkemarkt gibt es Kisten oder einzelne Flaschen zu kaufen. In jeder Kiste sind x Flaschen. Denke dir eine Rechengeschichte zu den Gleichungen aus.

a) $5 \cdot x + 11 = 111$ b) $x \cdot 3 - 9 = 51$

c) $2 \cdot x + 6 \cdot x = 160$ d) $4 \cdot x - 3 = 89$

6 Schreibe zu den Darstellungen eine Gleichung und löse sie mithilfe einer Umkehraufgabe.

a)

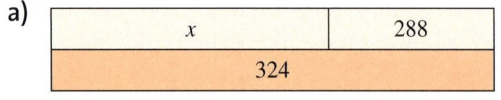

b)

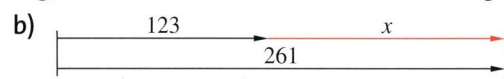

7 Ordne die Flächeninhalte und die Umfänge der Rechtecke der Größe nach. Was fällt dir auf?

	Länge *a*	Breite *b*	Umfang des Rechtecks	Flächeninhalt des Rechtecks
a)	4 cm	3,5 cm	…	…
b)	7,5 dm	1,5 dm	…	…
c)	7 cm	…	22 cm	…
d)	…	6 cm	…	102 cm²

HINWEIS
Rechne zunächst in andere Einheiten um, damit du keine Dezimalzahlen hast.

8 In einer Sonderaktion kostet die Jacke statt 130 € nur noch 85 €.
Stelle eine passende Frage und beantworte sie mithilfe einer Gleichung.

8 Familie Körber belädt für die Ferienreise ihren Wohnwagen. Das Leergewicht beträgt 950 Kilogramm. Nach dem Beladen wiegt der Wohnwagen 1325 Kilogramm.

9 Tim renoviert sein quadratisches Zimmer.
a) Er verlegt 16 m² Teppich.
Welche Seitenlänge hat das Zimmer?
b) Wie viele Meter Teppichleiste benötigt er, wenn die Zimmertür 80 cm breit ist?

9 Bauer Schmidt baut einen neuen Auslauf für seine Hühner.
a) Der Auslauf hat 294 m² Fläche und ist 21 m lang. Wie breit ist er?
b) Wie lang wird der Zaun insgesamt?

10 Udo und Belinda sollen den Umfang eines Rechtecks mit $a = 4$ cm und $b = 7$ cm berechnen.
a) Erkläre Udos und Belindas Rechenbäume im Heft.
b) Sind beide Rechenbäume richtig? Begründe.
c) Gilt deine Entdeckung aus b) auch bei anderen gegebenen Seitenlängen? Warum ist das so?

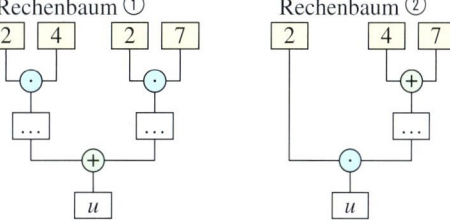

11 Zeige, dass die Aussagen falsch sind. Suche jeweils ein Gegenbeispiel.
a) Beim Rechteck gilt: $A = a + b$
b) Beim Quadrat gilt: $u = 3 \cdot a$

11 Zeige, dass die Aussagen falsch sind. Suche jeweils ein Gegenbeispiel.
a) Beim Quadrat gilt: $A = 4 \cdot a$
b) Beim Rechteck gilt: $u = 2 \cdot a + b$

12 Tamara und Dirk lösen die Gleichung $5 \cdot x + 59 = 139$ unterschiedlich.
Tamara löst die Aufgabe mit systematischem Probieren und Dirk mit der Umkehraufgabe.

Tamara:
$5 \cdot x + 59 = 139$
$5 \cdot \boxed{14} + 59 = 129$
$5 \cdot \boxed{15} + 59 = 134$
$5 \cdot \boxed{16} + 59 = 139$
Also $x = \underline{16}$
Hast du einen Tipp für Dirk?

Dirk:

13 Löse mit einem Verfahren deiner Wahl. Begründe deine Wahl im Heft.
a) $8 \cdot x = 72$
b) $x + 12 = 64$
c) $3 \cdot x + 21 = 36$
d) $4 \cdot x - 17 = 11$

13 Löse mit einem Verfahren deiner Wahl. Begründe deine Wahl im Heft.
a) $2 \cdot x = 15 + 1 - 3$
b) $x + 25 = 50 - 9$
c) $15 \cdot x + 92 = 137$
d) $2 \cdot x - 5 = 50 - 31$

14 Welches Modell passt zu welchem Text?

a) ♟ Stelle eine passende Frage und ordne zu.

b) ♟♟ Wofür steht die Variable *x*? Erklärt euch das gegenseitig. Berechnet.

c) ♟♟♟ Überlegt, in welcher Reihenfolge ihr die einzelnen Rechenschritte machen müsst.

① Eine Stereoanlage kostet 190 €. Ibo hat schon 125 € gespart.
   Er hat noch fünf Monate Zeit, das restliche Geld zu sparen.

② Petra hat drei Monate ihr Taschengeld gespart.
   Von diesem Geld hat sie sich ein T-Shirt für 25 € gekauft. Jetzt hat sie noch 35 € übrig.

③ Pavel bestellt drei Comicbücher im Internet.
   Dazu kommen noch 2 € für den Versand. Insgesamt muss Pavel 17 € bezahlen.

④ Thomas sammelt Spenden für ein Tierheim, ein Kinderheim und einen Ausflug. Am ersten
   Tag sind 35 € in der Sammelbüchse, am zweiten Tag 25 €.
   Das Tierheim, das Kinderheim und die Ausflugskasse sollen jeweils gleich viel erhalten.

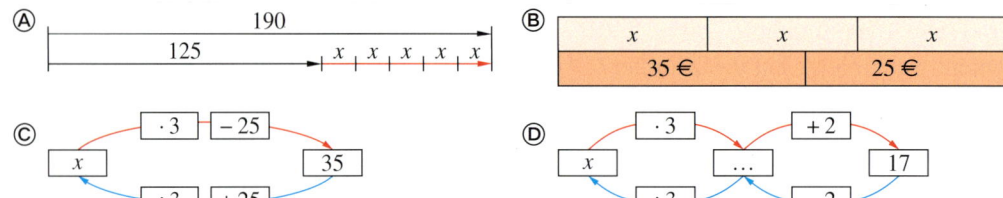

15 ♟ Du musst nur ein einziges Streichholz umlegen, damit die Aufgabe jeweils stimmt.

♟♟ Beschreibt euch gegenseitig euer Vorgehen.

a)   b)   c)

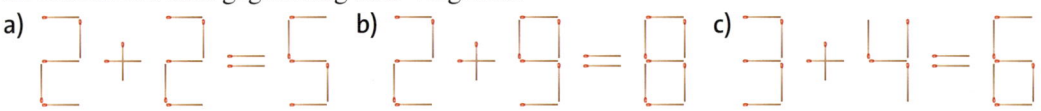

16 ♟ Wie viel kosten die Getränke und Speisen? ♟♟ Beschreibt euch gegenseitig euer Vorgehen.

a)   b)

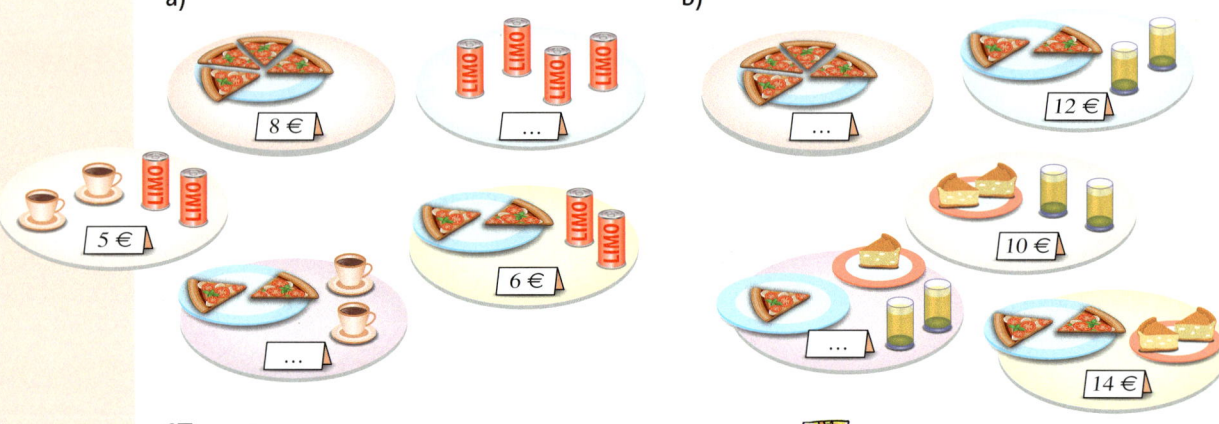

17 Auf der Waage
Wie schwer ist ein Stück Käse, wenn ein Wägestück
100 g wiegt?

*ZUM
WEITERARBEITEN*
♟♟ *Erstellt
eigene Frucht-
gleichungen und
löst sie gegen-
seitig.*

18 Jede Frucht steht für eine Ziffer.
Zwei Früchte stehen für eine zweistellige Zahl.

a)  :  =   b)  ·  =    c)  :  =

Teste dich!

1 Lara besorgt für den Wandertag Bananen zu 0,87 €, ein belegtes Brötchen zu 1,75 € und *(3 Punkte)*
zwei Müsliriegel zu je 0,45 €. Sie hat einen 5-€-Schein.
a) Zeichne einen Rechenbaum.
b) Gib einen Rechenausdruck an.
c) Berechne.

2 Übertrage die Aussagen in dein Heft. *(4 Punkte)*
Ergänze Klammern so, dass die Gleichungen wahr werden.
a) $12 - 4 \cdot 2 = 16$ b) $8 - 3 + 5 = 0$
c) $17 - 4 - 5 + 3 = 5$ d) $24 - 7 - 3 - 4 = 24$

3 Zahlenrätsel *(6 Punkte)*
Stelle zu den Zahlenrätseln eine Gleichung auf und löse sie.

③ Wenn du eine gedachte Zahl durch 9 dividierst, erhältst du 126.

① Wenn du mein Alter mit 3 multiplizierst, erhältst du 75.

② Wenn du mein Alter mit 5 multiplizierst und 16 addierst, erhältst du 81.

④ Wenn du eine gedachte Zahl mit 6 multiplizierst und vom Ergebnis 2 subtrahierst, erhältst du das Ergebnis aus der Addition von 17 und 29.

4 Modelle zuordnen und nutzen *(3 Punkte)*
a) Welches Modell passt zur Situation? Ordne richtig zu.
   ① Ali kauft einen Comic und ein Buch. Der Comic kostet 4 €. Insgesamt bezahlt er 12 €.
   ② Auf einer Wiese stehen Schafe. Insgesamt sind 12 Beine zu sehen.
   ③ Maja lädt 12 Gäste zu ihrem Geburtstag ein. Sie hat für jeden 4 Krapfen gebacken.

Streifenmodell 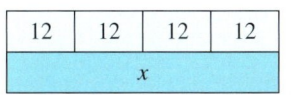   Zahlenstrahlmodell 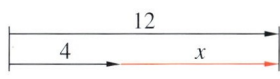   Operatormodell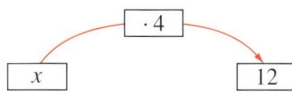

b) Beantworte die Fragen mithilfe des Modells.
   ① Wie viel kostet das Buch?
   ② Wie viele Schafe stehen auf der Wiese?
   ③ Wie viele Krapfen hat Maja gebacken?

5 Übertrage die Tabelle in dein Heft und ergänze sie. *(4 Punkte)*

	Länge a	Breite b	Umfang des Rechtecks	Flächeninhalt des Rechtecks
a)	50 m	25 m	…	…
b)	55 cm	5 cm	…	…
c)	…	12 cm	40 cm	…

6 Lara bastelt sich aus Leisten einen Rahmen für ihr Klassenfoto. *(7 Punkte)*
Sie hat 70 cm Leisten zur Verfügung.
Es bleiben 18 cm Leisten übrig.
a) Welche Seitenlänge hat das Foto?
b) Berechne den Flächeninhalt des Fotos.

Gold: 25–27 Punkte, Silber: 22–24 Punkte, Bronze: 15–21 Punkte   Lösungen ab Seite 190   **187**

Zusammenfassung

→ Seite 174

Gleichungen und Variablen

Eine sinnvolle Verbindung von Zahlen und Rechenzeichen heißt **Rechenausdruck**.

$5 \cdot 6 - 4$

Zwei Rechenausdrücke, die den gleichen Wert haben, bilden eine **Gleichung**.
Sie werden durch ein Gleichheitszeichen (=) verbunden.

$5 \cdot 6 - 20 = 10$

Rechenausdrücke und Gleichung können auch Platzhalter enthalten. Sie heißen **Variablen**.
Man verwendet für Variablen meist kleine Buchstaben, z. B. a, b oder x, y.

$x + 15 = 27$
Umfang des Rechtecks: $u = 2a + 2b$
Flächeninhalt des Quadrats: $A = a \cdot a$

Setzt man in eine Gleichung für die Variable verschiedene Zahlen ein, entstehen wahre und falsche Aussagen.

Bei wahren Aussagen heißt die eingesetzte Zahl **Lösung**.

$x + 15 = 27$

Ist $x = 14$ eine Lösung?
$x = 14$ einsetzen:
$14 + 15 = 27$ falsch
Also ist $x = 14$ keine Lösung.

Ist $x = 12$ eine Lösung?
$x = 12$ einsetzen:
$12 + 15 = 27$ wahr
Also ist $x = 12$ eine Lösung.

→ Seite 178

Gleichungen durch Umkehraufgaben lösen

Gleichungen können mit verschiedenen Modellen dargestellt werden.

Streifenmodell

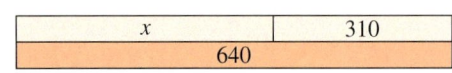

Gleichung: $x + 310 = 640$
$x = 330$

Zahlenstrahlmodell

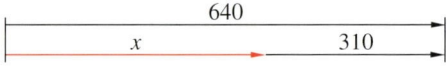

Gleichung: $640 = x + 310$
$x = 330$

Operatormodell

$$x \xrightarrow{+310} 640$$

Gleichung: $x + 310 = 640$
$x = 330$

Gleichungen können mithilfe einer **Umkehraufgabe** gelöst werden.

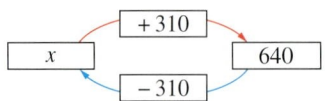

Umkehraufgabe:
$640 - 310 = x$
$x = 330$

Daten

Noch fit?

1 5 < 13 < 87 < 97 < 627 < 628 < 637

2 a) z. B.: Kirsche, Erdbeere, Orange, Zitrone, …
 b) z. B.: Gurke, Tomate, Paprika, …
 c) z. B.: Lärche, Fichte, Kastanie, Buche, Eiche,
  …
 d) z. B.: Rose, Nelke, Orchidee …

3 a) 25 **b)** 120 **c)** 15 **d)** 110
 e) 6 **f)** 7 **g)** 65 **h)** 80

4 a) Max läuft 1 Minute zur Schule.
 b) Christina läuft länger als Dorothee zur Schule.
 c) Luise und Mark laufen 15 Minuten zur Schule.

5 a) Kanada gewann 10 Goldmedaillen.
 b) Norwegen hatte die meisten Bronzemedaillen.
 c) Russland gewann die meisten Medaillen (insgesamt 33).

1 376 < 673 < 763 < 3 607 < 3 706 < 7 063 < 7603

2 a) Sportarten
 b) Tiere (Reptilien)
 c) Kräuter(-sorten)
 d) geometrische Formen/Flächen

3 a) 72 **b)** 125 **c)** 381 **d)** 398
 e) 30 **f)** 11 **g)** 99 **h)** 50

4 a) Max, Christina, David, Dorothee, Maria und
  Hasan laufen kürzer als Jonas und Kevin zur
  Schule.
 b) Christina, David, Jonas, Kevin, Luise und Mark
  laufen mindestens 5 Minuten zur Schule.

Klar so weit?

1 a) Jennifer bekam 3, Marcel 10, Dilek 8, Christine
  2 und Mesut 4 Stimmen.
 b) Marcel wurde Klassensprecher. Dilek hat die
  zweitmeisten Stimmen bekommen.
 c) Es sind 29 Kinder in der Klasse.

1 a) Die Ziele erhielten folgende Stimmen:
  Zoo 5, Erlebnispark 9, Schwimmbad 11,
  Ausstellung 1, Eisbahn 2.
 b) Der Ausflug wird ins Schwimmbad gehen.
 c) Ja, das Ziel könnte sich dadurch ändern.
  Der Erlebnispark könnte genauso viele
  Stimmen wie das Schwimmbad bekommen.

2

Fahrzeug	Strichliste
Fahrräder |卌 |||
Roller	||
Motorräder	|||
Traktor		
Autos	卌 卌 卌 ||
LKWs	卌

2 a) Individuell
 b)

Tier	Strichliste
Hunde	卌
Katzen	卌 ||
Vögel	卌
Hamster	卌 |||
Fische	卌 卌 ||
Sonstige	|||

3 a) Individuell, z. B.: „Wer soll mit auf das Zimmer?", besser Platz zum Eintragen eines Namens lassen,
  „Zeckenimpfung" nur Ja oder Nein als Antwort zulassen.
 b) Individuell

4

	Strichliste	absolute Häufigkeit
Fahrrad	卌 ||||	9
Auto	卌 ||	7
Bus	卌 卌 ||	12

4

	Strichliste	absolute Häufigkeit
Fahrrad	卌 卌 卌		16
Auto	卌 卌 卌 卌 ||	22
Bus	卌 卌 |||	13
Krankenwagen	卌 卌 卌 ||||	19

5 Im Dorf A stehen 200 Häuser,
 im Dorf B 150 Häuser.

5 Im Dorf A stehen 75 Häuser mehr als in Dorf B.

6 a)

Tiere	absolute Häufigkeit
Schafe	11
Steinböcke	7
Murmeltiere	33
Wildschweine	24
Hirsche	17

b) Der Wildpark hat insgesamt 92 Tiere.

6 a)

Tiere	absolute Häufigkeit
Steinböcke	21
Wildschweine	12
Hirsche	15

b) Individuell, z.B.: Im Wildpark „Alpenblick" leben dreimal so viele Steinböcke wie im Wildpark „Hörnle". Im Wildpark „Hörnle" leben halb so viele Wildschweine wie im Wildpark „Alpenblick"…

7 Individuell, z.B.:

7 Individuell; z.B.:

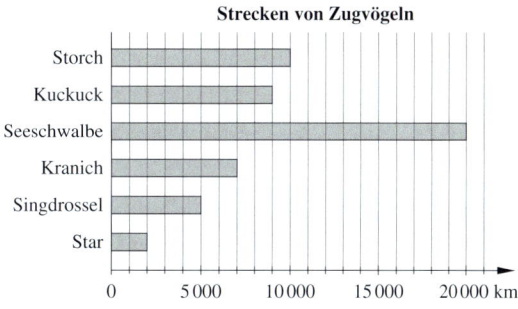

Teste dich!

1 Mit einem *Fragebogen* kann man eine *Umfrage* durchführen und *Daten* erheben. Die gestellten Fragen kann man beantworten, indem man ankreuzt, *Stichpunkte* notiert oder *ganze Sätze* schreibt.

2

Buchstabe	Strichliste	absolute Häufigkeit
a	IIII	4
e	IIII IIII IIII	15
f	II	2
n	IIII	4
z	II	2

3 a) Montags werden 20 Mohnsemmeln bestellt.
b) Insgesamt werden montags 150 Semmeln bestellt.
c) Pro Woche werden 110 Körnersemmeln bestellt.
d) Am besten verkaufen sich die Schokosemmeln.
e) Am schlechtesten verkaufen sich die Mohnsemmeln.

4 Kreisdiagramm, Säulendiagramm, Balkendiagramm

5 a) Die Sportabteilungen haben folgende Mitglieder: Fußball: 140; Handball: 120; Turnen: 80
b) Der Verein hat insgesamt 340 Mitglieder.

6 a)

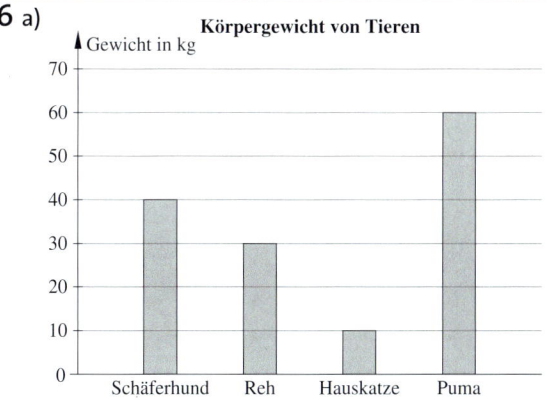

b) Tiere, die sehr viel oder sehr wenig wiegen, sind schwer darzustellen. Sehr leichte Tiere unter 10 kg müsste man auf den Millimeter genau zeichnen, bei sehr schweren Tieren bräuchte man extrem viel Platz nach oben.

Die natürlichen Zahlen

Noch fit?

1 a) 753   b) 1 100

1 a) 37 614   b) 49 100

2 a) 7 500, 7 600, 7 700, 7 800, 7 900, 8 000, 8 100,
8 200, 8 300, 8 400, 8 500, 8 600, 8 700, 8 800
b) 7 500, 8 500, 9 500, 10 500, 11 500, 12 500,
13 500, 14 500, 15 500, 16 500, 17 500
c) 7 500, 7 550, 7 600, 7 650, 7 700, 7 750, 7 800,
7 850, 7 900, 7 950, 8 000, 8 050, 8 100, 8 150,
8 200
d) 7 500, 8 000, 8 500, 9 000, 9 500, 10 000, 10 500,
11 000, 11 500, 12 000, 12 500, 13 000, 13 500

2 a) 98 500, 98 600, 98 700, 98 800, 98 900, 99 000,
99 100, 99 200, 99 300, 99 400, 99 500, 99 600,
99 700, 99 800, 99 900, 100 000
b) 98 500, 99 500, 100 500, 101 500, 102 500,
103 500, 104 500, 105 500, 106 500
c) 98 500, 98 550, 98 600, 98 650, 98 700, 98 750,
98 800, 98 850, 98 900, 98 950, 99 000
d) 98 500, 99 000, 99 500, 100 000, 100 500,
101 000, 101 500, 102 000

3 a) 30: 30; 60; 120; 240; 480; 960; 1 920
b) 55: 55; 110; 220; 440; 880; 1 760
c) 70: 70; 140; 280; 560; 1 120
d) 2: 2; 4; 8; 16; 32; 64; 128; 256; 512; 1 024

4 a) 1; 2; 3; 4; 5; 6; **7**; 8; 9; 10
b) 35; 36; 37; **38**; 39
c) 100; 101; **102**; 103; 104; 105; **106**; **107**; **108**;
109; 110
d) 2; 4; 6; **8**; **10**; 12

4 a) 111; 113; **115**; **117**; **119**; **121**; 123; 125
b) 34; 36; **38**; **40**; **42**; **44**; **46**; **48**; **50**; 52
c) 3 254; **3 255**; **3 256**; 3 257; **3 258**; **3 259**; **3 260**;
3 261; 3 262
d) 520; 530; **540**; **550**; **560**; **570**; **580**; **590**; 600

5 1; 4; 8; 12

5 1; 5; 8; 14; 18; 22

6 a) 12 < 44 < 78 < 99 < 102 < 199 < 201 < 300

b) 333 < 378 < 387 < 456 < 465 < 3333

7

dreihundertachtzig		2 000 000
siebenhunderttausend		50 000
zwei Millionen		380
sechstausendfünfhundert		700 000
fünfzigtausend		6 500

7

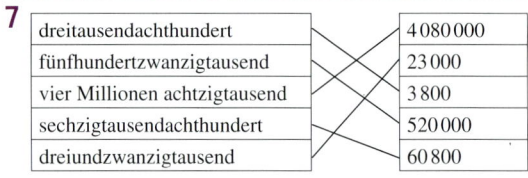

dreitausendachthundert		4 080 000
fünfhundertzwanzigtausend		23 000
vier Millionen achtzigtausend		3 800
sechzigtausendachthundert		520 000
dreiundzwanzigtausend		60 800

8 a) Individuell, z. B. 32 – 64
b) Individuell, z. B. 15 – 30

8 a) Individuell, z. B. 60 bis 100
b) Individuell, z. B. 250 bis 300

Klar so weit?

1 a) 20; 22; 24; 26; 28; 30; 32; 34; 36
b) 204; 206; 208; 210; 212; 214; 216; 218; 220;
222; 224; 226
c) 2 005; 2 007; 2 009; 2 011; 2 013; 2 015; 2 017;
2 019
d) 992; 994; 996; 998; 1 000; 1 002; 1 004; 1 006;
1 008; 1 010; 1 012; 1 014; 1 016; 1 018

1 a) 20; 27; 34; 41; 48; 55
b) 203; 210; 217; 224; 231; 238; 245
c) 1 970; 1 977; 1 984; 1 991; 1 998; 2 005; 2 012;
2 019; 2 026
d) 992; 999; 1 006; 1 013; 1 020; 1 027

2 a) 60   b) 190   c) 350
d) 430   e) 560   f) 610

2 a) 8 000   b) 14 500   c) 22 500
d) 26 500   e) 33 000   f) 35 500

3 a)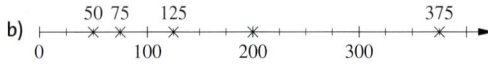
b)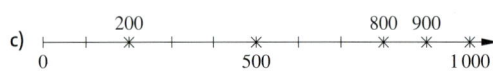
c)

3 a)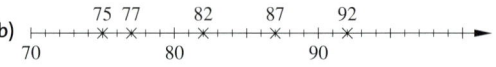
b)
c)

4 a) 19 > 11   b) 20 = 20
c) 850 > 805   d) 50 001 < 500 100

5 a) Die kleinste Zahl heißt 345.
b) 345 < 453 < 454 < 543 < 544
c) **344**, 345, **346**;   **452**, 453, **454**;
453, 454, **455**;   **542**, 543, **544**;
543, 544, **545**

6 a) 30 000   b) 55 500   c) 10 000 000
d) 105 500   e) 1 000 402 000

7 a)

Milliarden		Millionen			Tausender			Einer		
	4	3	9	7	0	0	0	0	0	0
	1	1	7	1	0	0	0	0	0	0
		7	4	2	0	0	0	0	0	0
		6	3	0	0	0	0	0	0	0
		3	5	7	0	0	0	0	0	0
			4	0	0	0	0	0	0	0

4 a) 89 < 98   b) 755 < 7 500
c) 990 > 989   d) 100 000 < 110 000

5 a) 3 240 < 3 241 < 3 402 < 3 412 < 3 420 < 3 421
b) **3 239**, 3 240, **3 241**, **3 242**;
3 240, 3 241, **3 242**, **3 243**;
3 401, 3 402, **3 403**, **3 404**;
3 411, 3 412, **3 413**, **3 414**;
3 419, 3 420, **3 421**, **3 422**;
3 420, 3 421, **3 422**, **3 423**

6 a) 11 550 305   b) 22 404 505 000
c) 8 011 014

b) **Asien:** vier Milliarden dreihundert-
siebenundneunzig Millionen
Afrika: eine Milliarde einhunderteinundsiebzig
Millionen
Europa: siebenhundertzweiundvierzig
Millionen
Lateinamerika: sechshundertdreißig Millionen
Nordamerika: dreihundertsiebenundfünfzig
Millionen
Australien: vierzig Millionen

8 Tabelle links:
616 033 = 616 T + 33 E
70 960 100 = 70 Mio. + 960 T + 100 E
2 500 450 991 = 2 Mrd. + 500 Mio. + 450 T + 991 E

Tabelle rechts:
3 431 002 = 3 Mio. + 431 T + 2 E
701 440 080 = 701 Mio. + 440 T + 80 E
999 000 666 009 = 999 Mrd. + 666 T + 9 E

9

	Millionen			Tausender			Einer			Nullen:
a)							3	0	0	2
b)						1	0	0	0	3
c)					2	0	0	0	0	4
d)		5	0	0	0	0	0	0	0	6

9

	Milliarden		Millionen			Tausender			Einer		
a)							2	0	6	0	0	4
b)		5	0	0	0	0	5	1	0	0	0

a) 3 Nullen
b) 7 Nullen

10 Stellenwerttafel (jeweils die erste Zahl):

	Tausender		Einer			
a)		8	0	6	7
b)	1	0	3	1	1	1
c)	9	4	7	2	0	0

Zahlenfolgen:
a) 8 067; 8 167; 8 267; 8 367; 8 467
b) 103 111; 103 011; 102 911; 102 811; 102 711
c) 947 200; 847 195; 747 190; 647 185; 547 180;
447 175

10 Stellenwerttafel (jeweils die erste Zahl):

	Tausender		Einer			
a)	5	2	8	7	1	0
b)						3
c)				2	1	0

Zahlenfolgen:
a) 528 710; 428 710; 328 710; 228 710; 128 710;
28 710
b) 3; 9; 27; 81; 243; 729; 2 187; 6 561
c) 210; 630; 1 890; 5 670; 17 010; 51 030;
153 090; 459 270

11 a)

Tausender		Einer			
	2	9	6	2
	2	7	1	3
	2	6	4	9
	2	5	3	8
	2	1	8	5

b) z. B.
≈ 2 960 m
≈ 2 710 m
≈ 2 650 m
≈ 2 540 m
≈ 2 190 m

c) Individuell

11 a)

Tausender		Einer			
	1	9	5	9
	1	4	9	6
	9	5	9	5
	2	6	1	4
	9	6	0	6
	3	2	1	4
	4	5	6	5

b) z. B.
≈ 1 960 km
≈ 1 500 km
≈ 9 600 km
≈ 2 610 km
≈ 9 610 km
≈ 3 210 km
≈ 4 570 km

c) Individuell

12 350: 352; 348   997 580: 997 577; 997 584
20 930: 20 926; 20 931   6 480: 6 479; 6 484

12 1 500: 1 498; 1 503   607 900: 607 903; 607 896
100: 103; 98   99 800: 99 801; 99 799

13 a) Das Bild ist in 24 Felder eingeteilt.
    b) Es sind ca. 140 Blüten auf dem Bild zu sehen: pro Feld ca. 6 Blüten, also 24 · 6 = 144 ≈ 140.

Seite 49

Teste dich!

1 40 000; 170 000; 350 000; 640 000; 990 000; 1 040 000

2

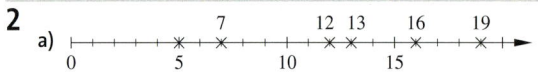 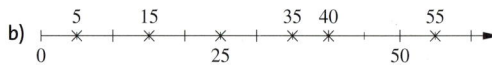

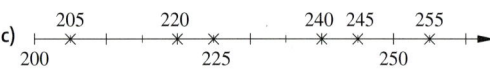 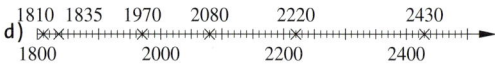

3 a) 312 000 000   **b)** 275 502
    c) 28 322 000   **d)** 20 000 600 000

4 dreitausendsechshunderteins
    einhundertdreiundfünfzig Milliarden zwölf
    zwei Milliarden neun Millionen achtzigtausend

5

Milliarden			Millionen			Tausender			Einer		
							1	3	0	6	7
					2	6	2	0	0	0	0
	1	0	0	1	1	0	0	0	0	0	0
		1	2	7	0	0	0	3	4	5	

6 a) 123 456: 123 460; 123 000; 100 000
    b) 3 000 999: 3 001 000; 3 001 000; 3 000 000
    c) 111 999 111: 111 999 110; 111 999 000; 112 000 000
    d) 771 812 004 273: 771 812 004 270; 771 812 004 000; 771 812 000 000

7 a) 784 400; 784 550; 784 700; **784 850**; **785 000** (+150)
    b) 9 383 464; 9 583 464; 9 783 464; **9 983 464**; **10 183 464** (+200 000)
    c) 87 382; 87 362; 87 342; **87 322**; **87 302** (−20)
    d) 4 100; 8 200; 16 400; **32 800**; **65 600** (verdoppeln)

8 a) 101 101 ist größer als 101 010.
    b) 2 463 577 899 ist größer als 246 357 789.
    c) 123 789 760 000 ist größer als 123 789 670 000.
    d) 178 157 789 999 ist größer als 178 157 698 999.

9 gerundet auf halbe Millionen; ☺ entspricht 500 000 Einwohnern
    Unterfranken (1,5 Mio.):   ☺ ☺ ☺
    Oberfranken (1,0 Mio):   ☺ ☺
    Mittelfranken (1,5 Mio.):   ☺ ☺ ☺
    Oberpfalz (1,0 Mio.):   ☺ ☺
    Schwaben (2,0 Mio):   ☺ ☺ ☺ ☺
    Oberbayern (4,5 Mio.):   ☺ ☺ ☺ ☺ ☺ ☺ ☺ ☺ ☺
    Niederbayern (1,0 Mio.): ☺ ☺

Rechnen mit natürlichen Zahlen

Seite 52

Noch fit?

1 a) 42   **b)** 340   **c)** 76   **1 a)** 453   **b)** 289   **c)** 103
   d) 24   **e)** 7   **f)** 20   **d)** 400   **e)** 25   **f)** 11

Seite 52

ZUM WEITERARBEITEN

Individuell, z. B.: Ich multipliziere 3 · 6 = 18 und ergänze hinten im Ergebnis 2 Nullen, also 300 · 6 = 1800.

2 2 + 10 = 10 + 2 = 12
3 · 5 = 5 · 3 = 15
10 · 8 = 8 · 10 = 80

2 8 · 100 = 100 · 8 = 800
13 · 9 = 9 · 13 = 117
80 + 15 = 15 + 80 = 95

3

	Milliarden			Millionen			Tausender			Einer		
a)						3	4	6	9	2	6	4
b)		2	3	7	1	8	0	4	9	2	1	9
c)								4	5	8	9	0

3

	Milliarden			Millionen			Tausender			Einer		
a)	3	0	1	0	9	0	7	7	6	4	8	0
b)						5	3	2	0	0	0	0
c)			4	0	1	0	0	1	0	0	1	5

4 Kölner Dom: 160 m; Cheops-Pyramide: 140 m;
Antennentürme Nauen: 270 m;
Eiffelturm Paris: 320 m;
Fernsehturm Stuttgart: 210 m

4 Nebelhorn: 2 220 m; Rubihorn: 1 960 m;
Fellhorn: 2 030 m;
Mädelegabel: 2 650 m;
Grünten 1 740 m

ZUM WEITERARBEITEN

Individuell

5 a) 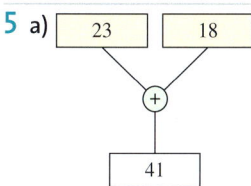 b)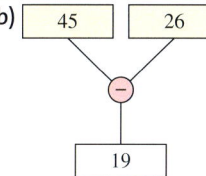

5 a) 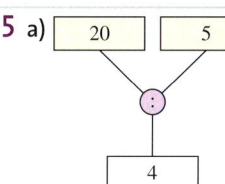 b)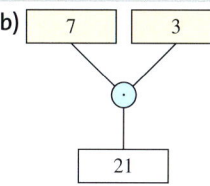

Klar so weit?

Seite 72/73

1 a) 1 094   b) 690
c) 84   d) 50

1 a) 10 822   b) 9 299
c) 150   d) 15

2 a) 12 · 42 = **504**   b) 258 − 119 = **139**
c) 208 : 13 = **16**   d) 254 + 1 027 = **1 281**
e) 500 : 20 = **25**   f) 12 · 3 + 5 = **41**

3 a) **42** + 80 = 122   b) **152** − 111 = 41
c) 20 · **24** = 480   d) **8** · 60 = 480

3 a) **78** + 113 = 191   b) **487** − 227 = 260
c) 25 · **7** = 175   d) **30** · 6 = 180

4 a) 101   b) 168
c) 68   d) 75

4 a) 127   b) 3
c) 80   d) 267

5 a) (28 + 22) + 36 = 86
b) (731 + 69) + (67 + 13) = 880
c) 17 − 5 − 2 = 10
d) (130 + 70) + 20 − 5 + (27 − 7) = 235

Rechenbaum zu a) z. B.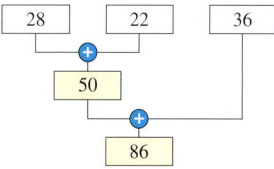

6 Bei a) und c) bis f) können die Klammern weggelassen werden. Hier gilt Punkt- vor Strichrechnung.
a) 17   b) 81   c) 30
d) 55   e) 43   f) 23

6 Bei a), c), d) und f) können die Klammern weggelassen werden. Hier gilt Punkt- vor Strichrechnung.
a) 32   b) 80   c) 41
d) 9   e) 8   f) 123

7

```
 9   3   2
   : 
   3
     −
     1
```

7

```
32  18   2
       : 
       9
     −
     23
```

8 a) 3 074   b) 7 873

8 a) 77 911   b) 144 690

9

70 194	21 303	8 402	7 130

48 891	**12 901**	**1 272**

35 990	**11 629**

24 361

9

124 567	68 970	48 245	39 876

55 597	**20 725**	**8 369**

34 872	**12 356**

22 516

10 a) 4 225   b) 6 669   c) 5 709

10 a) 3 179   b) 9 754   c) 1 352

11 Individuell, z. B.: Wie viele Kilometer ist er gefahren? Er ist 403 km gefahren.

11 Individuell, z B.: Wie viele Kilometer ist er insgesamt gefahren? Er ist 297 km gefahren.

12 a) Ü: 16 000; 16 480   b) Ü: 16 000; 15 371
c) Ü: 6 200; 6 340   d) Ü: 9 000; 9 360
e) Ü: 16 000; 17 862   f) Ü: 18 400; 19 320

12 a) Ü: 12 800; 13 932   b) Ü: 12 600; 12 152
c) Ü: 17 600; 17 004   d) Ü: 24 000; 25 564
e) Ü: 190 000; 171 925 f) Ü: 270 000; 274 659

NACHGEDACHT
Individuell

13 a) 9 735 : 3 = **3245**   b) 276 : 23 = **12**
c) 1 120 : 56 = **20**   d) 1 148 : 41 = **28**
e) 3 015 : 15 = **201**   f) 7 326 : 18 = **407**

14 Die Straße ist 1 980 m lang.

13 Für 24 Schüler kosten die 6 Tage 1 512 €.

Teste dich!

1 a) 90   b) 0   c) 12   d) 1   e) 3   f) 280   g) 68   h) 306

2 a) 1 305; Überträge wurden vergessen
b) 3 889; entbündelte Zehner nicht berücksichtigt
c) 92 318; nicht stellengerecht untereinander geschrieben und Zwischenergebnis nicht addiert
d) 32 R4; Rest falsch aufgeschrieben

3 a) 180   b) 190   c) 37 000   d) 110

4 Ü: Limo 4,80 € + Saft 2,40 € + Chips 3 € + Flips 1,60 € + Brezeln 3,70 € = 15,50 €
15 € reichen nicht für den Einkauf.

5 a) ① Er hat noch 29 Semmeln. ② Er hat 8,40 € eingenommen.
b) Es bleiben 12 791 Liter im Tank.

6 Haus Müller ist preiswerter. Haus Müller kostet für 5 Tage 540 €, Pension Weitsicht 555 €.

7 a) 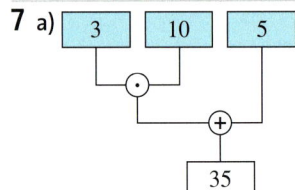 Insgesamt sind es 35 Flaschen.

b) 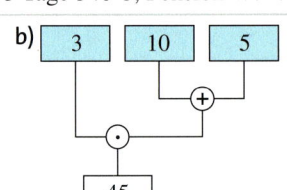 Individuell, z. B. In drei Kisten stehen jeweils 10 Flaschen Wasser und 5 Flaschen Saft.

Größen

Noch fit?

1 a) z. B.
① Die Länge einer Gottesanbeterin wird mit dem Zollstock gemessen.
② Die Zeit wird mit einer Stoppuhr gestoppt.
③ Mit einer Waage wird das Körpergewicht gemessen.
④ Mit der Kasse werden Preise berechnet.
b) Individuell, z. B. Küchenwaage (Gewicht), Sanduhr (Zeit)

2 a) kg   b) cm   c) €
    d) min   e) Cent   f) m

2 a) g; l   b) h   c) €; Cent

3 a) 10   b) 100   c) 1   d) 30

3 a) 30   b) 800   c) 2   d) 770

4 Inliner < Fahrrad < LKW < Flugzeug

5 a) 5 Euro sind mehr wert als 50 Cent.
b) 2 Kilogramm sind schwerer als 250 Gramm.
c) 3 Meter sind weiter als 90 Zentimeter.
d) 25 Stunden dauern länger als ein Tag.

5 a) 500 Cent und 5 Euro sind gleich viel wert.
b) 2 Kilogramm sind schwerer als 200 Gramm.
c) 3000 cm sind weiter als 3 Meter.
d) 2 Tage dauern länger als 24 Stunden.

Klar so weit?

1 37,70 €; 3770 Cent

1 92,13 €; 9213 Cent

2

Kaufpreis	gegeben	Wechselgeld
17,00 €	20,00 €	**3,00 €**
3,50 €	10,00 €	**6,50 €**
35,90 €	50,00 €	**14,10 €**
27,30 €	40,00 €	**12,70 €**

2

Kaufpreis	gegeben	Wechselgeld
64,70 €	70,00 €	5,30 €
43,43 €	100,00 €	**56,57 €**
39,87 €	**50,00 €**	10,13 €
75,46 €	90,00 €	14,54 €

3 Individuell,
z.B. a) cm   b) m
     c) mm   d) km

4 a) 3 m = 300 cm; 15 m = 1500 cm;
2,45 m = 245 cm; 7 dm = 70 cm; $4\frac{1}{2}$ dm = 45 cm
b) 550 cm = 5,5 m; 65,3 dm = 6,53 m;
36,4 km = 36400 m; 12500 mm = 12,5 m

4 a) 25 cm = 0,25 m   b) 750 mm = 0,750 m
c) 5005 mm = 50,05 dm
d) 433 dm = 43300 mm
e) 2553 m = 2,553 km   f) $1\frac{3}{4}$ km = 17500 dm

5 Sie ist bereits 7,4 km gelaufen.

5 Er muss 10 Leisten kaufen.

6 Elefant = 7 t;   Floh = 2 mg;
Tiger = 200 kg;   Frosch = 120 g;
Pferd = 1 t;   Marienkäfer = 1 g

7 a) 6 kg = 6000 g (1 kg = 1000 g)
b) 500 g = 0,5 kg
c) 2000 mg = 2 g (1000 mg = 1 g)
d) 2 g = 2000 mg
e) $\frac{1}{2}$ kg = 500 g
f) 2500 kg = $2\frac{1}{2}$ t (1 t = 1000 kg)

7 c) ist richtig
a) $2\frac{3}{4}$ t = 2750 kg
b) 7500 mg = $7\frac{1}{2}$ g
d) 12 t 30 kg = 12030 kg

8 Ü: 8 kg
Ihr Einkauf wiegt 7,875 kg.

8 Paula sollte die Schokocreme, die Butter,
die Äpfel, eine Milch und den Apfelsaft in eine
Plastiktüte und die halbe Melone und eine Milch
in die andere Tüte packen.

9 a) 1 l   b) 500 ml
c) 250 ml   d) 750 ml
e) 125 ml

10 a) 1,5 l = 1500 ml   b) 3,4 l = 3400 ml
c) 0,75 l = 750 ml   d) 0,25 l = 250 ml
e) 2 l = 2000 ml   f) 5,75 l = 5750 ml

10 a) 0,5 l = 500 ml   b) 0,02 l = 20 ml
c) 1,75 l = 1750 ml   d) 0,3 l = 300 ml
e) 2300 ml = 2,3 l   f) 3800 ml = 3,8 l

11 a) 800 ml   b) 933 ml
c) 635 ml   d) 450 ml

11 a) 750 ml   b) 300 ml
c) 670 ml   d) 139 ml

12 a) 4:00 Uhr   b) 3:10 Uhr
c) 3:30 Uhr   d) 3:00 Uhr

12 a) 16:55 Uhr   b) 13:40 Uhr
c) 14:35 Uhr   d) 1:25 Uhr

13 a) 2 Stunden   **b)** 165 Minuten   **13 a)** 132 Stunden   **b)** 10 800 Sekunden
c) 240 Sekunden **d)** 72 Stunden   **c)** 840 Sekunden   **d)** 1440 Minuten
e) 49 Tage   **e)** 336 Stunden

Teste dich!

1 a) Individuell, z. B.: Gewicht (Masse); Länge; Rauminhalt; Zeit; Geld
b) Gewicht: kg, g; Länge: m, km; Rauminhalt: ml, l; Zeit: h, min; Geld: €, Cent

2 ① Sekunden   ② Kilogramm   ③ Liter   ④ Meter   ⑤ Gramm   ⑥ Millimeter

3 a)

Kaufpreis	gegeben	Wechselgeld
34,50 €	50,00 €	**15,50 €**
17,80 €	20,00 €	**2,20 €**

b)

Kaufpreis	gegeben	Wechselgeld
26,50 €	50,00 €	23,50 €
82,65 €	**100,00 €**	17,35 €

4 a) Es vergehen 3 Stunden und 14 Minuten.   **b)** Es vergehen 49 Minuten.
c) Es vergehen 1 Stunde und 37 Minuten.   **d)** Es vergehen 15 Stunden und 59 Minuten.

5 a) 4 000 m   **b)** 34,50 €   **c)** 360 Cent   **d)** 31,4 l
e) 3 500 mg   **f)** 84 h   **g)** 16 dm   **h)** 500 cm

6 a) 2600 ml   **b)** 2,5 l   **c)** 2 625 ml   **d)** 2 l

7 a) Öfnerspitze 2 578 m;   Kreuzeck: 2 375 m;   Höpats: 2 258 m;
Großer Krottenkopf: 2 657 m;   Kegelkopf: 1 960 m;   Riffenkopf: 1749 m;
Strahlkopf: 2 351 m;   Kratzer: 2 424 m;   Spielmannsau: 983 m
b) Spielmannsau < Riffenkopf < Kegelkopf < Höpats < Strahlkopf < Kreuzeck < Kratzer < Öfnerspitze
< Großer Krottenkopf
c) Der Höhenunterschied zwischen dem höchsten und dem niedrigsten Berg ist 1 674 Meter groß.

8 400 Passagiere wiegen 28 t, das Gepäck 8 t, der Treibstoff 120 t und das Flugzeug 177 t.
Insgesamt sind es 333 t. Das sind weniger als 365 t, also darf das Flugzeug starten.

Grundbegriffe der Geometrie

Noch fit?

1 a) 1 cm   **b)** 4 cm   **c)** 9,5 cm   **d)** 2,2 cm   **1 a)** 0,5 cm   **b)** 1,2 cm   **c)** 8 cm   **d)** 8,5 cm

2 Zeichenübung   **2** Zeichenübung

3 ② und ⑥ haben parallele und schräge Geraden. ① und ⑦ haben parallele und senkrechte Strecken.
③, ④ und ⑤ haben senkrechte Geraden und rechte Winkel.

4
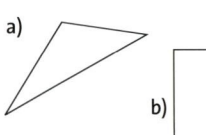
a)   b)   c)

4
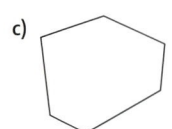
a)   b)   c)

5 Zeichenübung   **5** Zeichenübung

Klar so weit?

1 Individuell, z. B.:
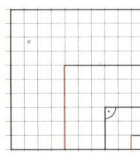

1 Individuell, z. B.:
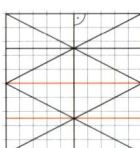

Seite 162/163

6 a) $100\,\text{dm}^2$; $1\,000\,\text{cm}^2$; $10\,000\,\text{mm}^2$
b) $250\,000\,\text{dm}^2$; $2\,500\,000\,\text{cm}^2$; $25\,000\,000\,\text{mm}^2$
c) $1\,200\,\text{mm}^2$; $2\,400\,\text{cm}^2$; $600\,\text{dm}^2$

7 a) $12\,\text{cm}^2$ **b)** $150\,\text{mm}^2$
c) $120\,\text{m}^2$ **d)** $800\,\text{dm}^2$

8 a) $25\,\text{cm}^2$ **b)** $169\,\text{dm}^2$
c) $484\,\text{mm}^2$ **d)** $16\,\text{mm}^2$
e) $10\,609\,\text{m}^2$ **f)** $25\,\text{mm}^2$

9 Der Flächeninhalt des Beets beträgt $81\,\text{m}^2$.

10 Individuell

ZUM WEITERARBEITEN
Individuell

11 Die Figur hat den Flächeninhalt von $10\,\text{cm}^2$.

6 a) $1\,000\,\text{dm}^2$
b) $100\,000\,\text{mm}^2$
c) $50\,\text{m}^2$
d) $560\,000\,\text{cm}^2$

7 a) $750\,\text{cm}^2$ **b)** $420\,\text{mm}^2$
c) $608\,\text{dm}^2$ **d)** $132\,\text{cm}^2$

8 a) $5\,625\,\text{mm}^2$ **b)** $1\,521\,\text{dm}^2$
c) $144\,\text{dm}^2$ **d)** $81\,\text{mm}^2$
e) $625\,\text{dm}^2$ **f)** $225\,\text{mm}^2$

9 Der Flächeninhalt beträgt $800\,\text{m}^2$.

10 Individuell

11 Die Figur hat den Flächeninhalt von $19\,\text{dm}^2$.

Teste dich!

Seite 169

1 a) $A = B$ (je 8 Kästchen)   **b)** $A = C$ (je 6 Kästchen); $B = D$ (je 8 Kästchen)

2 ① $4\,\text{cm}^2$; $400\,\text{mm}^2$ ② $2,5\,\text{cm}^2$; $250\,\text{mm}^2$ ③ $3\,\text{cm}^2$; $300\,\text{mm}^2$

3 a) $2\,800\,\text{dm}^2$ **b)** $200\,\text{dm}^2$ **c)** $635\,\text{m}^2$ **d)** $28,5\,\text{cm}^2$ **e)** $13\,500\,\text{cm}^2$ **f)** $0,44\,\text{m}^2$

4 a) $4\,\text{cm}^2$ **b)** $8\,\text{cm}^2$ **c)** $5,2\,\text{cm}^2$

5 a) Weide ②   **b)** Weide ①: $520\,\text{m}$ Zaun, Weide ②: $480\,\text{m}$ Zaun

6 a) $33\,\text{m}^2$ **b)** $26,4\,\text{m}$

7 Falsch, die Diagonalen in einem Rechteck sind gleich lang.

Gleichungen und Formeln

Noch fit?

Seite 172

1 a) $2\,€$; $2\,€$; $50\,\text{Ct}$
b) $1\,€$; $2\,€$; $20\,\text{Ct}$; $10\,\text{Ct}$
c) $2\,€$; $20\,\text{Ct}$; $5\,\text{Ct}$
d) $2\,€$; $2\,€$; $2\,€$; $1\,€$; $50\,\text{Ct}$; $20\,\text{Ct}$

2 a)

b)

3 a) 126   **b)** 70   **c)** 60   **d)** 17

4 a) 72   **b)** 60   **c)** 3
d) 12   **e)** 98

1 a) $10\,€$; $1\,€$; $20\,\text{Ct}$
b) $10\,€$; $2\,€$; $1\,€$; $50\,\text{Ct}$
c) $10\,€$; $5\,€$; $2\,€$; $1\,€$; $20\,\text{Ct}$; $2\,\text{Ct}$
d) $20\,€$; $2\,€$; $2\,€$; $20\,\text{Ct}$; $10\,\text{Ct}$; $5\,\text{Ct}$; $2\,\text{Ct}$; $1\,\text{Ct}$

2 a)

b)

3 a) 732   **b)** 110   **c)** 16   **d)** 117

4 a) $(9 + 6) \cdot 4$ **b)** $(2 + 3) \cdot (3 + 3)$
c) $9 + 6 \cdot 4$ **d)** $(4 + 4) \cdot 4$
e) $20 - (3 - 2)$ **f)** Klammern unnötig

Seite 172

5 30 Würstchen

6 a) $u = 36\,\text{cm}$; $A = 81\,\text{cm}^2$
b) $u = 64\,\text{cm}$; $A = 256\,\text{cm}^2$
c) $u = 500\,\text{cm}$; $A = 15\,625\,\text{cm}^2$

5 Individuell

6 a) $u = 46\,\text{cm}$; $A = 132\,\text{cm}^2$
b) $u = 60\,\text{mm}$; $A = 221\,\text{mm}^2$

NACHGEDACHT: Die Seiten können über das Stichwortverzeichnis oder Inhaltsverzeichnis gefunden werden. Umfang Rechteck: $u = 2 \cdot a + 2 \cdot b$ (Seiten 112; 130); Umfang Quadrat: $u = 4 \cdot a$ (Seiten 112; 130); Flächeninhalt Rechteck $A = a \cdot b$ (Seiten 158; 170); Flächeninhalt Quadrat: $A = a \cdot a$ (Seiten 159; 170)

Seite 182/183

Klar so weit?

1 a) falsch, $3 \cdot 5 = 15$, $15 - 4 = 11$
b) falsch, $7 + 7 = 14$, $14 \cdot 4 = 56$

1 a) falsch, $(8 \cdot 6) : 2 = 24$, $24 - 11 = 13$
b) falsch, $43 - 24 = 19$, $19 \cdot 2 \cdot 3 = 114$

2 a) $5 \cdot 45\,\text{Ct} + 3 \cdot 55\,\text{Ct} + 60\,\text{Ct} = 450\,\text{Ct}$
b) $450\,\text{Ct} = 4{,}50\,€$

2 $5 \cdot 1{,}10\,€ + 2 \cdot 0{,}55\,€ + 1{,}95\,€ = 8{,}55\,€$

3 a) ② Ⓓ **b)** ① Ⓑ **c)** ④ Ⓒ **d)** ③ Ⓐ

4

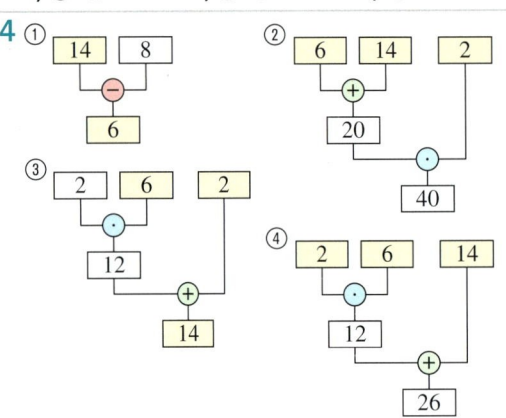

4 Ⓐ $x = 2$
Ⓑ $x = 8$
Ⓒ $x = 26$
Ⓓ $x = 6$

5 $x = 8$

5 a) $x = 6$ **b)** $x = 5$

6 Gleichung: $24 = 4a$
Die Seite a ist $6\,\text{cm}$ lang.

6 Gleichung: $224 = 16 \cdot b$
Das Grundstück ist $14\,\text{m}$ breit.

7 a) $x + 25 = 100$; $x = 75$
b) $66 = 31 + x$; $x = 35$
c) $x + 8 = 17$; $x = 9$

7 a) $x + 87 = 112$; $x = 25$
b) $x + 19 = 51$; $x = 32$
c) $x + 23 = 99$; $x = 76$

8 Modell individuell; $x = 14$; $z = 9$; $c = 14$; $a = 14$; $x = 96$; $x = 7$

9 a) $59 - 17 = 42$; $x = 42$
b) $13 + 25 = 38$; $z = 38$
c) $11 \cdot 11 = 121$; $a = 121$
d) $72 : 6 = 12$; $x = 12$
e) $y \cdot 7 = 84$; $84 : 7 = 12$; $y = 12$

9 a) $96 + 36 = 132$; $x = 132$
b) $225 : 9 = 25$; $c = 25$
c) $b + 325 = 491$; $491 - 325 = 166$; $b = 166$
d) $75 \cdot 5 = 375$; $x = 375$
e) $86 - 2 = 84$; $84 : 7 = 12$; $y = 12$

10 a) Gleichung: $18 = 2 \cdot 4 + 2 \cdot b$; $18 = 8 + 2 \cdot b$
Die zweite Seite ist $5\,\text{m}$ lang.
b) Gleichung: $100 = a \cdot a$
Der Auslauf hat eine Seitenlange von $10\,\text{dm}$.

10 a) Gleichung: $12 = 4 \cdot a$
Der Käfig ist $3\,\text{m}$ lang und breit.
b) Gleichung: $10 = 5 \cdot b$
Der Auslauf ist $2\,\text{dm}$ breit.

11 a) $4 \cdot x = 48$; $x = 12$
b) $x + 28 = 40$; $x = 12$

11 a) $x : 7 = 49$; $x = 343$
b) $x - 12 + 16 = 20$; $x = 16$

Teste dich!

1 a)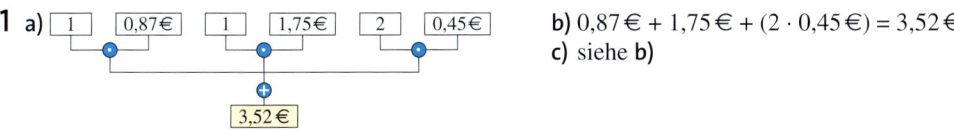

b) $0,87 € + 1,75 € + (2 \cdot 0,45 €) = 3,52 €$

c) siehe **b)**

2 a) $12 - (4 - 9) = 17$ **b)** $8 - (3 + 5) = 0$ **c)** $17 - 4 - (5 + 3) = 5$ **d)** $24 - (7 - 3 - 4) = 24$

3 ① $x \cdot 3 = 75; x = 25$ ② $x \cdot 5 + 16 = 81; x = 13$ ③ $x : 9 = 126; x = 1\,134$ ④ $x \cdot 6 - 2 = 17 + 29; x = 8$

4 a) ① Zahlenstrahlmodell   ② Operatormodell   ③ Streifenmodell

b) ① Das Buch kostet 8 €.   ② Es stehen 3 Schafe auf der Wiese.   ③ Maja hat 48 Krapfen gebacken.

5

Länge a	Breite b	Umfang des Rechtecks	Flächeninhalt des Rechtecks
50 m	25 m	**150 m**	**1 250 m²**
55 cm	5 cm	**120 cm**	**275 cm²**
8 cm	12 cm	40 cm	**96 cm²**

6 a) Das Foto hat die Seitenlänge 13 cm.

b) $169 \, \text{cm}^2$

Stichwortverzeichnis

Bildverzeichnis

Titel mauritius images/David & Micha Sheldon; 3 mi. li. NASA JPL Gov; 3 mi. re. Glow Images/imagebroker; 3 o. li. o. Fotolia/lauragalbraith; 3 o. li. u. Fotolia/giorgiape; 3 o. re. Shutterstock/bddigitalimages; 3 u. li. VISUM/ Peter Duddek; 4 mi. li. Fotolia/countrypixel; 4 mi. re. mauritius images/David & Micha Sheldon; 4 o. li. Fotolia/ stockphoto-graf; 4 o. re. Fotolia/maya1313; 7 li. Fotolia/giorgiape; 7 re. Fotolia/lauragalbraith; 8 u. Shutterstock/ Ververidis Vasilis; 11 o. li. Fotolia/rdnzl; 11 o. re. Shutterstock/Marie Maerz; 11 u. re. Wikipedia/GNU/Maximaximax; 12 o. Peter Wirt, Dormagen; 22 li. Fotolia/Gina Sanders; 22 re. Fotolia/Michael Pettigrew; 23 A Fotolia/Vera Kuttelvaserova; 23 B Fotolia/inkwelldodo; 23 C Fotolia/dule964; 23 D Fotolia/Anatolii; 24 mi. li. Wikipedia/GNU/ Maximaximax; 24 mi. mi., re Beate Schulze; 26 o. Topic Media/Otto Stadler; 26 o. re. picture-alliance/Arco Images; 27 mi. Fotolia/Thomas Glaubitz; 29 NASA JPL Gov; 36 li. A Fotolia/animaflora; 36 li. B Fotolia/euthymia; 36 li. C Fotolia/by-studio; 36 li. D Fotolia/RRF; 36 mi. picture-alliance/dpa; 36 u. mi. Fotolia/paylessimages; 37 mi. Shutterstock/wavebreakmedia; 37 mi. re. Cornelsen; 39 o. Fotolia/Gee; 39 u. Fotolia/lukl; 40 o. Fotolia/ Alekss; 41 mi. re. EZB; 43 mi. re. Fotolia/miklyxa; 43 o. Fotolia/Jan Becke; 43 o. Fotolia/Jan Becke; 43 u. li. Shutterstock/Lisaveta; 43 u. re. mauritius images/imageBROKER/XYZ PICTURES; 45 u. re. Fotolia/Matthias Naumann; 45 mi. Fotolia/PRFOTO; 45 u. re. Fotolia/Matthias Naumann; 46 mi. Fotolia/emirkoo; 46 u. li. Tierbildarchiv Angermayer, Holzkirchen; 46 u. re. Fotolia/MK-Photo; 47 mi. re. NASA JPL Gov; 48 m. re. Fotolia/ artush; 48 o. re. Shutterstock/Sergey Novikov; 49 VISUM/Peter Duddek; 55 mi. re. Fotolia/Stefano Neri; 69 o. re. Fotolia/Monika Wisniewska; 71 o. li. mauritius images/Alamy/tony french; 72 mi. A Shutterstock/Serg Salivon; 72 mi. B Colourbox; 72 mi. C Fotolia/Eric Isselée; 72 mi. D Fotolia/Eric Isselée; 72 o. mi. Fotolia/2016; 72 o. re. Fotolia/Valua Vitaly; 72 o. re. li. Fotolia/alotofpeople; 72 o. li Fotolia/Shchipkova Elena; 74 o. li. Volker Döring, Hohen Neuendorf; 75 mi. A Fotolia/Africa Studio; 75 mi. B Fotolia/kir_prime; 75 mi. C Fotolia/Africa Studio; 75 u. re. TopicMedia; 79 Shutterstock/George Rudy; 80/1 picture-alliance/dpa; 80/2 Fotolia/orcea david; 80/3 Fotolia/sss615; 80/4 Fotolia/Rtimages; 80 mi. A Heyder, Ludwig, Berlin; 80 mi. B Shutterstock/MO_SES Premium; 80 mi. C Fotolia/kotomiti; 80 mi. D Fotolia/Tobilander; 80 u. E Shutterstock / Givaga; 80 u. F Fotolia/ schankz; 80 u. G Fotolia/Donovan van Staden; 80 u. H Shutterstock/steamroller_blues; 80 u. H Fotolia/industrieblick; 81 o. li. Dr. H. Hohmann, Berlin; 81 m. re. Fotolia/Peter Jobst; 81 u. li. Fotolia/ProMotion; 81 u. re. Fotolia/ janvier; 82 u. re. Cornelsen; 83 mi. A Fotolia/gerhardalbicker; 83 mi. B Fotolia/Christian Musat; 83 mi. C Fotolia/ chenhawnan; 83 mi. D Fotolia/Olga Kovalenko; 83 mi. E Fotolia/fabiosa; 83 mi. F Shutterstock/Nattapol Sritongcom; 83 o. A-D Jens Schacht, Düsseldorf; 87 o. mi. Fotolia/katz23; 87 o. re. Shutterstock/Mauro Carli; 89 o. re. Shutterstock/scenery2; 89 u. re. Shutterstock/AlexRoz; 90 mi. A Shutterstock/BeautyStockPhoto; 90 mi. B Fotolia/stocksolutions; 90 mi. C Shutterstock/Boris Mrdja; 90 mi. D Fotolia/alain wacquier; 91 mi. re. alimdi.net/ulrich niehoff; 92 u. li. Swatch AG; 94 (20 Euro) Fotolia/Alex Staroseltsev; 94 (5 Euro) Fotolia/ProMotion; 94 (50 Euro) Fotolia/ProMotion; 94 (Cent + 1, 2 Euro) Fotolia/janvier; 94 o. li. imago/MiS; 95 o. re. Fotolia/Alex Staroseltsev; 97 o. mi. picture-alliance/dpa; 97 u. mi. Fotolia/FirstBlood; 97 u. re. Fotolia/winston; 98 u. re. laif/Zenit/Jan-Peter Boening; 99 u. re. Fotolia/monticelllo; 101 Glow Images/imagebroker; 103 o. re. action press/SWNS.com/ SWNSaction press; 106 o. li. Fotolia/srckomkrit; 106 o. re. Fotolia/David Pereiras; 106 u. li. Fotolia/Frank Wagner; 106 u. re. Fotolia/Glaser, 109 u. li. Cornelsen; 109 u. re. Cornelsen; 111 mi. li. Shutterstock/Neftali; 111 mi. re. Shutterstock/Neftali; 111 mi. mi. Shutterstock/Boris15; 111 o. mi. Fotolia/shalunx; 111 o. re. Fotolia/shalunx; 111 o. li. Volker Döring, Hohen Neuendorf; 112 o. re. Margarethenhof Jülich/Angi Wittfeld/Foto: Roland Gehrmann; 117 o. li. Fotolia/Brian Jackson; 117 o. mi. Fotolia/Sondem; 117 o. re. Fotolia/ah_fotobox; 119 o. A Fotolis/patrick; 119 o. B Shutterstock/mountainpix; 119 o. C Shutterstock/karelnoppe; 119 o. D Fotolia/adam121; 125 mi. re. Fotolia/tan4ikk; 126 u. li. Fotolia/archideaphoto; 127 u. re. Fotolia/obelicks; 128 o. mi. Cornelsen/Christian Böhning; 129 mi. re. Shutterstock/oksana.perkins; 131 Fotolia/maya1313; 132/1–4 Fotolia/kaetana; 133 D ddp images/360°/Waldemar Milz; 133 C mauritius images/Alamy/European Sports Photographic Agency; 133 E Fotolia/zphoto83; 133 MI. LI. picture-alliance/Bildagentur-online; 134 o. li. Fotolia/pacer180; 134 o. re. mauritius images/Alamy; 135/1 Fotolia/ Kzenon; 135/2 Fotolia/salajean; 135/3 Fotolia/jahmaica; 135/4 Fotolia/Petair; 138 o. re. Peter Wirtz, Dormagen; 142 o. li. F1online; 142 o. re. picture-alliance/zb; 142 mi. Your Photo Today; 148 o. A Fotolia/Alexander Potapov; 148 o. B Fotolia/by-studio; 148 o. C Your Photo Today; 148 D laif/REA/ORTOLA/Sebastien; 148 E mauritius images/Reinhard Dirscherl; 148 u. li. Shutterstock/cbpix; 150 o. li. mauritius images/Alamy; 151 Fotolia/stockphoto-graf; 153 (Hinweis) Fotolia/Jan Engel; 153 (Notiz) ddp images; 153 (Smiley) bpk/The Trustees of the British Museum; 153 (Smileys) mauritius images/Alamy/PLStamps; 154 (Tafel) Shutterstock/photobank.ch; 154 (Würfel) Shutterstock/Stacey Newman; 154 u.mi. Fotolia/Beboy; 155 u. mi. ddp images/monica-photo/Shotshop; 155 u. re. ddp images; 156 u. li. Gerald Zörner, Berlin; 157 u. re. Cornelsen; 159 mi. re. Fotolia/Blue Moon; 159 o. li. Beier, Roland, Berlin; 161 Fotolia/maya1313; 162 1 Fotolia/kaetana; 162 2 Fotolia/kaetana; 162 3 Fotolia/kaetana; 162 4 Fotolia/kaetana; 163 mi. picture-alliance/Bildagentur-online; 163 mi. li. Shutterstock; 163 mi. li. Shutterstock/ Serhii Kalaba; 163 mi. re. Fotolia/smartmediadesign; 165 mi. li. Jens Schacht, Düsseldorf; 165 u. re. Jens Schacht, Düsseldorf; 168 u. re. Jens Schacht, Düsseldorf; 168 Peter Wirtz, Dormagen; 170 (Tafel) Shutterstock/photobank.ch; 170 (Würfel) Shutterstock/Stacey Newman; 170 u. mi. Fotolia/Beboy; 171 Fotolia/countrypixel; 173 o. li. Fotolia/OLIVER stockphoto; 178 u. re. Fotolia/max blain